# BIOGEOGRAFÍA
# APLICADA

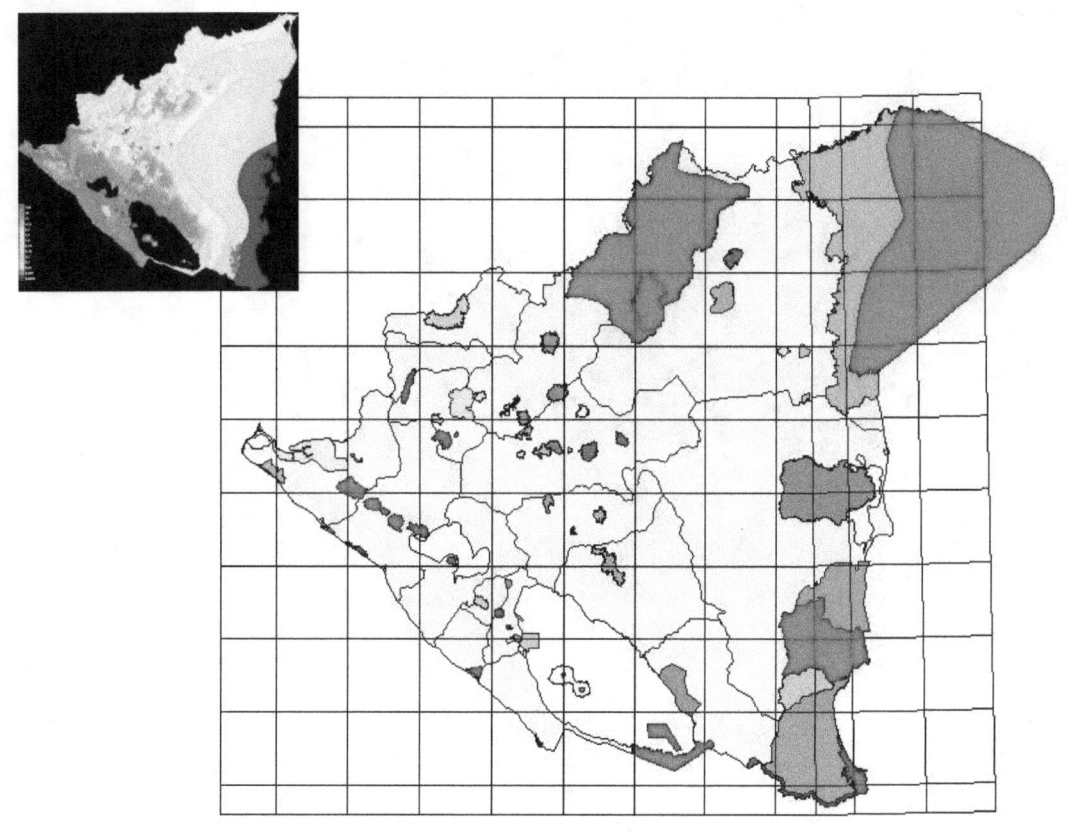

Antonio Mijail Pérez

Miami, 2015

# BIOGEOGRAFÍA APLICADA

Dr. Antonio Mijail Pérez

E mails: mijail64@gmail.com / Antonio.mijail.perez@gmail.com

Skype: antonio.mijail.perez

## AGRADECIMIENTOS

El esfuerzo para que surgiera este libro comenzó hace años, cuando no sabía si estudiar Biología o Geografía. El tiempo ha pasado y hoy día soy un biólogo enamorado del paisaje y de la Geografía, de los animales, las plantas y los ecosistemas, y por esto agradezco a mi abuela Josefina y a mi madre, por transmitirme esa pasión por la naturaleza y la conservación.

También agradezco al Dr. José Antonio Milán por darme el primer impulso, ya que comencé a preparar apuntes cuando él me invitó a impartir la asignatura de Biogeografía en el Doctorado de Ciencias Ambientales de la Universidad de Ingeniería, en Managua, Nicaragua, lo cual fue la primera motivación para escribir este libro.

A mi esposa, la Dra. Isabel Siria, por su apoyo constante y por colaborar conmigo en muchos momentos de la obra.

# PRESENTACIÓN

La idea de este libro surge en el mes de Enero del año 2005, cuando tuve el honor de invitar al **Dr. Antonio Mijail Pérez**, eminente biólogo e investigador de la biodiversidad en Nicaragua, para que impartiera el curso de Biogeografía en el Doctorado en Ciencias del Ambiente que coordiné en el Programa de Estudios Ambientales de la Universidad Nacional de Ingeniería.

Los docentes y científicos que hoy tenemos la responsabilidad de asumir la formación ambiental en Nicaragua, no contamos con abundante literatura que pueda servir como texto de referencia, debido a que muchas fuentes producidas internacionalmente están enfocadas a temas muy especializados (evaluación de impactos, tratamiento de desechos, contaminación industrial, etc.), o a temas muy generales que otorgan énfasis en las consecuencias del deterioro ambiental, sin suministrar los instrumentos para el conocimiento y valoración del problema a escala local, por ello soy un convencido de que las evidentes diferencias geográficas entre los diversos ambientes, hace que cada región o país deba adoptar, en unos casos y adecuar en otros, sus propios instrumentos ambientales, por ello es muy importante la producción científica local como es el caso de este práctico y útil libro, que resultó de la dedicación y consagración científica que caracterizan al Dr. Pérez.

Biogeografía Aplicada describe con bases científicas, en lenguaje claro y compresible un importante recorrido que se inicia con la introducción al estudio de la distribución geográfica de la biodiversidad, hasta el abordaje de conceptos y elementos de mucha actualidad relacionados con la ecología del paisaje, la fragmentación de los hábitats y la conectividad biológica. Por ello el libro se sitúa como una fuente obligada de consulta para todas aquellas personas que se introducen en el estudio de la problemática ambiental y en los cambios globales que estamos enfrentando en nuestros ecosistemas.

**Dr. José Antonio Milán**
Director
Centro de Estudios Sobre Cambio Climático
Universidad de Ciencias Comerciales

## INDICE DE CONTENIDOS

**I. INTRODUCCIÓN.** ................................................................................................................11
    La ciencia de biogeografía. Concepto. ..........................................................................11
    Historia de la biogeografía. ...........................................................................................11
    Biogeografía en Nicaragua. ...........................................................................................12
    Bibliografía. ...................................................................................................................19

**II. DISTRIBUCIONES DE ESPECIES.** ..............................................................................21
    Patrones espaciales de distribución. .............................................................................21
    Metapoblaciones. ..........................................................................................................22
    Mapeo de especies. ......................................................................................................24
    Las relaciones entre distribución y abundancia. ..........................................................25
    Escalas de abundancia. .................................................................................................25
    El método UTM. ..........................................................................................................25
    Ejercicio de mapeo. ......................................................................................................34
    Aplicaciones del mapeo: el análisis GAP o análisis de vacíos de conservación. ........42
    Bibliografía. ..................................................................................................................47

**III. EL NICHO ECOLÓGICO.** ............................................................................................49
    Concepto. Terminología. ..............................................................................................49
    Subnicho estructural. ....................................................................................................52
    Subnicho climático. ......................................................................................................53
    Subnicho temporal. ......................................................................................................54
    Índices de amplitud y sobreposición. Índice de Schoener. .........................................60
    El nicho potencial. ........................................................................................................65
    Datos ambientales para Nicaragua. ..............................................................................70
    Modelos para América Central. ...................................................................................73
    Modelos para Nicaragua. .............................................................................................76
    Capacidad de predicción del modelo. ..........................................................................80
    Importancia de las variables. ........................................................................................82
    Bibliografía. ..................................................................................................................88

**IV. DISTRIBUCIÓN DE COMUNIDADES.** .......................................................................89
    Comunidades y ecosistemas. Concepto. ......................................................................89
    Regiones y provincias (Cabrera y Willink). ................................................................90
    Clasificación de ecosistemas (Formaciones vegetales). ..............................................91
    Los principales ecosistemas de Nicaragua. Descripciones tomadas de MARENA (2001). ............94
    Otras clasificaciones. ..................................................................................................126
    Endemismo, provincialismo y cosmopolitanismo. ....................................................131
    Endemismos de Nicaragua. ........................................................................................132
    Cálculo de la similaridad entre biotas. Indices de clasificación (Sorensen). .............146
    Bibliografía. ................................................................................................................156

**V. CAMBIANTE TIERRA.** ................................................................................................159
    Escala del tiempo geológico. .....................................................................................159
    Teoría de la deriva de los continentes. ......................................................................163
    Historia de Centroamerica y el Caribe. .....................................................................167
    Bibliografía. ................................................................................................................169

**VI. ESPECIACIÓN.** .............................................................................................................171
    Concepto de especie. ..................................................................................................171
    Clasificaciones superiores de los taxa. ......................................................................171
    Cantidad de especies por grandes taxa para Nicaragua. ...........................................174

- Megaevolución y macroevolución. ..................................................................................... 182
- Tipos de especiación. ........................................................................................................... 182
- Extinción. Extinciones recientes. ....................................................................................... 185
- Bibliografía. .......................................................................................................................... 187

## VII. CLASIFICANDO LA BIODIVERSIDAD. ........................................................................ 189

- Escuelas de pensamiento. ................................................................................................... 189
- Variables biológicas o Caracteres diagnósticos. .............................................................. 191
- Variables morfológicas. ...................................................................................................... 192
- Selección de variables. Análisis numérico (Varianza, Análisis de clasificación, Análisis de Componentes Principales). ................................................................................................. 195
- Bibliografía. .......................................................................................................................... 205

## VIII. DISPERSIÓN Y VICARIANZA. ........................................................................................ 207

- Conceptos. ............................................................................................................................ 207
- Mecanismos de dispersión. ................................................................................................. 207
- Panbiogeografía. .................................................................................................................. 208
- Bibliografía. .......................................................................................................................... 209

## IX. DIVERSIDAD. ........................................................................................................................ 211

- Escalas de la diversidad. ..................................................................................................... 211
- Gradiente de diversidad latitudinal. .................................................................................. 211
- Gradiente de diversidad altitudinal. .................................................................................. 212
- Biogeografía de islas. .......................................................................................................... 212
- Indices para la cuantificación de la diversidad alfa (Shannon) y Beta. (MAGURRAN, 1987)......218
- Cuántas especies hay. Modelos de predicción. ................................................................ 221
- Bibliografía. .......................................................................................................................... 225

## X. ESTADO DE LA BIODIVERSIDAD. .................................................................................... 227

- Puntos calientes globales. ................................................................................................... 227
- Fragmentación de ecosistemas. ......................................................................................... 229
- Conceptos de ecología del paisaje (Según BARNES, en línea). .................................... 229
- Conceptos acerca de la fragmentación. ............................................................................ 233
- Efecto de Borde. .................................................................................................................. 238
- Ejemplos de hábitat fragmentados a nivel mundial. ....................................................... 245
- Principales amenazas de la biodiversidad en Nicaragua. ............................................... 246
- Esfuerzos para la conservación de la biodiversidad. ...................................................... 246
- Conservación fuera de las áreas protegidas. .................................................................... 253
- Corredores biológicos: el Corredor Biológico Mesoamericano. ................................... 254
- Marco legal de la conservación. ........................................................................................ 262
- Extinciones conocidas, especies amenazadas y en peligro de extinción ...................... 264
- Especies invasoras. .............................................................................................................. 264
- Bibliografía. .......................................................................................................................... 269

## SOBRE EL AUTOR. ...................................................................................................................... 271

# I. Introducción.

## La ciencia de biogeografía. Concepto.

Según BROWN & LOMOLINO (1998) la biogeografía comprende dos niveles diferentes de conocimiento, en primer lugar la distribución de las especies consideradas aisladamente, y en segundo lugar la de las comunidades que estas forman en la naturaleza.

En el primer caso se consideraría la distribución de los individuos de una misma especie sobre el globo, mientras que en el segundo caso se considerarían agrupaciones de especies de animales o vegetales.

## Historia de la biogeografía.

Los primeros trabajos que pueden ser etiquetados como biogeográficos fueron los de Buffon (1707-1788), en los que el autor analiza como las faunas de mamíferos del Nuevo y el Viejo Mundo no tiene prácticamente elementos en común.

Posteriormente, un importante hito lo marca Charles Lyell quien en su libro "Principles of Geology" hace un análisis de la distribución de los animales a través del tiempo.

No obstante, entre los más emblemáticos precursores de la biogeografía en el nivel global se encuentra Charles Darwin. En su expedición del Beagle comenzó a relacionar las relaciones en las variaciones entre las especies y su relación con la distribución.

Con su obra el "Origen de las especies" da un impulso sin precedentes a este tema, y en este sentido su trabajo más emblemático fue el relacionado con los Pinzones en las Islas Galápagos.

Fig. 1.- Charles Darwin[1].

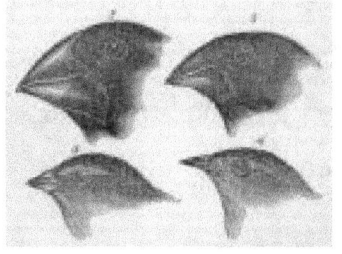

Fig. 2.- Pinzones de las islas Galápagos[2].

---

[1] Tomado de WIKIPEDIA.
[2] Tomado de WIKIPEDIA.

Paralelamente a Darwin, fueron de gran importancia los viajes y trabajos de Alfred Wallace y sus contribuciones,

entre ellas la propuesta de regiones biogeográficas en el nivel global.

Más recientemente, otros autores han realizado contribuciones de gran importancia como la de ANDREWARTHA en su *"The distribution and abundance of animals"*, la *"Biogeografía de islas"* de MACARTHUR y WILSON, o la *"Panbiogeografía"* de LEON CROIZAT.

También hay que resaltar las importantes síntesis de BROWN y LOMOLINO y SPELLERBERG y SAWYER, entre otros biogeógrafos contemporáneos.

**Biogeografía en Nicaragua.**

Ya en la segunda mitad del siglo XX el Padre Bernardo Posol, S.J., publicó en 1958 la primera obra sobre ecosistemas de Nicaragua:

*Zonas biogeográficas de la flora y fauna nicaragüense y factores asociados.*

Posteriormente el eminente botánico nicaragüense Juan Bautista Salas publicó dos libros claves para la comprensión de fitogoegrafía del país y de sus zonas fitogeográficas (*vid.* SALAS, 1993, 2002).

**El marco ambiental (Variables).**

Como es conocido las variables ambientales juegan un papel predominante en su relación con los seres vivos. De modo general estas variables son:

Radiación solar: Esta es más intensa hacia los trópicos lo que genera un aumento en la diversidad.

**Elevación altitudinal:** Ocasiona una disminución de la diversidad y del tamaño de los individuos, esto es más acentuado en animales invertebrados con la altura.

**Vientos y precipitaciones:** producen cambios en el nivel local y global. Por ejemplo en una montaña existen diferencias ocasionadas por las precipitaciones entre el lado de barlovento que recibe lluvia y humedad y en lado de sotavento al cual llegan los vientos secos después de dejar su carga de humedad y precipitación en el lado de barlovento.

**Suelos:** Los suelos con mayor contenido orgánico suelen albergar mayor cantidad de biodiversidad, no obstante el tipo de suelo también condiciona el tipo de biodiversidad que va a albergar.

**Agua:** existen varios aspectos relacionados con el agua.

**A. Estratificación:** existe una zonación en la columna de agua debido a la penetración diferencial de la luz solar, como sólo en la parte superior de la columna se produce fotosíntesis en ella se desarrollan numerosos procesos diferentes a los que ocurren en zonas abisales de mares y océanos.

**B. Corrientes:** Los fenómenos más emblemáticos y recientemente más abordados por expertos y prensa en general, relacionados con las corrientes, son los de El Niño y la Niña. Según WIKI (en línea) El Niño y La Niña se definen oficialmente como anomalías en las temperaturas de la superficie marina mayores de 0.5 °C a través del Pacífico central tropical. Cuando la condición se cumple por un periodo de menos de cinco meses se clasifica como "Una Condición El Niño o la Niña", pero si la anomalía persiste por cinco meses o más se clasifica como "Un Episodio El Niño o la Niña". Históricamente este ha tenido lugar a intervalos irregulares de dos a siete años y ha durado usualmente uno o dos años.

Los efectos de El Niño en América del Sur son directos y más fuertes que en América del Norte. El Niño es asociado con veranos calurosos y muy húmedos (Diciembre-Febrero) a lo largo de las costas del norte de Perú y Ecuador, ocasionando importantes inundaciones cuando el evento es fuerte o extremo. Los efectos durante los meses de Febrero, Marzo y Abril se pueden volver críticos. El sur de Brasil y el norte de la Argentina también experimentan condiciones más húmedas que las normales pero principalmente durante la primavera y el comienzo del verano. Chile central recibe un invierno suave con importantes precipitaciones, y el altiplano Peruano-Boliviano es expuesto con frecuencia a eventos inusuales de nevadas en invierno. Un tiempo más cálido y más seco se presenta en la cuenca del Rio Amazonas, Colombia y América Central.

En el Pacífico, La Niña se caracteriza por temperaturas oceánicas inusualmente frías en el Océano Pacífico ecuatorial comparada con El Niño, el cual se caracteriza por temperaturas oceánicas inusualmente cálidas en la misma área. La actividad ciclónica atlántica se ve maginificada durante La Niña. La Condición La Niña habitualmente sigue a El Niño, especialmente cuando este último es fuerte.

**C. Presión y salinidad.**

**D. Olas y zona intermareal:** el régimen de exposición e inundación conforma una comunidad muy peculiar. Las especies que viven en estas comunidades están confinadas a un ámbito muy estrecho en términos espaciales y muy peculiar en términos temporales.

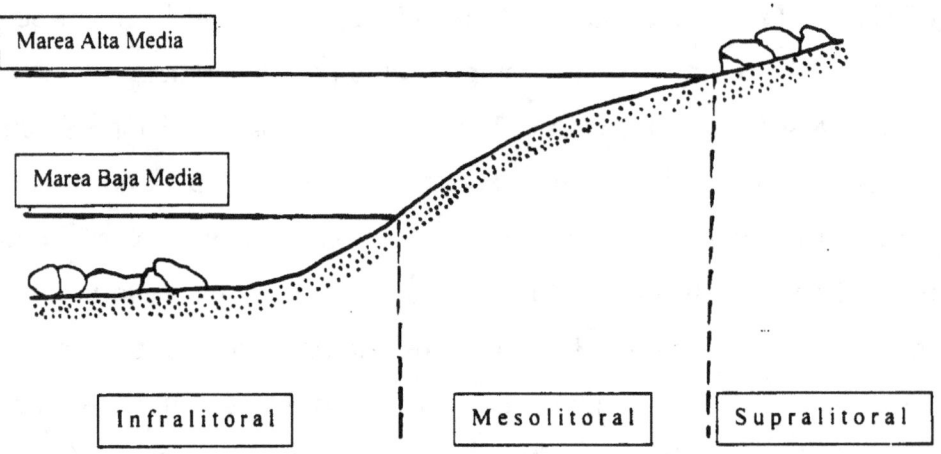

Fig. 3.- Zonación del litoral (Tomado de CANDA, 2002).

La zona intermareal del litoral arenoso desde el norte de América del Sur (Ecuador y Perú) hasta el Golfo de California está caracterizada por la presencia del molusco gasterópodo *Olivella semistriata* (PËREZ & LÓPEZ, 1994).

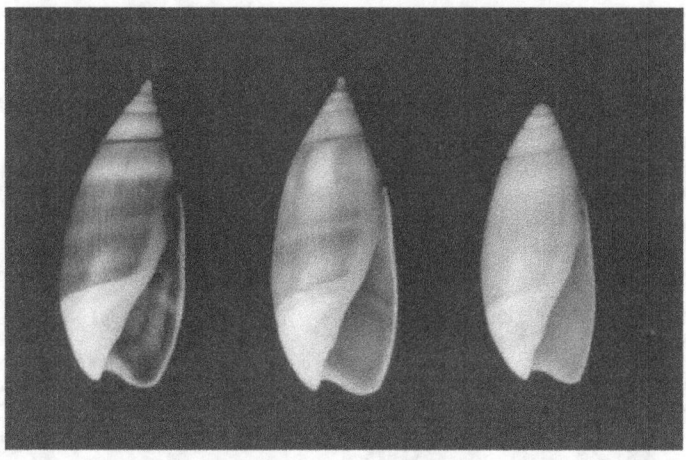

Fig. 4.- Morfos de *Olivella semistriata*. Fotos del autor.

Esta es una especie sumamente interesante debido a su polimorfismo de color (PÉREZ, 2001) y los patrones espaciales que presentan sus poblaciones en condiciones de poca afectación humana.

Un poco más arriba, en la zona del supralitorial arenoso, se presenta un predominio de la especie de cangrejo *Gecarcinus quadratus*.

Fig. 5.- *Gecarcinus quadratus*. Foto de Marlon Sotelo.

Otra de las zonaciones más interesantes es la de los ecosistemas de manglar (Fig. 6). En esta predomina el gasterópodo *Littoraria striata* (Fig. 7) y los cangrejos *Cardisoma crassum* (Fig. 8) y *Eryphia squamata*, entre otros.

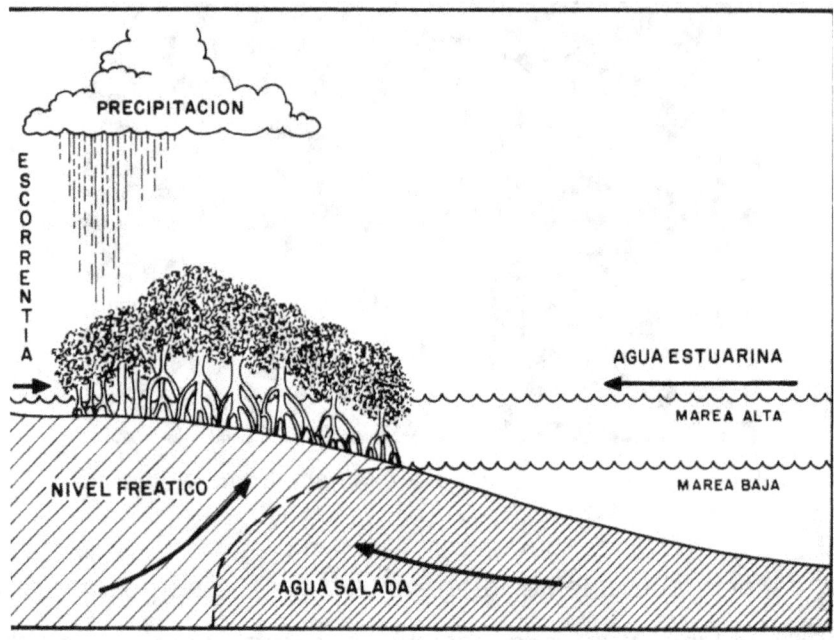

Fig. 6.- Zonación de mareas en el mangle (Según JIMÉNEZ, 1994).

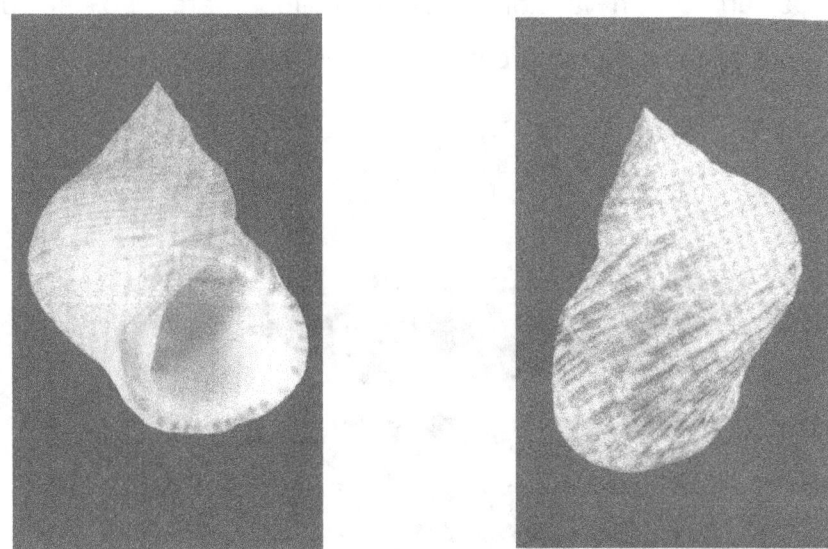

Fig. 7.- *Littoraria striata* (Tomado de JIMÉNEZ, 1994).

Fig. 8.- *Cardisoma crassum*. Foto de Marlon Sotelo.

En el mesolitoral de los manglares de toda la región del Pacífico centroamericano predominan las especies de moluscos bivalvos conocidas como Concha Negra (*Anadara similis* y *Anadara tuberculosa*) (Fig. 9, 10). Estas especies tienen una enorme importancia para la sobrevivencia de las comunidades locales que viven de su extracción y comercialización (PEREZ *et al.* 2002).

Fig. 9.- Ejemplar adulto de *Anadara similis*. Foto de Lorena Campo.

Fig. 10.- Ejemplar adulto de *Anadara tuberculosa*. Foto de Lorena Campo.

**Bibliografía.**

BROWN, J.H. & M.V. LOMOLINO. 1998. *Biogeografía*. 2$^{nd}$ edition. Sinauer associates, inc. Sunderland, Massachussets. 691 p.

CANDA, L. 2002. *Ecología de los moluscos del mesolitoral en la Playa de la Flor, Rivas Nicaragua.* Tesis de Licenciatura, Universidad Centroamericana, Managua, Nicaragua.

JIMÉNEZ, J.A. 1994. *Los manglares del pacífico centroamericano.* Editorial Fundación UNA, Heredia. 336 p.

PÉREZ, A.M. 2001. Shell colour polymorphism in *Olivella semistriata* Gray, 1839 (Gastropoda: Prosobranchia: Olividae) in La Flor protected area, Rivas department, Nicaragua. *Of sea and shore*, 24(2):77-78.

PEREZ, A.M & A. LOPEZ. 1994. Spatial patterns in a population of *Olivella semistriata* (Gray, 1839) (Gastropoda: Prosobranchia: Olividae) in a Pacific beach of Nicaragua. *Of sea and Shore*, 13(3):124-126.

PÉREZ, A.M., M. SOTELO, I. SIRIA & E. VARGAS. 2002. *Formulación de una norma técnica que regule la extracción y aprovechamiento del recurso concha negra en Nicaragua.* Informe final, MARENA, Nicaragua.

SALAS, J.B. 1993. *Arboles de Nicaragua.* Editorial Hispamer, Managua. 388 p.

SALAS, J.B. 2002. *Biogeografía de Nicaragua.* Impresión Comercial La Prensa, SA, Managua. 547 p.

PONSOL, B. 1958. *Zonas biogeográficas de la flora y fauna nicaragüense y factores asociados.* Academia Nicaragüense de la Lengua. 113 p.

## II. Distribuciones de especies.

### Patrones espaciales de distribución.

La distribución es una de las propiedades de las poblaciones biológicas. **La población local o demo** es un conjunto de individuos que se cruzan entre sí y que realizan el mismo nicho en un ecosistema determinado.

Las poblaciones y sus patrones espaciales son de gran importancia para la sistemática, ya que la población es la unidad en la que tiene lugar la evolución. La distribución espacial de una población puede ser continua, en cuyo caso los núcleos poblacionales que constituyen la especie se encuentran distribuidos de forma continua (Fig. 11) o disyunta, en este caso la especie está fraccionada en grupos de poblaciones más o menos discretos que pueden ser contados y delimitados.

Fig. 11.- Poblaciones contiguas. Dibujo de Lorena Campo.

Cuando estamos en presencia de poblaciones separadas de la misma especie se dice que estamos en presencia de metapoblaciones.

**Metapoblaciones.**

Metapoblación es un término acuñado por LEVINS (1968) para designar una población de poblaciones locales, es decir, si existe una distribución parcheada de las poblaciones la misma estará compuesta de varias subpoblaciones que en su conjunto conforman la metapoblación.

El concepto de metapoblación es un concepto dinámico que implica la existencia de procesos de migración y extinción en el que algunas poblaciones se extinguen intermitentemente y luego se reactivan productos a la recepción de individuos de una subpoblación "fuente" (source), en ese caso la(s) subpoblación (es) que reciben los individuos se llaman "sumidero" (sink) (Fig. 12).

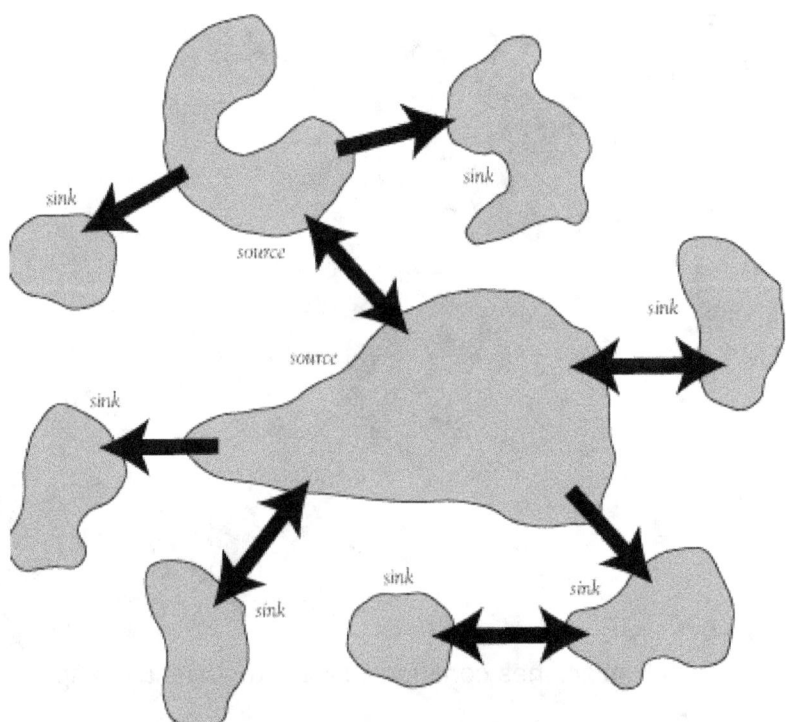

Fig. 12.- Dinámica de fuente-sumidero en una metapoblación teórica según HANSKI (1999).

Los modelos que se plantean para las metapoblaciones son los que se presentan en la siguiente figura (Fig. 13), según HANSKI (1999).

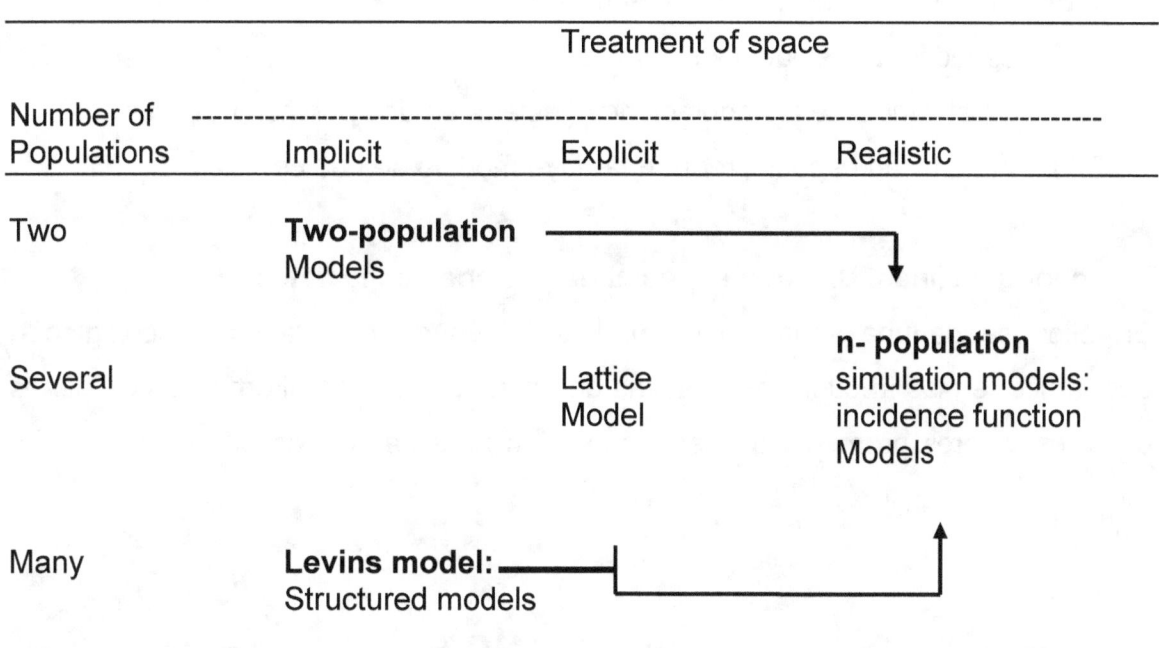

Fig. 13.- Clasificación de los modelos de metapoblaciones en términos de cuántas poblaciones son modeladas o cómo son tratados sus distribuciones espaciales. Tres modelos básicos se presentan en negrita. En este caso "Several" se refiere a un número finito de poblaciones y "Many" a un número infinito.

**Características de los Modelos.**

**Dos poblaciones:** La emigración e inmigración afectan las densidades de las poblaciones locales, así la localización espacial de una población en relación con otras poblaciones es potencialmente crítico para su dinámica y persistencia.

**Modelo de Levins:** Consiste en un grupo de poblaciones locales propensas a extinción que pueden sobrevivir en una balance estocástico entre extinciones y colonizaciones, así, cualquier estructura del paisaje que afecte las tasas de extinción y colonización es importante para la persistencia regional. Una condición de umbral existe para la persistencia de las metapoblaciones en términos de tasas de extinción y colonización, las cuales pueden ser interpretadas en términos de densidad del parche y tamaño promedio del mismo.

**Modelo Lattice (rejilla):** La migración restringida por el espacio y las interacciones pueden generar complejos patrones espaciales en la densidad en ausencia de cualquier heterogeneidad ambiental.

En la práctica estos modelos se diferencian en:

1) La cantidad de poblaciones involucradas.
2) La persistencia de las poblaciones (incierta en dos poblaciones y Levins).
3) La proximidad espacial requerida en el modelo de Lattice.

**Los clinos o clinas. Un caso especial de patrones espaciales.**

En ellos se da una variación gradual, a través de un gradiente ecológico o geográfico, en las frecuencias relativas de diferentes formas alternativas de genes o en los valores promedio de cada población para caracteres cuantitativos (Fig. 14).

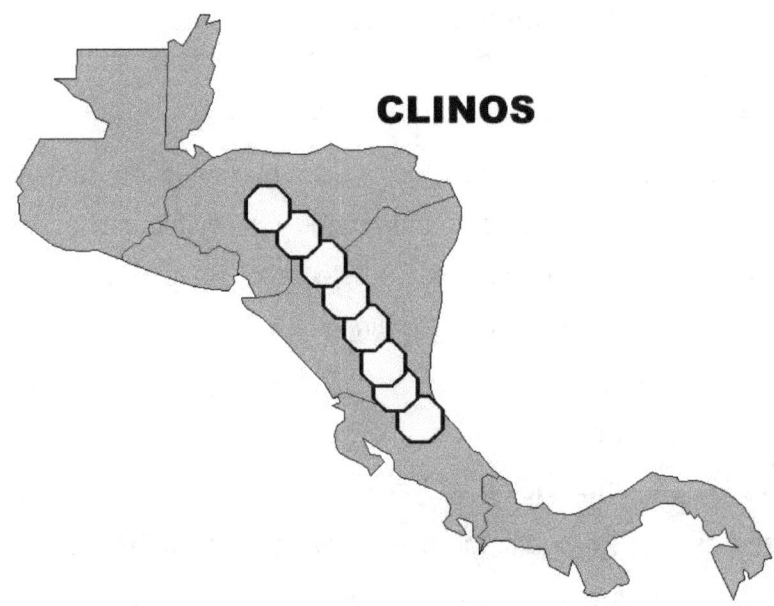

Fig. 14.- Poblaciones contiguas o clinas. Dibujo de Lorena Campo.

**Mapeo de especies.**

El mapeo de una especie, no es más que el mapeo de las poblaciones que constituyen a la misma. Para mapear la distribución de una especie debe conocerse bien la biología de la misma, si se trata de una especie de animal es imprescindible saber si es diurna o nocturna, así como tener una idea aproximada de sus patrones de dispersión ecológica, entre otros factores.

Una estrategia muy sencilla para el mapeo de la distribución es el método de cartografiado UTM, exitosamente utilizado en Europa para tal efecto de la década del 60 del pasado siglo XX.

**Las relaciones entre distribución y abundancia.**

De cara al mapeo es muy deseable simultanear los datos de presencia de las especies con sus abundancias asociadas, de tal suerte, en un sólo punto de distribución tendremos reflejados dos datos.

**Escalas de abundancia.**

Existen diferentes escalas de abundancia. La siguiente, es muy utlizada por su comodidad y sencillez.

| Puntuación de Abundancia | Descripción | |
|---|---|---|
| 5 | Muy abundante: | + del 80 % de la muestra. |
| 4 | Abundante: | Constituye entre el 60 y el 80 % de la muestra. |
| 3 | Poco abundante: | Constituye entre el 40 y el 60 % de la muestra. |
| 2 | Escaso: | Constituye entre el 20 y el 40 % de la muestra. |
| 1 | Raro: | Constituye menos del 20 % de la muestra. |

**El método UTM.**

El método de cartografiado UTM comenzó a ser empleado para el mapeo de flora y fauna en Europa desde la década de los 60 y continúa aplicándose exitosamente en la actualidad. Una referencia muy importante es el trabajo de MARQUET (1985).

En el Neotrópico, de acuerdo a nuestros datos, la primera experiencia de aplicación de este método ha sido la de PÉREZ (1999) y PÉREZ & LÓPEZ (1999) en gasterópodos continentales.

**El tamaño de la cuadrícula:**

LECLERCQ y VERSTRAETEN (1979) consideran que el tamaño de cuadrícula apropiado para estados europeos de tamaño medio o pequeño es el de 10 x 10 km, aunque en la República Federal Alemana también se utilizó dicho tamaño, al igual que en Francia (TESTUD, 1977), donde asimismo se emplearon cuadrículas de 20 x 20 km, las que también se utilizaron en Inglaterra (KERNEY, 1970). Para Europa el tamaño empleado es el de 50 x 50 km (KERNEY, 1976).

En el proyecto realizado por PÉREZ (1999) en el Pacífico de Nicaragua, la escala utilizada teniendo en cuenta el tamaño de la región de estudio, fue de 10 x 10 km (Fig. 15).

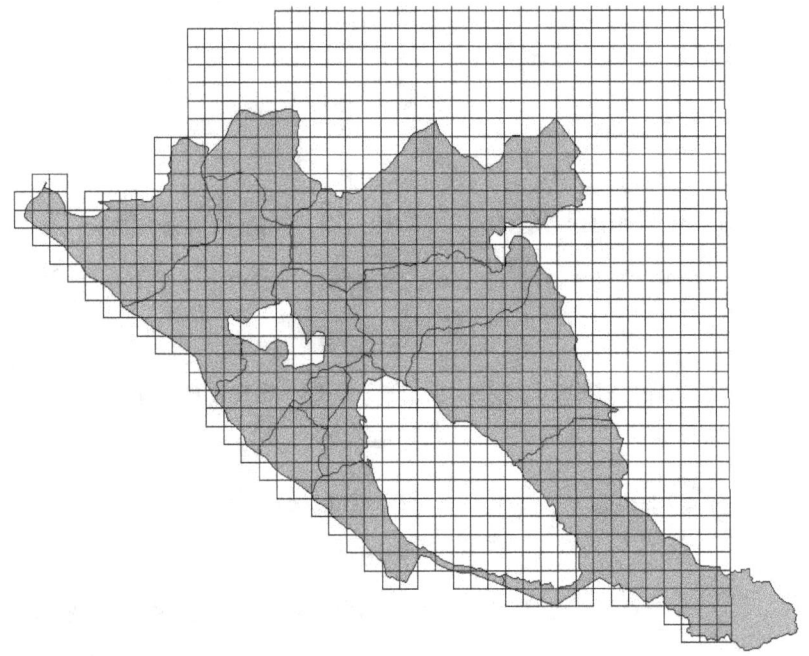

Fig. 15.- Retícula UTM de 10 x 10 km, utilizada para el estudio en el Pacífico de Nicaragua. Mapa de Lorena Campo.

Posteriormente PEREZ *et al.* (2003) propusieron para el país las escalas de 20x20 km y/o de 50 x 50 km (Fig. 16, 17).

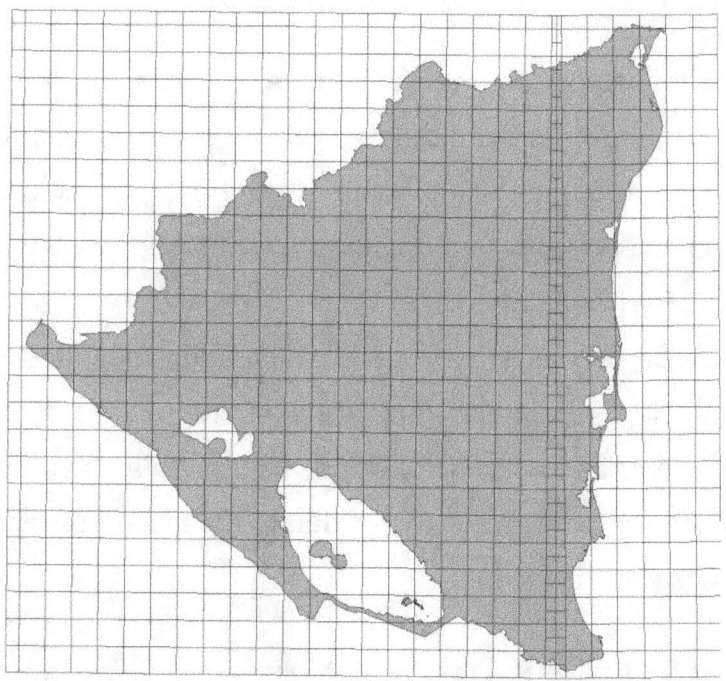

Fig. 16.- Nicaragua en escala de 20 x 20 km. Mapa del Autor.

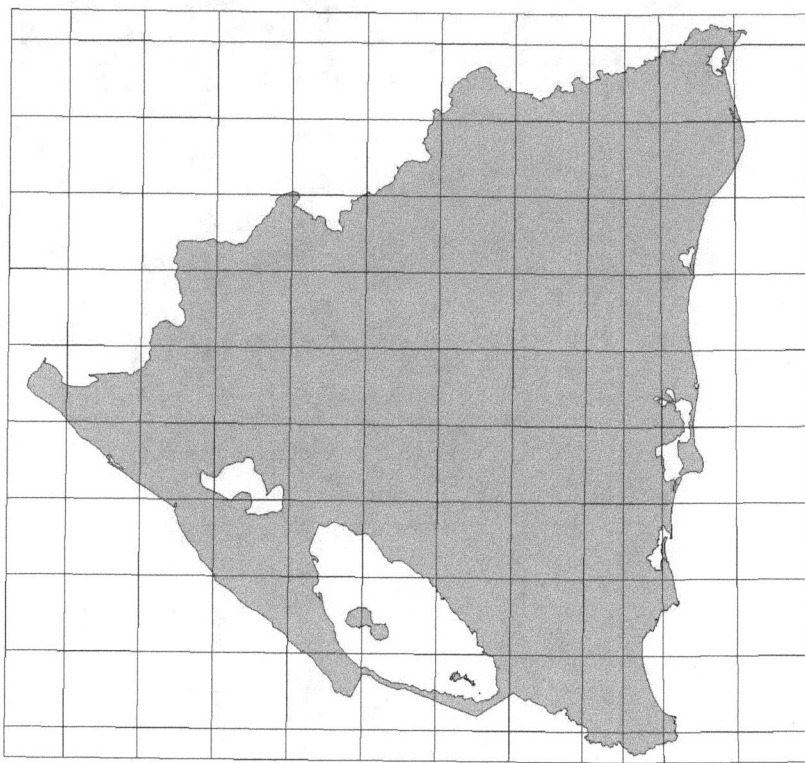

Fig. 17.- Nicaragua en escala de 50 x 50 km. Mapa del Autor.

**La simbología:**

En algunos estados europeos intensamente estudiados, se emplean diferentes símbolos para indicar tanto la edad de los datos (p. ej. antes de 1900, entre 1900 y 1950, y después de 1950), la altitud sobre el nivel del mar, si los datos han sido obtenidos de la bibliografía, colecciones de museo o trabajo de campo (LECLERCQ & VERSTRAETEN, 1979).

Debido a la escasez de datos antiguos en Nicaragua, nosotros hemos decidido seguir una simbología sencilla que distinga entre datos propios de los investigadores, identificados con círculos negros, datos de la bibliografía, representados con círculos abiertos, y datos compartidos representados por círculos semillenos (Fig. 18, 19).

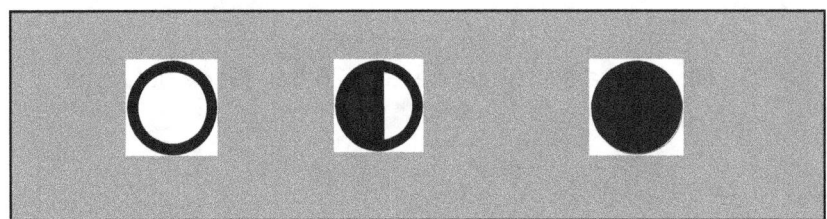

Fig. 18.- Simbología utilizada en el Pacífico de Nicaragua.

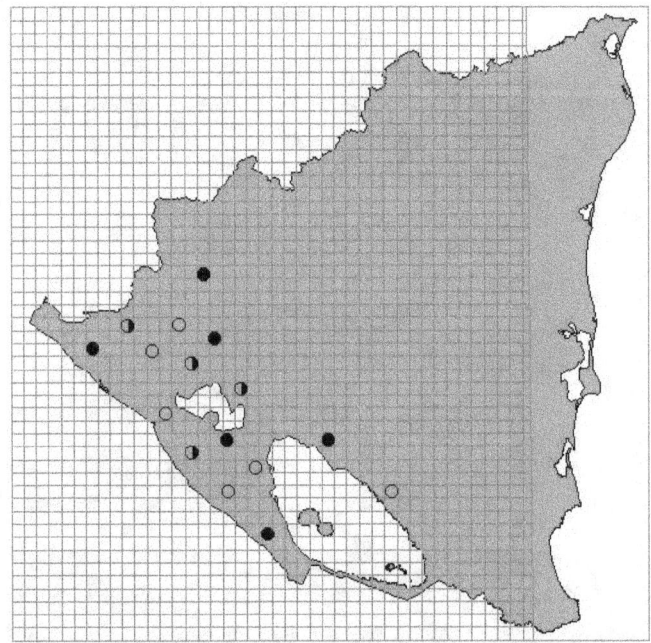

Fig. 19.- Símbolos utilizados en el Pacífico de Nicaragua. Mapa del Autor.

Como un siguiente paso en este trabajo proponemos utilizar la misma simbología pero adicionando el elemento TAMAÑO a los círculos llenos para indicar que las especies no sólo están sino CÓMO están representadas, es decir, aportando el dato de abundancia según una escala cualitativa que se describe más adelante.

También se puede utilizar una simbología que permita simultanear la presencia con la abundancia. En la siguiente figura (Fig. 20) se presenta un ejemplo utilizando una escala de abundancias de 1 a 3, siendo 3 la especie abundante, 2 escasa y 1 rara.

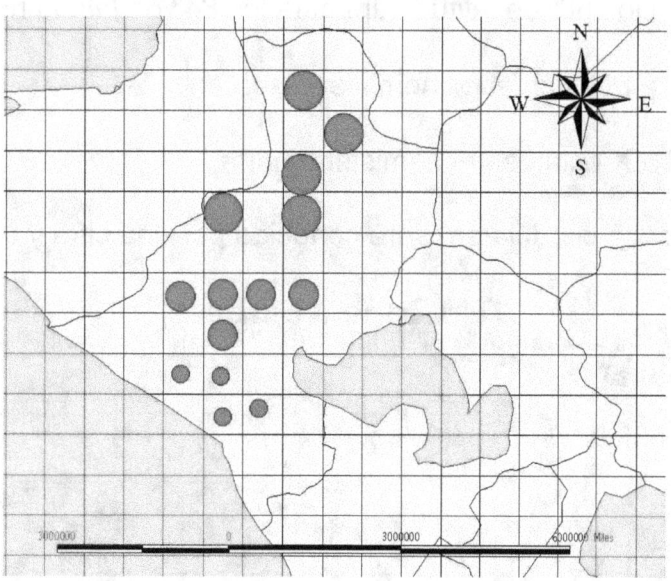

Fig. 20.- Datos de presencia y abundancia con cículos grandes (3), medianos (2) y pequeños (1). Mapa del autor.

**La cuadrícula Universal Transversal Mercator (UTM):** es la más utilizada mundialmente. Se trata de una proyección cilíndrica transversal.

La superficie terrestre comprendida entre los 84° de latitud norte y los 80° de latitud sur[3] se divide en tres grados de referencia:

- Primer grado:

– Se divide el conjunto en columnas, con un ancho de 6° de longitud, llamadas zonas.

---

[3] El resto de las zonas de la Tierra, las zonas polares, están abarcadas por las coordenadas UPS (Universal Polar Stereographic).

- Existen 60 zonas desde 180º de latitud oeste hasta los 180° de latitud este.

- Numeradas de 1 a 60.

- Cada columna es dividida, a su vez, en cuadriláteros de una altura de 8º de latitud.

Numerados con letras consecutivas desde la C hasta la X (exceptuando la I, LL, Ñ y la O).

- Empezando en los 80º de latitud sur hasta los 84° de latitud norte.

- Las bandas C a M están en el hemisferio sur.

- Las bandas N a X están en el hemisferio norte.

De esta manera cada cuadrilátero será conocido por una cifra y una letra.

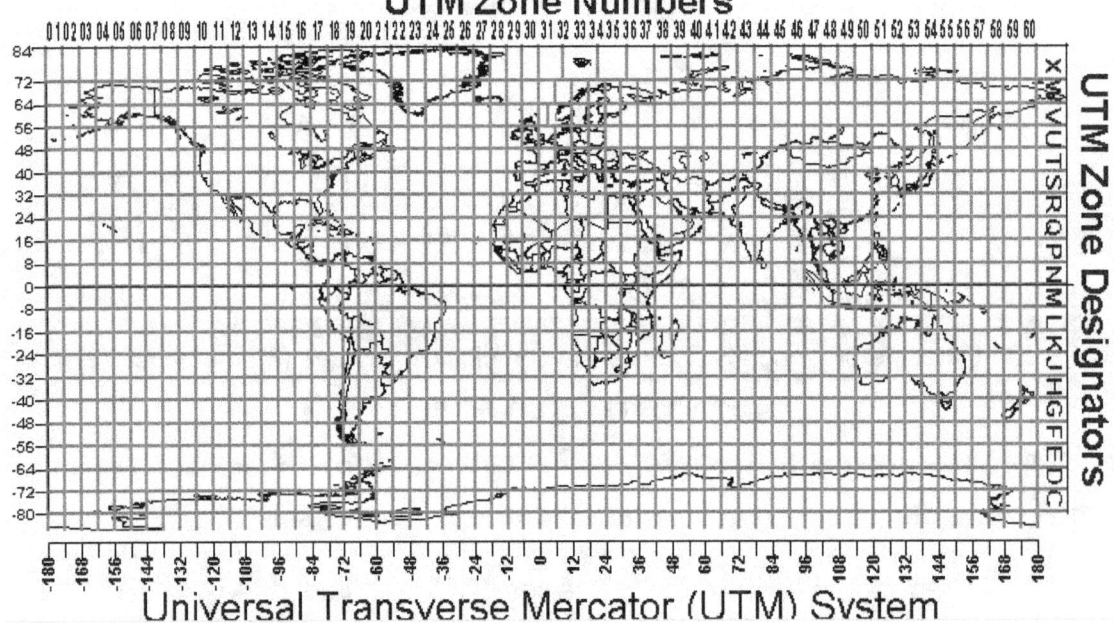

Imagen: representación de las 60 zonas UTM de la Tierra. Peter H. Dana. Universidad de Texas.

- Segundo grado de referencia:

Se vuelven a hacer subdivisiones de cada cuadrilátero en cuadrados de 100 km, indicando del mismo modo longitud y latitud por letras que empezarían a contarse también de oeste a este y de sur a norte.

Cada columna de cuadrados se nombra con una nueva letra mayúscula de la A a la Z (excluyendo CH, I, LL, Ñ y O). Se empieza a rotular desde el meridiano 180° W hacia el este a lo largo del Ecuador. Es un alfabeto de 24 letras que se repite cada 18° de intervalo.

Cada fila de cuadrados se nombra con letra de la A a la V (excluyendo CH, I, LL, Ñ y O):

En las zonas impares se inicia con letra A.

En las zonas pares se inicia con letra F.

- Tercer grado de referencia:

Estaría dentro de la nueva cuadrícula y vendría determinado por otra subdivisión en diez cifras para resolución métrica.

Las cinco primeras cifras hacen referencia a la coordenada X.

Las cinco últimas cifras hacen referencia a la coordenada Y.

Sus valores hacen referencia a la distancia en metros del punto hasta la esquina inferior izquierda del cuadro de 100 km.

**Lectura de la coordenada:**

La coordenada UTM en realidad lo que designa es un cuadrado, cuya resolución depende de la precisión de medida. Así la que se obtiene del GPS es una resolución de un metro cuadrado.

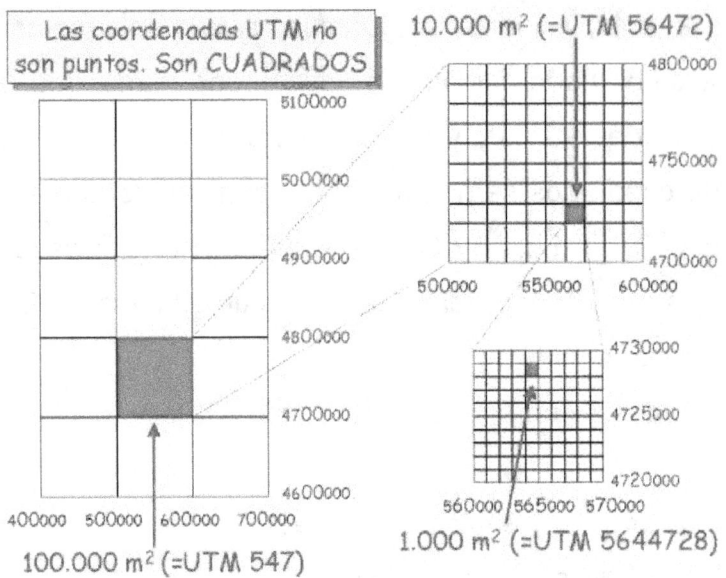

Por ello su lectura se puede realizar de dos maneras o bien con el sistema anteriormente expresado como una coordenada única o con un par de cifras, X e Y.

**Expresión de cuadrícula (CUTM)** (Fig. 21):

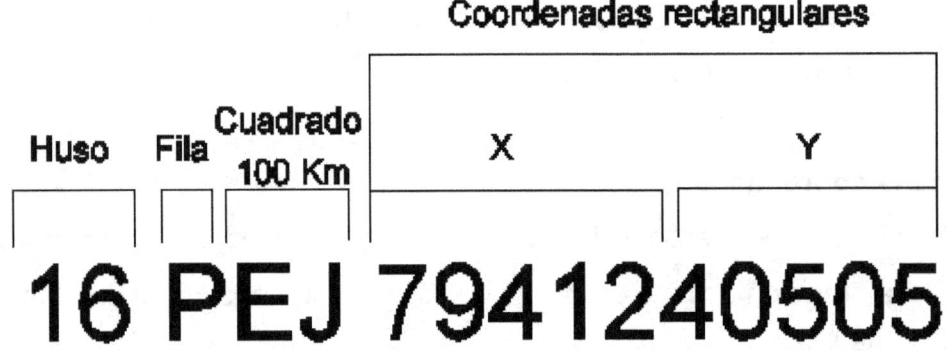

Fig. 21.- Coordenada CUTM del Centro de Malacología y Diversidad Animal de la UCA, Managua, Nicaragua. Dibujo de Lorena Campo.

**Expresión coordenada UTM:**

Como ya se ha visto se trata de la distancia medida, para cada una de las zonas, entre la esquina inferior izquierda y el punto a localizar. Se mide como en un eje cartesiano, por lo que los valores de X serán siempre E, un falso E, y los valores de Y serán siempre N, N también falso, ya que no se tiene en cuenta su posición con respecto al Ecuador o al meridiano de Greenwich.

Ya que estas coordenadas se repiten para cada huso es preciso en todos los casos dejar claro a que zona pertenece dicha coordenada. Caso de Nicaragua 16 (Costa del Pacífico) o 17 (Costa Atlántica).

La coordenada UTM se expresa con definición en metros:

Zona 16   (Centro de Malacología y Diversidad Animal de la UCA)

X       seis cifras        579,412 m

Y       siete cifras    1, 340,505 m

Y se escribe Zona 16   579412,134050 (separado por una coma)

**Nicaragua en el sistema utm:**

Nicaragua, con una superficie total aproximada de 128,000 km$^2$, es la República de mayor extensión en América Central. Está situada entre las coordenadas geográficas 10°45' y 15°05´ de latitud norte y 83°15´ y 87°40´ de longitud oeste: limita al norte con Honduras, al este con el Océano Atlántico (Mar Caribe), al sur con Costa Rica y al oeste con el Océano Pacífico.  En el sistema UTM se encuentra situada entre las zonas 16 y 17 P (Fig. 22).

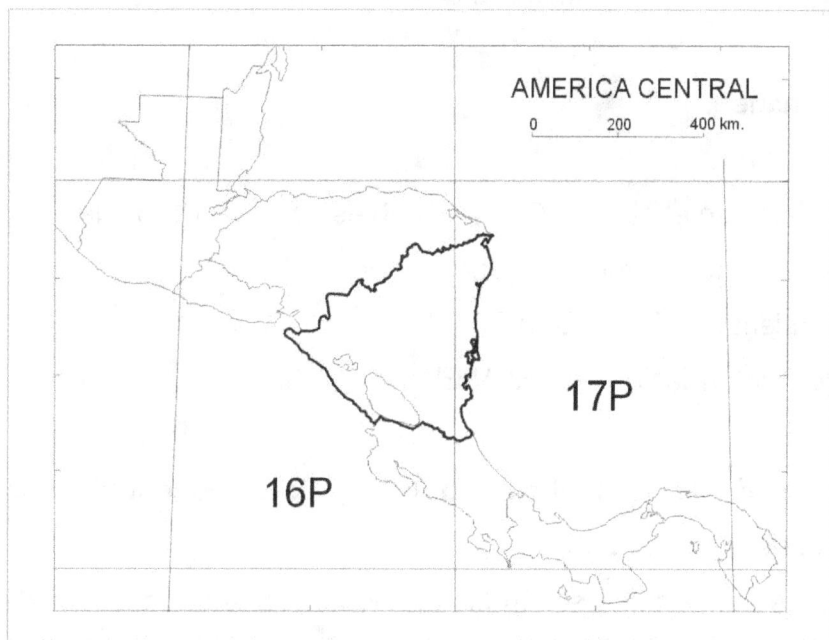

Fig. 22.- Zonas UTM representadas en Nicaragua. Mapa de Lorena Campo.

La nomenclatura de las Coordenadas UTM (CUTM) para los cuadros de 100 x 100 antes explicada, ya aplicada a Nicaragua es como se señala en el siguiente mapa (Fig. 23):

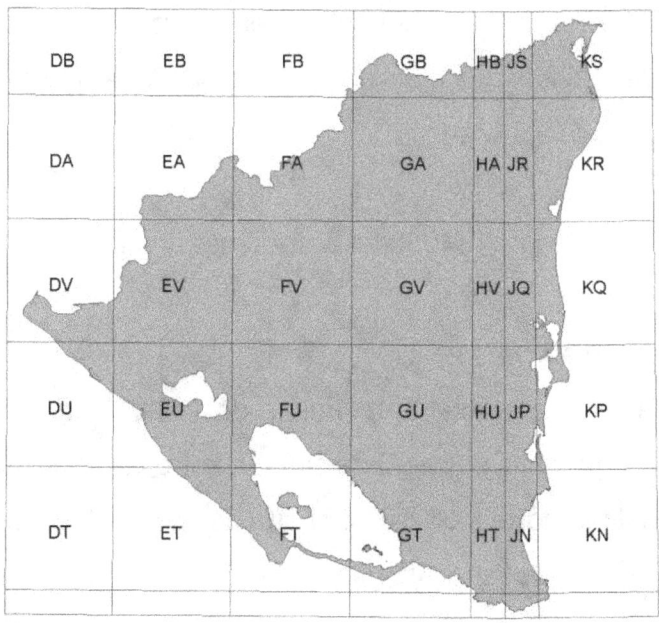

Fig. 23.- Notación de los cuadros de 100 x 100 km en sel sistema de coordenadas UTM. Mapa de Lorena Campo.

**Ejercicio de mapeo.**

**Pasos:**

A. Toma de datos en el campo (GPS, Variables físicas y Datos del ecosistema).

B. Procesamiento de la información de campo.

C. Almacenamiento en DBASE/ ACCESS.

D. Mapeo de la información en ARCVIEW.

**PASO A.- Toma de datos en el campo (GPS y Datos del ecosistema).**

**1. Recolecta de las especies:**

Las especies se recolectarán según los métodos que sean adecuados a la biología de cada grupo. Se recogerán a mano, con redes o trampas de diferentes tipos. El tiempo de recolecta también será adaptado por cada especialista para poder representar el núcleo básico de especies de la comunidad según las áreas mínimas o esfuerzos de muestreo establecidos en cada grupo.

## 2. Toma de datos con GPS.

Los puntos de muestreo se georeferenciarán con un GPS en coordenadas UTM.

## 3. Datos de campo:

A. Formato de datos:

**Taxón:** Nombre definitivo o provisional del taxón.

**Recolector:** Nombre de l@/ l@s recolectores.

**Fecha:** Dia.Mes.Año.

**Lote:** El lote es el conjunto de individuos que se recolecta en una localidad determinada. El número de lote que se propone está compuesto por dos cifras separadas por dos puntos, p. ej., 98:02, este número indica que se trata del segundo lote recolectado el año 1998. El número de lote en las colecciones europeas y norteamericanas suele seguir criterios parecidos y está antecedido por las iniciales del nombre de la colección, p. ej. MHNM (Museo de Historia Natural de Madrid).

**Localidad:** Nombre del lugar.

**Vecindad:** Nombre del entorno que pueda ayudar a ubicar el punto.

**Coordenada UTM:**

**Abundancia:** Se brindará según la escala cualitativa de TANSLEY & CHIPP (1926), que consiste en lo siguiente.

La abundancia se define como la cantidad de individuos de una especie determinada que se distribuyen en una determinada comunidad. Los datos de abundancia de las especies se suelen dar cuantitativamente o cualitativamente. Los datos cuantitativos son cantidades, es decir, se dice que hay 45 individuos de la especie.

Según la aproximación cuantitativa la abundancia se suele señalizar como N y para la comunidad del ejemplo anterior los valores son:

## Formaciones Vegetales

| Especies | BG | MCo | Pa | BSeco | Total |
|---|---|---|---|---|---|
| **Alcadia hispida** | | 5 | | 13 | 18 |
| **Farcimen tortum** | 34 | | | 4 | 38 |
| **Lamellaxis gracillis** | | 7 | 11 | 23 | 41 |
| **Subulina octona** | 12 | 8 | 15 | 45 | 80 |
| **Gongylostoma elegans** | | 43 | | 2 | 45 |
| **Liguus fasciatus** | | | | 17 | 17 |
| **Lacteoluna selenina** | 4 | | | 8 | 12 |
| **Zachrysia auricoma** | 3 | 5 | 4 | 8 | 20 |
| **Cysticopis exauberi** | | | | 15 | 15 |
| **N** | 53 | 68 | 30 | 145 | 296 |

Los datos cualitativos se suelen dar según alguna escala. Una escala comúnmente utilizada es la citada (TANSLEY & CHIPP, 1926, simplificado), quienes reconocen cinco categorías, de las cuales se proponen tres:

- **Abundante:** Constituye más del 75 % de la muestra.
- **Escaso:** Constituye entre el 25 y el 50 % de la muestra.
- **Raro:** Constituye menos del 25 % de la muestra.

Estas categorías se refieren a la cobertura de vegetación de un área muestreada, de manera que para estudios de fauna se puede trabajar de la manera siguiente. Se considera la especie más abundante como punto de referencia y el valor de la misma se divide entre 3, de este modo las categorías se estructuran partiendo del valor calculado, que representa 1/3 del total.

Partiendo del ejemplo de la tabla anterior, donde la especie con mayor abundancia es *Subulina octona* con una abundancia de 80, dividimos ese valor entre 3 = 27, y partiendo de ese valor estructuramos nuestras categorías de la manera siguiente:

- **Abundante:** + de 54 individuos.
- **Escaso:** Entre 27 y 54 individuos.
- **Raro:** Menos de 27 individuos.

B. Otras variables. Ver ANEXO (tabla de campo utilizada por (PÉREZ, 1999) (modificado).

## PASO B.- Procesamiento de la información de campo.

El material biológico recolectado puede ser liberado o depositado en colecciones biológicas nacionales. En caso de que vaya a ser depositado en colecciones, después de ser recolectado debe ser:

- Fijado en alcohol o formol.
- Preservado en alcohol.
- Incorporado a una colección.

## PASO C.- Almacenamiento en FOXBASE/ ACCESS.

Para su ingreso en la base de datos se parte de la información de la etiqueta rellenada en el campo, pero además se adiciona alguna información que contribuirá a enriquecer el conocimiento sobre la especie y/o facilitar el mapeo de la misma.

| | | | |
|---|---|---|---|
| ☐ | **FAMILIA:** | ☐ | Nombre de la familia. |
| ☐ | **GÉNERO:** | ☐ | Nombre del género. |
| ☐ | **ESPECIE:** | ☐ | Nombre de la especie. |
| ☐ | **NUMSP:** | ☐ | Número de especímenes. |
| ☐ | **ABUND:** | ☐ | Según la escala citada. |
| ☐ | **DPTO:** | ☐ | Departamento. |
| ☐ | **LOTE:** | ☐ | Número de lote. |
| ☐ | **COORD:** | ☐ | Coordenada UTM. |
| ☐ | **CORX:** | ☐ | Coordenada UTM (Eje X, la da el GPS). |
| ☐ | **CORY:** | ☐ | Coordenada UTM (Eje Y, la da el GPS). |
| ☐ | **LOCAL:** | ☐ | Localidad puntual. |
| ☐ | **VECIND:** | ☐ | Vecindad. |

| | | | |
|---|---|---|---|
| ☐ | **ECOSISTEMA:** | ☐ | Clasificación del ecosistema según la UNESCO, simplificada. |
| ☐ | **COMS:** | ☐ | Comentarios sobre algún aspecto notable de la especie, variabilidad, etc. |
| ☐ | **LONG/ ALTURA:** | ☐ | Longitud en animales o altura en plantas. |
| ☐ | **ANCHO/ DAP:** | ☐ | Ancho en animales y diámetro DAP en plantas. |
| ☐ | **PESO/ ANCHO COPA:** | ☐ | Peso en animales ancho de copa en plantas. |
| ☐ | **COLECTOR:** | ☐ | Investigador o grupo de investigadores que realiza la colecta. |
| ☐ | **ALTITUD:** | ☐ | Altitud sobre el nivel del mar. |
| ☐ | **ECORREGIÓN:** | ☐ | Una de las tres regiones naturales: Pacífico, Atlántico y Centro-Norte. |

**Un ejemplo:**

| | | | |
|---|---|---|---|
| ☐ | **FAMILIA:** | ☐ | Subulinidae |
| ☐ | **GENERO:** | ☐ | *Beckianum* |
| ☐ | **ESPECIE:** | ☐ | *sinistrum* |
| ☐ | **NUMSP:** | ☐ | 9. |
| ☐ | **ABUND:** | ☐ | 4. |
| ☐ | **DPTO:** | ☐ | Managua. |
| ☐ | **LOTE:** | ☐ | 92:01 |
| ☐ | **COORD:** | ☐ | 16PEJ7941440505 |
| ☐ | **CORX:** | ☐ | 79414 |
| ☐ | **CORY:** | ☐ | 40505 |
| ☐ | **LOCAL:** | ☐ | Campus UCA. |
| ☐ | **VECIND:** | ☐ | Barrio San Juan. |
| ☐ | **ECOSISTEMA:** | ☐ | Arboleda. |
| ☐ | **COMS:** | ☐ | No. |
| ☐ | **LONG/ ALTURA:** | ☐ | 8.82 |
| ☐ | **ANCHO/ DAP:** | ☐ | 3.17 |
| ☐ | **COLECTOR:** | ☐ | Mijail Pérez *et al.* |

| ALTITUD: | 60 m. |
|---|---|
| ECORREGIÓN: | Pacífico. |

**PASO D.- Mapeo de la información en ARCVIEW.**

**PASOS:**

**Para mapear todos los puntos de la base:**

1. Cargar ARCVIEW.
2. Cargar la vista deseada, en este caso MAPA BASE DE NICARAGUA.
3. Cargar la malla UTM que se decida.
4. Hacer la malla transparente.
5. Cargar la base de datos en formato **DBF** para relacionarla con los temas existentes. En este caso la base de datos de campo (Monitoreo) a los temas MAPA DE NICARAGUA y MALLA UTM.
6. Para cargar la base de datos seleccionar TABLAS en el Menú de Recursos, luego ADD y se abre la base de datos con los datos de campo.
7. Se selecciona VIEW en el Menú de Recursos, donde están cargados los temas y luego la opción VIEW del Menú de Pantalla, después ADD EVENT THEME.
8. Se selecciona la base previamente cargada como tabla y además los campos que se mapearán, en este caso COX y CORY.
9. Entonces aparece la base como un nuevo mapa de ARCVIEW.
10. Se activa la base y se mapean todos los puntos que están en esta base.
11. Si el nuevo mapa se quiere convertir a tema THEME → CONVERT TO SHAPE FILE.

**Para hacer el mapa de distribución de una especie:**

1. Son válidos los pasos del 1 al 9 (del punto anterior)
2. Seleccionar en la vista el tema de la base de datos.
3. Pinchar en THEMES, luego PROPERTIES. Con el constructor de preguntas pedir lo que se desea, p. ej., GENERO="Beckianum" AND ESPECIE="sinistrum". OK.
4. SÓLO se mapean los puntos que cumplan las condiciones.

5. Si el nuevo mapa se quiere convertir a tema THEME → CONVERT TO SHAPE FILE.

**Para reflejar los datos de la abundancia:**
1. Se repiten los pasos del 1 al 4 (del paso anterior)
2. Posteriormente se va a THEME y luego EDITOR DE LEGENDA. En esta opción se seleccionan los siguientes puntos:
    A. En el punto Tema: se autoselecciona la base en cuestión ya convertida en vista de ARC VIEW.
    B. En Tipo de Leyenda: GRADUATED SIMBOL.
    C. En Classification Field: se selecciona el campo "Abundancia".
    D. Se da Apply y se grafican los puntos con el un símbolo, p. ej., un círculo cerrado de un tamaño relacionado con el valor introducido en la base. Este valor deberá concordar con la escala antes propuesta.

Ejemplos:

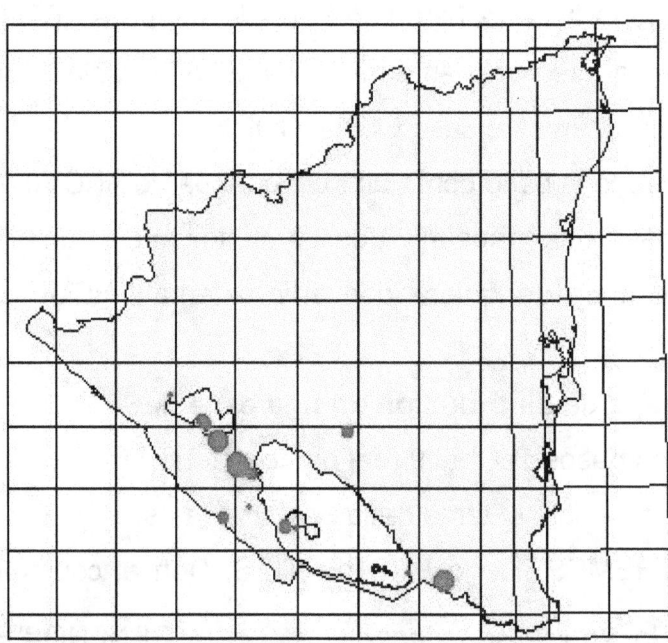

Fig. 24.- Mapa de distribución del *Beckianum beckianum*. El tamaño de los círculos se utiliza para indicar las diferentes categorías de abundancia. Mapa del autor.

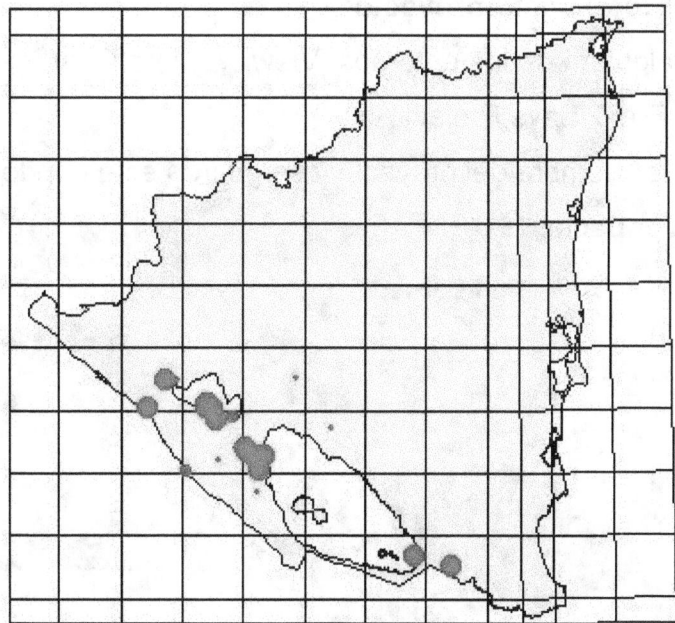

Fig. 25.- Mapa de distribución de la especie *Bulimulus corneus.* Mapa del autor.

**Para construir el gráfico longitud-altura de una especie:**

1. Se repiten los pasos del 1 al 4 (Mapa de distribución de una especie).
2. Desde la View (Vista) de trabajo se abre la tabla de Atributos del tema de la base de datos. 📄. Se pasa de trabajar en VIEW a trabajar en TABLE.
3. Para generar el gráfico se selecciona THEME→CHART o icono directo 📊.
4. Se establece el nombre del gráfico (Name), se selecciona en File los campos de la tabla Longitud y Anchura. Para ello se selecciona el campo Longitud y se añade (ADD), igualmente con la Anchura. OK.
5. Para seleccionar el tipo de gráfico se pincha en el icono de Diagrama XY 🖥 o en Gallery→ XY Scatter.
6. Se selecciona el tipo de gráfico XY deseado.

Para que todos los ejercicios descritos anteriormente queden guardados y no se tenga que volver a generar, basta con guardar todo ello como Proyecto.

**Para guardar todo como proyecto:**

1. Desde cualquiera de los entornos, View, Table o Chart se puede guardar el proyecto. File→ Save Project As.
2. Se decide el Nombre del proyecto y se guarda este donde se desee. OK.

**Ejemplo en una especie.**

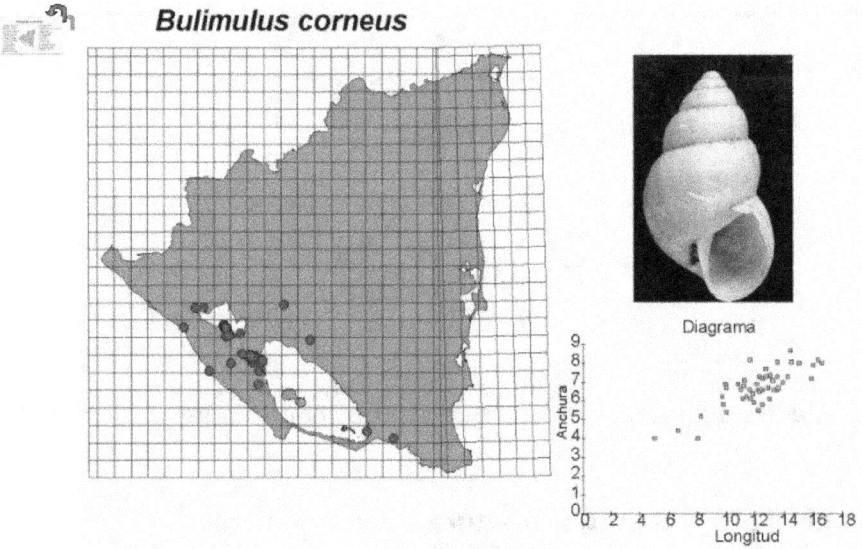

Fig. 26.- Mapa de distribución, gráfico de Longitud/ altura y foto de la especie *Bulimulus corneus*. Composición de Lorena Campo.

**Aplicaciones del mapeo: el análisis GAP o análisis de vacíos de conservación.**

Una de las aplicaciones del mapeo es el Análisis Gap o Análisis de brechas. Para tal efecto se realiza una sobreposición de capas como la que se muestra en la figura.

Para realizar este análisis se debe disponer de la información siguiente (Fig. 27):

## GAP ANALYSIS:
PROTECTING BIODIVERSITY USING GEOGRAPHIC INFORMATION SYSTEMS

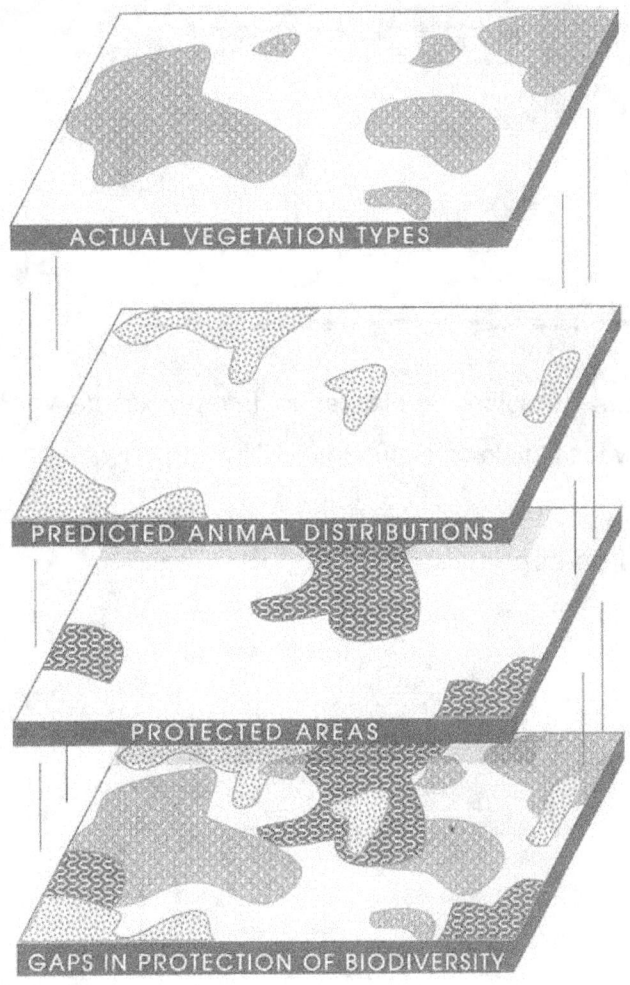

Fig. 27.- Análisis de vacíos según SPELERBERG & SAWYER (1998).

1. Tipos de vegetación.
2. Información sobre distribución de la especie de interés.
3. Áreas protegidas de la zona o del país.

Para realizar el análisis de brechas esta información se sobrepone como capas en un programa de sistemas de información geográfica y, aquel ámbito de distribución de la especie o especies de interés que queda fuera de las áreas protegidas, se considera una "brecha" en la protección de la biodiversidad.

## Ejemplos en Nicaragua:

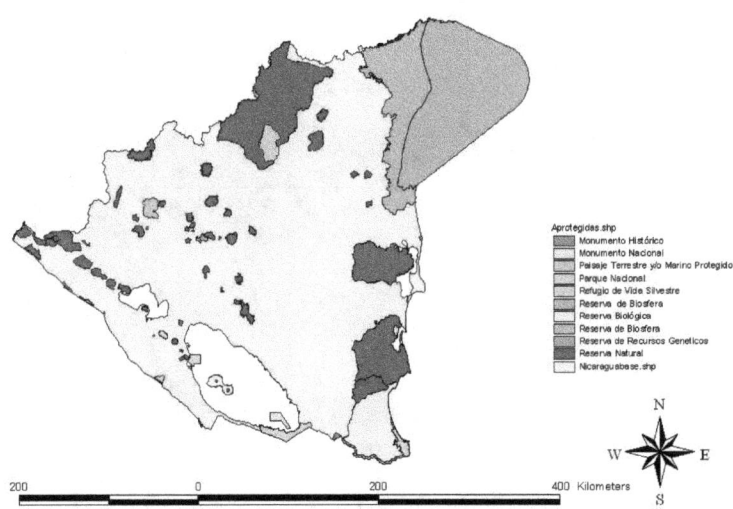

Fig. 28.- Mapa de areas protegidas de Nicaragua. Información de MARENA (Ministerio del Ambiente y los Recursos Naturales de Nicaragua) y Mapa del autor.

## Ejemplo en el nivel de especies:

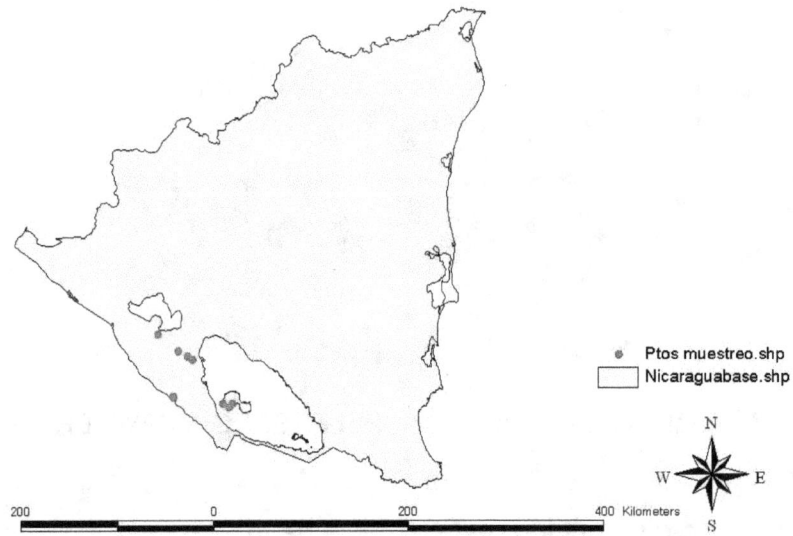

Fig. 29.- Distribución de una especie emblemática de molusco: *Orthalicus princeps.* Mapa del autor.

**Análisis de vacíos de conservación: especies y áreas protegidas:**

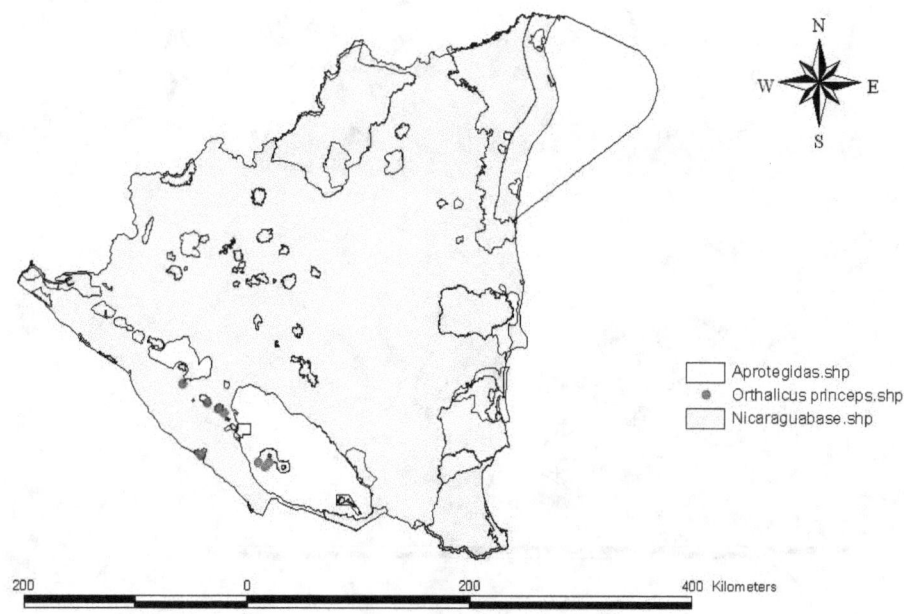

Fig. 30.- Sobreposición de la distribución de la especie *Orthalicus princeps* en el mapa de áreas protegidas de Nicaragua para evaluar cuanto de la misma está bajo protección. Información de MARENA y Mapa del autor.

**Análisis:**

Según DUDLEY Y PARRISH (2005) se puede suponer que, con más del 10 % de la superficie mundial en Áreas Protegidas, al menos las principales especies y ecosistemas. De tal suerte se necesita determinar si el 10 % de la especie o el ecosistema meta se encuentra dentro del marco del Sistema Nacional de Áreas Protegidas.

### Ejemplo en ecosistemas:

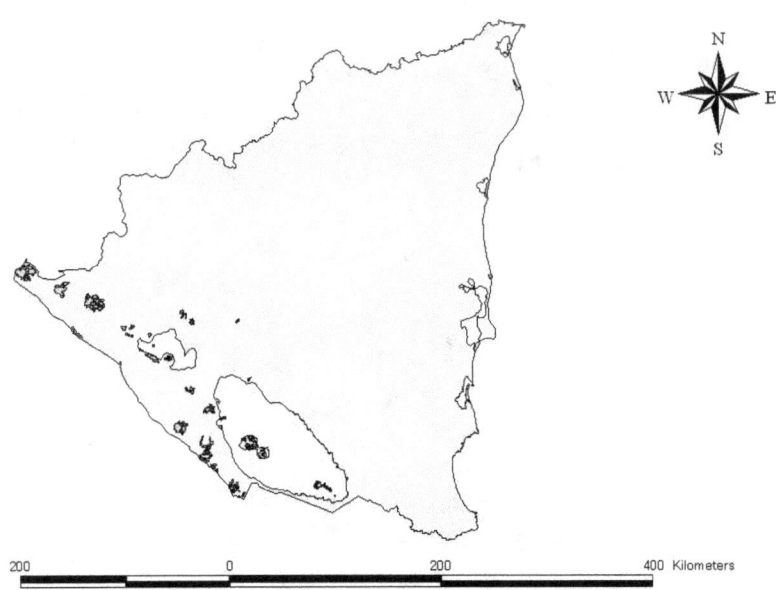

Fig. 31.- Distribución de un ecosistema emblemático: Bosque tropical seco. Información de MARENA y Mapa del Autor.

### Análisis de vacíos de conservación: Bosque seco y áreas protegidas:

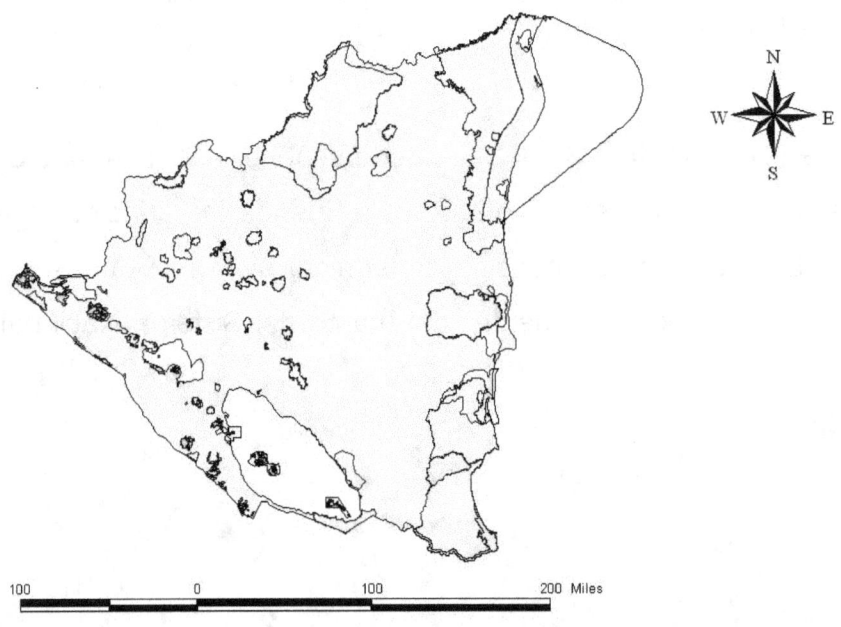

Fig. 32.- Sobreposición del Bosque seco en el mapa de áreas protegidas de Nicaragua para evaluar cuanto del mismo está bajo protección. Información de MARENA y Mapa del Autor.

**Bibliografía.**

DUDLEY, N. & J. PARRISH. 2005. *La creación de sistemas de áreas protegidas ecológicamente representativas.* The Nature Conservancy (TNC), Mérida, Yucatán, México. 117 p.

HANSKI, I. 1999. *Metapopulation ecology.* Oxford University Press, Oxford. 313 p.

KERNEY, M.P. 1970. The british distribution of *Monacha cantiana* (Montagu) and *Monacha cartusiana* (Müller*). J. Conch., Lond.,* 27:145-148.

KERNEY, M.P. 1976. European distribution maps of *Pomatis elegans* (Müller), *Discus ruderatus* (Férussac), *Eobania vermiculata* (Müller) and *Margaritifera margaritifera* (Linné). *Arch. Moll.*, 106(4/6):243-249.

LECLERCQ, J. & C. VERSTRAETEN. 1979. Realisations et perspectives de la cartographie des invertebrés en Belgique et en Europe. *Boll. Zool.,* 46:261-278.

LEVINS, R. 1968. *Evolution in changing environments: some theoretical explorations.* Princeton University Press, Princeton, NJ.

MARQUET, R. 1985. An intensive zoogeographical and ecological survey of the land mollusca of Belgium: aims, methods and results (Mollusca: Gastropoda). *Annls Soc. r. zool. Belg.,* 115(2):165-175.

PÉREZ, A.M. 1999. *Estudio taxonómico y biogeográfico preliminar de la malacofauna continental (Mollusca: Gastropoda) del Pacífico de Nicaragua.* Tesis Doctoral, Universidad del País Vasco, España. 524 p.

PÉREZ, A.M. & A. LÓPEZ. 1999. Estudio taxonómico y biogeográfico preliminar de la malacofauna continental (Mollusca: Gastropoda) del Pacífico de Nicaragua (1995-1998). *Cuadernos de Investigación, Universidad Centroamericana,* No. 1, 52 p.

PEREZ, A.M., L. CAMPO & I. SIRIA. 2003. *Propuesta de sistema nacional de monitoreo de la biodiversidad.* Informe final. PNUD-Managua, Managua.

SPELLERBERG, I.F. & J.W.D. SAWYER. 1999. *An introduction to applied biogeography.* Cambridge University Press, Cambridge. 243 p.

TANSLEY, A.G. & T.F. CHIPP. 1926. *Aims and methods in the study of vegetation. Br. Emp. Veg. Comm.,* Whitefriars Press, London. 383 p.

TESTUD, A.M. 1977. Répartition en France de l´espèce *Cochlicella ventricosa* (Draparnaud, 1801) (Gastropode pulmoné terrestre). *Haliotis,* 6:315-319.

## III. El nicho ecológico.
### Concepto. Terminología.

El concepto de nicho ecológico surgió a principios de siglo, y entre los primeros en utilizarlo se puede citar a Grinnell (1904), quien se refirió al nicho para indicar que diferentes especies de aves tenían diferentes requerimientos (Levins, 1968). Pianka (1976) apuntó que Grinnell veía el nicho como la unidad distribucional principal; por lo tanto, enfatizaba un concepto espacial del nicho.

Elton (1927) definió el nicho como el status de un animal en su comunidad; su lugar en el ambiente biótico, particularmente sus relaciones con el alimento, incluidos sus enemigos.

Gause (1934) junto con otros investigadores, a través de una serie de experimentos que guiaron al conocido principio de exclusión competitiva, reforzaron la importancia y objetividad del concepto de nicho, al señalar que "si dos especies coexisten deben ocupar nichos diferentes".

Whittaker *et al.* (1973) señalaron que varios autores trataron de estabilizar el concepto de nicho como el papel funcional del organismo en la comunidad, pero que esto no ocurrió. Así, según Dice (1952) nicho es la posición ecológica que una especie ocupa en un ecosistema particular.

Odum (1953) indicó que el nicho ecológico es la posición o status de un organismo dentro de su comunidad y ecosistema, resultante de las adaptaciones, respuestas fisiológicas y conducta específica (heredada o aprendida) del organismo. Clarke (1954) recalcó que el nicho es la función de la especie en la comunidad más que su lugar físico en el hábitat.

Con HUTCHINSON (1958) se llega a una nueva valoración del nicho la cual permite su cuantificación además de su descripción. Esta autora definió el nicho como un hipervolumen presente en un espacio multidimensional, donde las dimensiones representan las variables ambientales que afectan a la especie.

Cada punto en el hipervolumen representa una combinación de valores de dichas variables que permite a la especie sobrevivir; la serie completa de tales puntos se nombra "nicho fundamental"; pero como un organismo en un espacio y tiempo determinados no utiliza en su totalidad esa serie, sino una parte de ella, entonces a la subserie de tales puntos utilizados se le denomina "nicho realizado".

Años después Levins (1968) definió el nicho como una medida del valor adaptativo ("fitness) de una especie.

Whittaker *et al.* (1973) realizaron una útil revisión del concepto, y plantearon que el término nicho ha sido utilizado para nombrar cosas diferentes, como: a) la posición o papel jugado por una especie dentro de una comunidad dada -el concepto funcional del nicho; b) como la relación distribucional de una especie con una gama de ambientes y comunidades - el nicho como hábitat o el concepto espacial de nicho; c) una amalgama de ambas ideas - el concepto nicho + hábitat.

Whittaker llegó finalmente a concebir el nicho como la posición de la especie en el espacio multidimensional, representada por una superficie de respuesta dentro de su hipervolumen.

SILVA & BEROVIDES (1982) plantearon que el nicho ecológico es la unidad - condicionada evolutivamente- de todas las interacciones organismo-ambiente, reflejadas y cuantificables en las relaciones antagónicas con otros organismos y en la utilización de recursos del ambiente, que tiene una base genética y que posee su propia dinámica influida por su posición en el universo de unidades de interacción.

Estos autores señalaron que cuando se revisa la literatura relacionada con los estudios poblacionales y comunitarios que tratan sobre el nicho ecológico, percibimos el uso del término nicho ecológico para referirse a cualquier relación que establece el organismo con su ambiente. Así, podemos encontrar conceptos como nicho trófico, nicho estructural, nicho climático, nicho temporal, etc.

Esto puede crear confusiones y nos parece que esta terminología no es exacta. Si se parte de que el nicho es la función que realiza un organismo en su ambiente, o sea, el conjunto de todas las interacciones organismo-ambiente, no es correcto entonces emplear el término **nicho** para referirse a una parte de estas interacciones que establece el organismo.

Según Silva y Berovides es conveniente utilizar una terminología que exprese más objetivamente lo que observamos en la naturaleza, y que, a su vez, nos oriente sobre el nivel de complejidad de las interacciones organismo-ambiente que estamos estudiando.

Por lo tanto, si el nicho es el conjunto de todas las interacciones organismo-ambiente (O-A) que estamos estudiando (objetivamente el nivel superior de complejidad), cualquier subconjunto de interacciones O-A de los tipos trófico, estructural, etc proponemos llamarlo **subnicho**. De este modo, las interacciones O-A de los tipos trófico, estructural, etc., serían entonces llamadas subnicho trófico, subnicho estructural, etc.

Ahora bien, lo que se mide realmente en el campo o en el laboratorio no es precisamente el subnicho trófico, u otro cualquiera de los subnichos, sino toda una serie de interacciones directas organismo-ambiente, que son claramente definibles y, por lo tanto, medibles, como p.ej., se miden los tamaños de presa consumidos por una población, el diámetro de percha utilizado, el período de actividad, etc.; es decir, aspectos particulares que conforman un subnicho determinado, pues es a partir del estudio y medición de estas relaciones particulares que llegamos al conocimiento de un subnicho.

Estos autores sugieren llamarle a aquello claramente medible en las interacciones O-A, **dimensiones del subnicho** o **dimensión**. Esta terminología no totalmente nueva, tiene las siguientes ventajas:

1) Introduce una visión del nivel de complejidad de las relaciones organismo-ambiente.

2) Permite referirse a un mismo objeto con igual terminología y elimina la diversidad de expresiones utilizadas para nombrar un mismo fenómeno.

3) Es más objetiva que las anteriormente usadas pues desglosa las partes componentes para el estudio del nicho, pero a su vez, tiene en cuenta su necesaria integración.

Se pueden citar algunos subnichos y dimensiones dentro de ellos que por razones de importancia y comodidad son frecuentemente abordados por numerosos investigadores:

| Subnicho | Dimensión |
|---|---|
| Climático | Intensidad de luz |
| | Temperatura |
| Temporal | Periodo de actividad |
| | Tipo de actividad |
| Estructural | Estrato |
| | Sustrato |
| Trófico | Tamaño del alimento |
| | Tipo de alimento |
| Reproductivo (?) | Está relacionado con los otros |

Debe aclararse que estas dimensiones pueden ser a su vez subdivididas en microdimensiones que permitan explorar lo mejor posible la dimensión estudiada. A continuación presentaremos algunas dimensiones y microdimensiones de los subnichos estudiados en las comunidades de moluscos del JBN (PÉREZ *et al.* 1996).

**Subnicho estructural.**

**Sustrato:** se refiere a la superficie sobre la que hace contacto y tiene en cuenta la variación de la naturaleza físico-química de la misma.
- Roca (Ro).
- Suelo limpio (Sl).
- Suelo con Hojarasca (Sh).
- Tronco de árbol (Ta).
- Rama (Ra).
- Hierba (Hi).
- Tronco muerto (Tm).
- Hojas (Ho).
- Suelo anegado de agua (SAA).

**Estrato:** se refiere a la altura relativa sobre el nivel 0 a la que se encuentran los organismos en cuestión. Este se divide arbitrariamente en dependencia de los criterios del investigador, en nuestro caso hemos utilizado las siguientes:

0;  0 - 0.50 m; 0.50-1.0 m; 1.0-1.50 m; 1.50-2.0 m, + de 2 m.

**Posición respecto del sustrato:**

*/ - sobre el sustrato.

/* - bajo el sustrato.

|* - vertical con respecto al sustrato.

(*)- dentro del sustrato.


**Subnicho climático.**

**Iluminación:** Puede ser estudiada según un enfoque cuantitativo, o según un enfoque cualitativo. En el primer caso emplearíamos equipos medidores para tal efecto, y el segundo caso podríamos emplear los siguientes criterios:

    Umbra (sombra total) (Um).

    Penumbra total (Pe).

    Sol filtrado (Sf).

    Parche de sol (Ps).

    Sol abierto (Sa).

**Temperatura:** Puede ser estudiada según un enfoque cuantitativo, o según un enfoque cualitativo. En el primer caso emplearíamos equipos medidores para tal efecto, y el segundo caso podríamos emplear los siguientes criterios:

    Baja (p. ej. entre 20- 25°).

    Media (p. ej. entre 25- 30°).

    Alta (p. ej. entre 30- 35°).

**Humedad:** Igual que en los dos casos anteriores puede ser estudiada según un enfoque cuantitativo, o según un enfoque cualitativo. En el primer caso emplearíamos equipos medidores para tal efecto, y el segundo caso podríamos emplear los siguientes criterios:

Baja (p. ej. < del 80 %).

Media (entre el 70 y el 80 %).

Alta (p. ej. > 80 %).

**Subnicho temporal.**

Dentro de este es posible medir, entre otras dimensiones el tipo de actividad; el cual puede ser interpretado como un indicador del valor adaptativo (fitness) de los componentes de una comunidad.

**Actividad:**

- Estivando (Es).
- Inactivo (In).
- Reptando (Act).
- Alimentándose (Al).
- Copulando (Co).

Los estudios relacionados con el nicho pueden variar desde la descripción de las interacciones O-A de los individuos de la comunidad hasta la realización de mediciones de estas interacciones. Existen dos medidas principales que pueden ser realizadas teniendo en cuenta la utilización de las distintas dimensiones del nicho: la anchura del subnicho y el sobrelapamiento del mismo.

En el contexto de la descripción básica de las interacciones Organismo-Ambiente se encuentran los resultados obtenidos por PÉREZ *et al.* (2007a), quienes cuantificaron dentro del nicho trófico, los tipos de alimento que consumen las comunidades de aves de los sistemas silvo-pastoriles de Matiguás y Paiwas, Dpto. de Matagalpa.

Cuadro 1.- Subnicho trófico de las comunidades de aves de Matiguás y Paiwas, Dpto de Matagalpa. Se menciona también la condición de las especies (M, Migratoria; R, Residente, P, de Paso).

| Nombre científico | Estado | Recurso Alimenticio |
|---|---|---|
| Actitis macularia | M | Artrópodos, VertebradosNéctar |
| Aimophila ruficauda | R | Semillas |
| Amazilia cyanura | R | Néctar |
| Amazilia rutila | R | Néctar |
| Amazilia saucerrottei | R | Néctar |
| Amazilia tzacatl | R | Néctar |
| Amazona albifrons | R | Semillas |

| Nombre científico | Estado | Recurso Alimenticio |
|---|---|---|
| Amazona autumnalis | R | Frutos y Semillas |
| Amblycercus holosericeus | R | Artrópodos |
| Anthracothorax prevostii | R | Néctar |
| Aratinga finschi | R | Frutos y Semillas |
| Aratinga nana | R | Frutos |
| Archilocus colubris | M | Néctar |
| Ardea herodias | M | Artrópodos, Vertebredos |
| Arremon aurantiirostris | R | Artrópodos, Frutos y Semillas |
| Arremonops conirostris | R | Artrópodos |
| Asio clamator | R | Vertebrados |
| Asturina nitida | R | Vertebrados |
| Attila spadiceus | R | Artrópodos |
| Basileuterus rufifrons | R | Artrópodos |
| Brotogeris jugularis | R | Frutos y Semillas |
| Bubulcus ibis | R,M | Artrópodos |
| Buteo magnirostris | R | Vertebrados |
| Calocitta formosa | R | Omnivoro |
| Camptostoma imberbe | R | Artrópodos, Frutos |
| Camptostoma obsoletum | R | Artrópodos, Frutos |
| Campylorhynchus rufinucha | R | Artrópodos |
| Caprimulgus vociferus | M | Artrópodos |
| Capsiempis flaveola | R | Artrópodos |
| Caracara plancus | R | Carroña |
| Carduelis psaltria | R | Semillas |
| Caryothraustes poliogaster | R | Artrópodos |
| Casmerodius albus | R | Vertebrados |
| Cathartes aura | R,M | Carroña |
| Catharus aurantirostris | R | Artrópodos |
| Catharus ustulatus | M | Artrópodos, Frutos y Semillas |
| Cercomacra tyrannina | R | Artrópodos |
| Ceryle torquata | R | Vertebrados |
| Chiroxiphia linearis | R | Frutos |
| Chloroceryle amazona | R | Vertebrados |
| Chloroceryle americana | R | Vertebrados |
| Chlorostilbon canivetii | R | Néctar |
| Chordeiles acutipennis | R | Artrópodos |
| Ciccaba virgata | R | Vertebrados |
| Coccyzus americanus | P | Artrópodos |
| Coccyzus minor | R | Artrópodos |
| Colinus leucopogon | R | Artrópodos, Frutos y Semillas |
| Colonia colonus | R | Artrópodos |
| Columba flavirostris | R | Semillas |

| Nombre científico | Estado | Recurso Alimenticio |
|---|---|---|
| Columbina inca | R | Semillas |
| Columbina minuta | R | Semillas |
| Columbina passerina | R | Artrópodos, Semillas |
| Columbina talpacoti | R | Semillas |
| Contopus cinereus | R | Artrópodos |
| Contopus virens | P | Artrópodos |
| Coragyps atratus | R | Carroña |
| Crotophaga sulcirostris | R | Artrópodos |
| Cyanerpes cyaneus | R | Semillas |
| Cyanocorax morio | R | Omnivoro |
| Cyclarhis gujanensis | R | Artrópodos |
| Dendrocinchla homocroa | R | Artrópodos |
| Dendroica caerulescens | R,M | Insectos, Néctar |
| Dendroica castanea | M | Artrópodos |
| Dendroica cerulea | M | Artrópodos |
| Dendroica discolor | M | Artrópodos |
| Dendroica fusca | M | Artrópodos |
| Dendroica magnolia | M | Artrópodos |
| Dendroica pensylvanica | M | Artrópodos |
| Dendroica petechia | R,M | Artrópodos |
| Dendroica towsendi | M | Artrópodos |
| Dives dives | R | Artrópodos |
| Dryocopus lineatus | R | Artrópodos |
| Egretta caerulea | R | Vertebrados |
| Elaenia flavogaster | R | Artrópodos |
| Elanoides forficatus | S | Vertebrados |
| Elanus leucurus | R | Artrópodos, Vertebrados |
| Empidonax albigularis | R | Artrópodos |
| Empidonax flavescens | R | Artrópodos |
| Empidonax flaviventris | M | Artrópodos |
| Empidonax minimus | M | Artrópodos |
| Eucometis penicillata | R | Artrópodos |
| Eugenes fulgens | R | Néctar |
| Eumomota superciliosa | R | Artrópodos, Vertebrados |
| Eupherusa eximia | R | Néctar |
| Euphjonia affinis | R | Frutos |
| Euphonia gouldi | R | Frutos |
| Euphonia hirundinacea | R | Frutos |
| Euphonia luteicapilla | R | Frutos |
| Falco rufigularis | R | Artrópodos, Vertebrados |
| Falco sparverius | R,M | Artrópodos, Vertebrados |
| Galbula ruficauda | R | Artrópodos |
| Geothlypis aequinoctialis | R | Artrópodos |
| Geothlypis poliocephala | R | Artrópodos |

| Nombre científico | Estado | Recurso Alimenticio |
|---|---|---|
| Guiraca caerulea | R | Artrópodos, Semillas |
| Habia fuscicauda | R | Artrópodos, Frutos |
| Habia rubica | R | Artrópodos, Frutos |
| Herpetotheres cachinna | R | Vertebrados |
| Hirundo rustica | P | Artrópodos, Frutos |
| Hylocharis eliciae | R | Néctar |
| Hylocichla mustelina | M | Artrópodos |
| Hylophilus decurtatus | R | Artrópodos |
| Icteria virens | M | Artrópodos, Frutos |
| Icterus dominicensis | R | Artrópodos, Frutos |
| Icterus galbula | M | Artrópodos, Frutos |
| Icterus spurius | M | Frutos |
| Jacana spinosa | R | Artrópodos, Moluscos, Vertebrados, Semillas |
| Legatus leucophaius | S | Artrópodos, Frutos |
| Lepidocolaptes souleyetii | R | Artrópodos |
| Leptotila cassinii | R | Semillas |
| Leptotila verreauxi | R | Semillas |
| Leucopternis albicollis | R | Artrópodos, Vertebredos |
| Manacus candei | R | Frutos |
| Megarhynchus pitangua | R | Artrópodos |
| Melanerpes hoffmannii | R | Artrópodos, Frutos |
| Melanerpes pucherani | R | Artrópodos, Frutos y Néctar |
| Melozone leucotis | R | Artrópodos |
| Mionectes oleagineus | R | Artrópodos |
| Mniotilta varia | M | Artrópodos |
| Molothrus aeneus | R | Artrópodos, Semillas |
| Momotus momota | R | Artrópodos, Vertebrados |
| Morococcys erythropygus | R | Artrópodos |
| Mycteria americana | R | Vertebrados |
| Myiarchus cinerascens | M | Artrópodos |
| Myiarchus crinitus | M | Artrópodos |
| Myiarchus nuttingi | R | Artrópodos |
| Myiarchus tuberculifer | R | Artrópodos |
| Myiarchus tyranulus | R | Artrópodos |
| Myiodynastes luteiventris | M | Artrópodos |
| Myiodynastes maculatus | R | Artrópodos, Vertebrados |
| Myiopagis viridicata | R | Artrópodos, Frutos y Semillas |
| Myiozetetes granadensis | R | Artrópodos, Semillas |
| Myiozetetes similis | R | Artrópodos, Frutos |
| Myrmornis torquata | R | Artrópodos |
| Nyctibius griseus | R | Artrópodos |

| Nombre científico | Estado | Recurso Alimenticio |
|---|---|---|
| Nyctidromus albicollis | R | Artrópodos |
| Ortalis cinereiceps | R | Frutos |
| Oryzoborus funereus | R | Semillas |
| Otus cooperi | R | Artrópodos |
| Pachyramphus polychopterus | R | Artrópodos, Frutos |
| Parula pitiayumi | R | Artrópodos |
| Passerina cyanea | M | Artrópodos, Frutos y Semillas |
| Phaethornis longuemareus | R | Néctar |
| Phaethornis superciliosus | R | Néctar |
| Pheucticus ludovicianus | M | Artrópodos, Frutos y Semillas |
| Piaya cayana | R | Artrópodos |
| Piculus rubiginosus | R | Artrópodos |
| Pionus senilis | R | Frutos y Semillas |
| Piranga olivacea | P | Artrópodos, Frutos |
| Piranga rubra | M | Artrópodos, Frutos |
| Pitangus sulfuratus | R | Artrópodos |
| Polioptila albiloris | R | Artrópodos |
| Procnias tricarunculata | R | Frutos |
| Procnes chalybea | R,M | Artrópodos, Frutos |
| Psaracolius montezuma | R | Artrópodos, Frutos |
| Pteroglossus torquatus | R | Omnivoro |
| Quiscalus mexicanus | R | Omnivoro |
| Ramphastos sulfuratus | R | Omnivoro |
| Ramphocaenus melanurus | R | Artrópodos |
| Ramphocelus passerinii | R | Artrópodos, Frutos |
| Ramphocelus sanguinolentus | R | Artrópodos, Frutos |
| Riparia riparia | P | Artrópodos |
| Saltator atriceps | R | Artrópodos, Frutos y Semillas |
| Saltator coerulescens | R | Artrópodos, Frutos |
| Saltator maximus | R | Artrópodos, Frutos |
| Sayornis nigricans | R | Artrópodos |
| Seiurus aurocapillus | M | Artrópodos |
| Seiurus motacilla | M | Artrópodos |
| Seiurus noveboracensis | M | Artrópodos |
| Serpophaga cinerea | R | Artrópodos |
| Setophaga ruticilla | M | Artrópodos |
| Sittasomus griseicapillus | R | Artrópodos |
| Sporophila aurita | R | Semillas |
| Sporophila torqueola | R | Semillas |
| Sturnella magna | R,M | Artrópodos |
| Synallaxis brachyura | R | Artrópodos |

| Nombre científico | Estado | Recurso Alimenticio |
|---|---|---|
| Tangara larvata | R | Artrópodos, Frutos |
| Tangara lavinia | R | Artrópodos, Frutos |
| Tapera naevia | R | Artrópodos |
| Thamnophilus doliatus | R | Artrópodos |
| Thamnophilus punctatus | R | Artrópodos, Vertebrados |
| Thraupis abbas | R | Frutos |
| Thraupis episcopus | R | Frutos |
| Thryothorus maculipectus | R | Artrópodos |
| Thryothorus modestus | R | Artrópodos |
| Thryothorus rufalbus | R | Artrópodos |
| Tiaris olivacea | R | Semillas |
| Tigrisoma mexicanum | R | Artrópodos, Vertebredos |
| Tityra semifasciata | R | Artrópodos, Frutos |
| Todirostrum cinereum | R | Artrópodos |
| Tolmomyias assimilis | R | Artrópodos, Frutos |
| Tolmomyias sulphurescens | R | Artrópodos |
| Troglodytes aedon | R | Artrópodos |
| Trogon massena | R | Artrópodos, Frutos y Vertebrados |
| Trogon melanocephalus | R | Frutos |
| Trogon violaceus | R | Artrópodos, Frutos |
| Turdus assimilis | R | Artrópodos, Frutos |
| Turdus grayi | R | Artrópodos, Frutos |
| Tyrannus forficatus | M | Artrópodos, Frutos |
| Tyrannus melancholicus | R | Artrópodos |
| Tyrannus savana | R | Artrópodos, Frutos |
| Tyrannus tyrannus | P | Artrópodos, Frutos y Semillas |
| Tyto alba | R | Vertebrados |
| Vermivora chryspotera | M | Artrópodos |
| Vermivora peregrina | M | Artrópodos |
| Vireo flavifrons | R,M | Artrópodos |
| Vireo flavoviridis | R | Artrópodos |
| Vireo olivaceus | P | Artrópodos |
| Volatinia jacarina | R | Semillas |
| Wilsonia canadensis | M | Artrópodos |
| Wilsonia citrina | M | Artrópodos |
| Wilsonia pusilla | M | Artrópodos |
| Zimmerius vilissimus | R | Artrópodos, Frutos |

**La anchura del subnicho** puede ser definida como la cantidad de dimensiones de este que una especie ocupa, en la medida que una especie ocupa mayor cantidad de dimensiones de un subnicho tendrá mayores posibilidades de asumir ambientes más diversos.

La anchura del subnicho puede ser calculada por la siguiente expresión propuesta por LEVINS (1968):

$B = 1/\Sigma (p_{ij}^2)$ donde:

- $p_{ij}$ = proporción de los individuos de la iésima especie en el recurso j.
- $p_{ij} = n_{ij}/N_i$  donde:
- $n_{ij}$ = cantidad de ejemplares de la especie i en el recurso j.
- $N_i$ = cantidad de ejemplares de la especie i en todos los recursos analizados.

### Índices de amplitud y sobreposición. Índice de Schoener.
### Cálculo de la anchura del nicho en una comunidad.-

El índice de anchura de nicho puede ser calculado para todas las especies de la comunidad o solamente para las especies más abundantes de la misma.

En el siguiente ejemplo se calcula el índice de anchura en el núcleo de especies más abundantes de una comunidad de moluscos, refiriéndonos en particular a la dimensión sustrato del **subnicho estructural**. La matriz original de datos es la siguiente:

Se estudió la cantidad de individuos que ocuparon varios sustratos, por especies, en tres especies de gasterópodos. Los datos son los siguientes:

| Sustratos | Especies | | |
|---|---|---|---|
| | Sp. A. | Sp. B. | Sp. C |
| Hojas | 15 (0.65) | 2 | ----- |
| Suelo | 3 (0.13) | 17 | 3 (0.33) |
| Hierbas | 3 (0.13) | --- | ----- |
| Piedras | ------ | --- | 4 (0.44) |
| Troncos | 2 (0.08) | --- | 2 (0.22) |
| n | 23 | 19 | 9 |

Para calcular la anchura de nicho usaremos el índice ya visto de Levins (1968):

$B = 1/\Sigma (p_{ij}^2)$ donde:

- $p_{ij}$ = proporción de los individuos de la iésima especie en el recurso j.
- $p_{ij} = n_{ij}/N_i$ donde:
- $n_{ij}$ = cantidad de ejemplares de la especie i en el recurso j
- $N_i$ = cantidad de ejemplares de la especie i en todos los recursos analizados.

Para lo cual es necesario calcular previamente $p_{ij}$ que es la proporción de individuos de la especie i en la microdimensión o recurso j.

Los resultados obtenidos son posteriormente tabulados.

| Especies | Anchura de nicho |
|---|---|
| Sp. A. | 2.16 |
| Sp. B. | 1.246 |
| Sp. C. | 2.894 |

Según Smith (1982) el grado de especialización es una medida inversa de la anchura de nicho.

**La sobreposición del nicho** puede ser definida como la medida de utilización por dos especies diferentes de la misma dimensión. En teoría, este es considerado como uno de los posibles determinantes de la diversidad de especies y la estructura comunitaria (Petraitis, 1979).

Los índices de sobreposición de nicho son ahora usados extensivamente por los ecólogos y existen una gran cantidad de ellos en la literatura, Ludwig y Reynolds (1988) como métodos de tipo **R**. Sin embargo, según estos autores, índices tradicionalmente usados en estudios de tipo **Q**, son también usados como medidas de sobreposición. Ellos plantean que los índices de sobreposición pueden ser clasificados como:

- Medidas de distancia (e.g., Levins, 1968).
- Índices de asociación (e.g., Cody, 1974).
- Medidas de información (e.g., Horn, 1966).
- Test estadísticos (e.g., van Belle y Ahmad, 1974).

Revisiones de estos temas pueden ser encontradas en Pielou (1972a), Abrams (1980), Hurlbert (1978), Lawlor (1980) y Zaret y Smith 91984).

Hurlbert (1978) recomendó que la selección de los índices de sobre posición debía estar basada en la facilidad de interpretación biológica y su habilidad para sintetizar la información sobre variación en la disponibilidad de las dimensiones estudiadas.

Schoener (1974) y Hurlbert (1978) sugirieron la ponderación de la utilización relativa de una dimensión por cada especie por la disponibilidad de dicho dimensión. Sin embargo, la mayor parte de los índices de sobrelapamiento están basados en los usos relativos de los estados del recurso sin tener en cuenta su disponibilidad relativa (i.e., es usualmente asumido que los recursos se encuentran igualmente disponibles), ya que estos datos son difícilmente obtenibles en el campo. Por otra parte, nuestra opinión subjetiva sobre que constituye disponibilidad "relativa" puede o no corresponder a que una especie particular realmente percibe.

Reconociendo las limitaciones mencionadas, Petraitis (1979) desarrolló una medida de sobre posición basada en la probabilidad de que la utilización de lo recursos por una especie es idéntica a la de otra especie cualquiera. En este texto se discutirán sus índices de sobre posición específica y general.

Debe señalarse que el uso relativo de los estados del recurso por cada especie es llamado su curva de utilización.

**Medición de la sobreposición** (según LUDWIG y REYNOLDS, 1988):

Como se mencionó anteriormente en este texto se discutirán índices de sobre posición específica y general; los primeros cuantifican la sobre posición entre pares de especies de las que componen la comunidad. Los segundos brindan un valor general de sobre posición comunitaria.

En general, es posible plantear otra clasificación de los índices de sobre posición entre especies la cual se refiere a la manera en que estos cuantifican la sobre posición:

1) Unidireccionales: Son aquellos que ofrecen un valor único de la sobre posición entre pares de especies. Se reflejan en una matriz unidireccional en la cual se podrían reflejar los mismos valores en cualquiera de las dos mitades.

2) Bidireccionales: Son aquellos que ofrecen dos valores, uno que expresa la sobre posición de la especie A con respecto a la B, y otro que expresa la sobre posición de B con respecto a A. Se reflejan en una matriz asimétrica, donde cada mitad contiene los valores de alguna de las dos asociaciones.

**Índices de sobreposición específica unidireccional:**

Schoener (1968) propuso el siguiente índice para medir la sobre posición de nicho:

$Cih = 1 - 0.5 \sum |pij - phj|$ donde:

Cih: grado de sobreposición.

pij: proporción de individuos de la especie i asociados a la micro dimensión o recurso j.

phj: proporción de individuos de la especie h asociados a la micro dimensión o recurso j.

**Ejemplo** (en *Bombus* spp. Tomado de Ludwig & Reynolds, 1988).

Se cuantificó la cantidad de individuos de 4 especies de abejas del género *Bombus*, en corolas de flores de diferentes longitudes. Las corolas de las flores visitadas se dividieron en 4 clases de acuerdo a su longitud. Calcule la magnitud de la sobreposición entre las especies para las 4 clases o microdimensiones estudiadas.

Micro dimensiones

| Especies | 1(0-4 mm) | 2(4.1-8 mm) | 3(8.1-12 mm) | 4(12 mm) | Total |
|---|---|---|---|---|---|
| B. a. | 27(0.02) | 47(0.035) | 357(0.26) | 925(0.68) | 1356 |
| B. fl. | 1018(0.23) | 1363(0.30) | 1139(0.25) | 964(0.21) | 4484 |
| B. fr. | 333(0.29) | 638(0.56) | 145(0.128) | 13(0.01) | 1129 |
| B. o. | 155(0.43) | 84(0.074) | 70(0.19) | 51(0.14) | 360 |

Partiendo de la matriz original de datos, y una vez calculadas las proporciones que representa la cantidad de individuos de cada una de las especies en cada una de las microdimensiones, se puede proceder al cálculo del índice de sobreposición.
Todo esto conduce a la siguiente matriz de sobreposición.

| | Especies | | | |
|---|---|---|---|---|
| Especies | B. a. | B. fl. | B. fr. | B. o. |
| B. a. | 1 | | | |
| B. fl. | 0.52 | 1 | | |
| B. fr. | 0.19 | -- | 1 | |
| B. o. | 0.38 | -- | 0.76 | 1 |

**Índices de sobreposición específica bidireccional:**

Levins (1968) propuso otro índice que mide el grado de sobreposición de las curvas de utilización. Este índice de Levins llamado LO está dado por la expresión:

$$LO_{1,2} = \frac{\Sigma_{j-r} [(p1j)(p2j)]}{\Sigma_{j-r}(p2\ 1j)}$$

Este índice mide la sobreposición de la especie 1 sobre la especie 2. El índice de sobreposición de la especie 2 sobre la 1 se expresa por la expresión:

$$LO_{2,1} = \frac{\Sigma_{j-r} [(p2j)(p1j)]}{\Sigma_{j-r}(p2\ 2j)}$$

Es decir, este indice tiene la ventaja sobre el índice de Schoener (1968) que mide la sobreposición de una especie con respecto a la otra y no la sobreposición general entre las dos, ya que dos especies pueden estar sobrepuestas, pero una de ellas puede quedar incluida dentro de la otra.


**El nicho potencial.**

Un modelo basado en el nicho representa una aproximación del nicho ecológico de la especie en las dimensiones ambientales examinadas. El nicho fundamental de una especie consiste del grupo de todas las condiciones que permiten su supervivencia en el tiempo, mientras que su nicho realizado es el subgrupo del nicho fundamental que la especie realmente ocupa (HUTCHINSON, 1958).

El nicho realizado de la especie puede ser más pequeño que su nicho fundamental debido a la influencia humana, interacciones bióticas (e.g., competencia interespecífica, predación, etc.), o barreras geográficas que han impedido la dispersión y colonización; tales factores pueden impedirle a la especie habitar (o incluso encontrar) condiciones que abarquen su potencial ecológico total.

En contraste con las variables del nicho explicadas antes, realmente medidas en el campo, esta es una aproximación al nicho construida utilizando el programa que se explica debajo. El cual es una de los que se utiliza para estos efectos, entre otros de los programas más utilizados se encuentra el GARP y el DIVA-GIS.

**Software:**

El programa utilizado para modelar fue MAXENT (PHILLIPS *et al.* 2006, Fig. 33), este consiste en un archivo, maxent.jar, el cual puede ser usado en cualquier computadora que tenga Java versión 1.4 o posterior. Este puede ser bajado de la web junto con su literatura asociada desde www.cs.princeton.edu/~schapire/maxent. Si se usa Microsoft Windows, se debe también bajar el archivo maxent.bat, y guardarlo en el mismo directorio que maxent.jar. La página web tiene un archivo llamado "readme.txt", el cual contiene instrucciones para instalar el programa en nuestras computadoras.

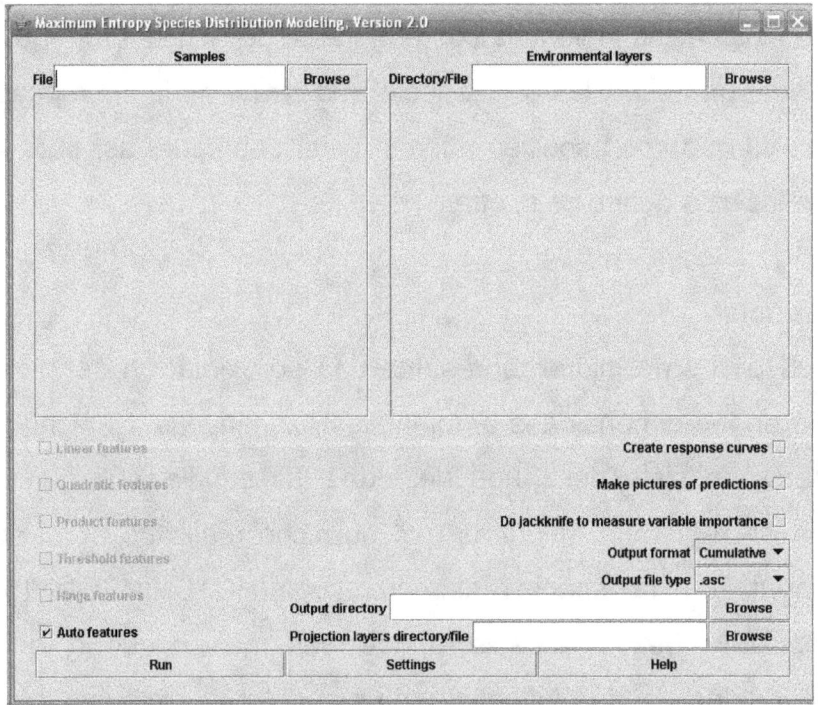

Fig. 33.- Maxent screenshot.

The file "samples\ bradypus.csv" contains the presence localities in .csv format. The first few lines are as follows:

El archivo "samples\bradypus.csv" contiene las localidades de presencia en formato .csv. Las primeras líneas son como sigue:

**species, longitude, latitude**

**bradypus_variegatus,-65.4,-10.3833**

Puede haber muchas especies en el mismo archivo de muestras, en cuyo caso muchas especies aparecerían en el panel, junto con *Bradypus*. Otros sistemas de coordenadas pueden ser utilizados, otros además de latitud y longitud, siempre y cuando el archivo de muestras y el de capas ambientales se encuentren en el mismo sistema de coordenadas. La coordenada "X" debe ir primero que la "Y" en el archivo de muestras.

El directorio "Capas" contiene retículas ascii raster (En ESRI formato asc), cada uno de los cuales describe una variables ambiental. La matriz de datos es como sigue:

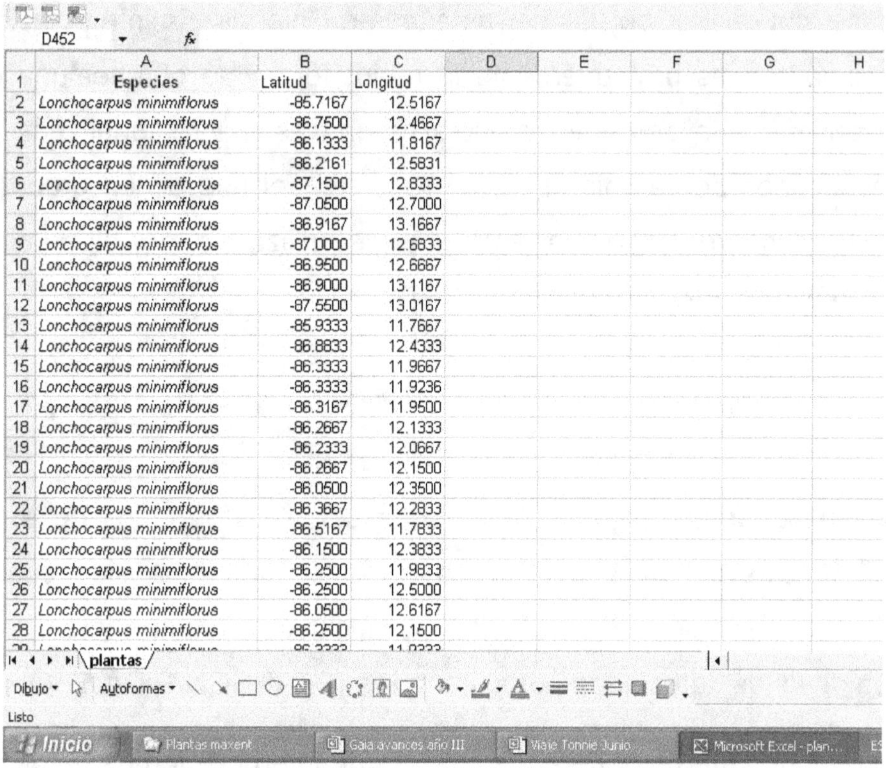

| | A | B | C |
|---|---|---|---|
| 1 | Especies | Latitud | Longitud |
| 2 | *Lonchocarpus minimiflorus* | -85.7167 | 12.5167 |
| 3 | *Lonchocarpus minimiflorus* | -86.7500 | 12.4667 |
| 4 | *Lonchocarpus minimiflorus* | -86.1333 | 11.8167 |
| 5 | *Lonchocarpus minimiflorus* | -86.2161 | 12.5831 |
| 6 | *Lonchocarpus minimiflorus* | -87.1500 | 12.8333 |
| 7 | *Lonchocarpus minimiflorus* | -87.0500 | 12.7000 |
| 8 | *Lonchocarpus minimiflorus* | -86.9167 | 13.1667 |
| 9 | *Lonchocarpus minimiflorus* | -87.0000 | 12.6833 |
| 10 | *Lonchocarpus minimiflorus* | -86.9500 | 12.6667 |
| 11 | *Lonchocarpus minimiflorus* | -86.9000 | 13.1167 |
| 12 | *Lonchocarpus minimiflorus* | -87.5500 | 13.0167 |
| 13 | *Lonchocarpus minimiflorus* | -85.9333 | 11.7667 |
| 14 | *Lonchocarpus minimiflorus* | -86.8833 | 12.4333 |
| 15 | *Lonchocarpus minimiflorus* | -86.3333 | 11.9667 |
| 16 | *Lonchocarpus minimiflorus* | -86.3333 | 11.9236 |
| 17 | *Lonchocarpus minimiflorus* | -86.3167 | 11.9500 |
| 18 | *Lonchocarpus minimiflorus* | -86.2667 | 12.1333 |
| 19 | *Lonchocarpus minimiflorus* | -86.2333 | 12.0667 |
| 20 | *Lonchocarpus minimiflorus* | -86.2667 | 12.1500 |
| 21 | *Lonchocarpus minimiflorus* | -86.0500 | 12.3500 |
| 22 | *Lonchocarpus minimiflorus* | -86.3667 | 12.2833 |
| 23 | *Lonchocarpus minimiflorus* | -86.5167 | 11.7833 |
| 24 | *Lonchocarpus minimiflorus* | -86.1500 | 12.3833 |
| 25 | *Lonchocarpus minimiflorus* | -86.2500 | 11.9833 |
| 26 | *Lonchocarpus minimiflorus* | -86.2500 | 12.5000 |
| 27 | *Lonchocarpus minimiflorus* | -86.0500 | 12.6167 |
| 28 | *Lonchocarpus minimiflorus* | -86.2500 | 12.1500 |



Fig. 34.- Ejemplo de matriz de datos en plantas.

Maxent está basado en el **principio de máxima entropía**, el cual, de acuerdo con WIKIPEDIA (En línea), es un método para analizar la información disponible para determinar una probabilidad de distribución epistémica única. Esta plantea que la distribución menos sesgada que codifica cierta información dada es aquella que maximiza la entropía de la información.

El principio fue primeramente expuesto por E.T. Jaynes in 1957 cuando este introdujo lo que es conocido como **Termodinámica de la máxima entropía**: una interpretación del algoritmo de Gibbs de mecánica estadística. El sugirió que termodinámica, y en particular entropía termodinámica, debía ser vista como una aplicación particular de una herramienta general de inferencia y teoría de la información. El principio de máxima entropía es como otros métodos Bayesianos en los que se hace unos de la información existente. Esto es una alternativa a los métodos de inferencia de la estadística clásica.

**Datos de clima para América Central:**

GOLICHER & CAYUELA (2007) han encontrado que para modelaje de relativamente alta resolución (las tierras altas de Chiapas), la interpolación directa de datos climáticos es probablemente la mejor forma de obtener una cobertura climática continua. Sin embargo, modelar a una escala regional más grande o modelar escenarios de cambio climático requiere del uso de un grupo de datos globales. Un paquete de datos ampliamente utilizados de alta calidad está disponible en el sitio web de worlclim:

http://www.worldclim.org/current.htm

El bueno mencionar que estos datos deben ser transformados de extensiones .BIL, .HDR y otras a ASCII. La calidad de estos datos ha sido chequeada y representan un recurso muy valioso. Se incluye posteriormente una breve descripción de estos datos dada por los autores (PEARSON & DAWSON, 2004).

Las capas de datos fueron generados a través de interpolación de datos climáticos mensuales procedentes de estaciones meteorológicas con una resolución de retícula de 30 arco segundos (frecuentemente referidas como resolución de 1 km). Las variables incluidas son precipitación total mensual, y media mensual, temperatura mínima y máxima, y 19 variables derivadas.
- BIO1 = Temperatura Media Annual.
- BIO2 = Rango Medio Diurno (Media del mensual (temp. máxima y temperatura).
- BIO3 = Isotermalidad (P2/P7) (* 100).

- BIO4 = Estacionalidad de la Temperatura (desviación Standard *100)
- BIO5 = Temperatura máxima del mes más caluroso.
- BIO6 = Temperatura mínima del mes más frío.
- BIO7 = Rango de temperature anual (P5P6)
- BIO8 = Temperatura media del cuarto más húmedo.
- BIO9 = Temperatura media del cuarto más seco.
- BIO10 = Temperatura media del cuarto más caluroso.
- BIO11 = Temperatura media del cuarto más frío.
- BIO12 = Precipitation annual.
- BIO13 = Precipitación en el mes más húmedo.
- BIO14 = Precipitación en el mes más seco.
- BIO15 = Estacionalidad en la precipitación (Coeficiente de variación)
- BIO16 = Precipitación en el cuarto más húmedo.
- BIO17 = Precipitación en el cuarto más seco.
- BIO18 = Precipitación en el cuarto más caluroso.
- BIO19 = Precipitación en el cuarto más frío.

Después de usar un Análisis de Componentes Principales (GOLICHER & CAYUELA, 2007), se seleccionó un grupo de siete variables para los propósitos del modelaje.

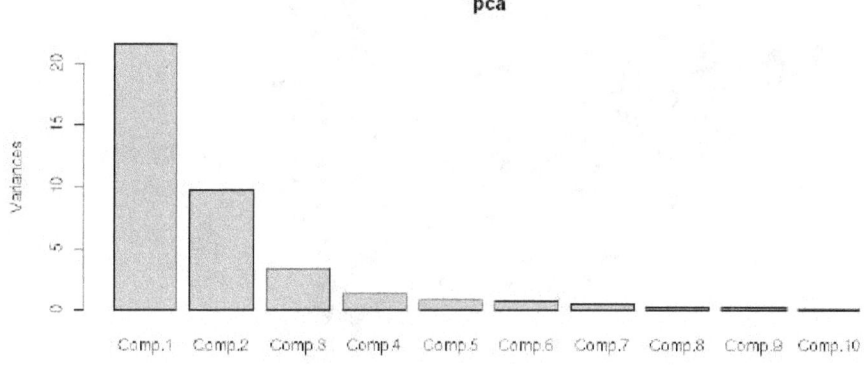

Fig. 35.- Scree plot del PCA con los valores propios.

-Tmax6:            Temperatura máxima en junio.

-Tmin1:            Temperatura mínima de enero.

-Prec1:            Precipitaciones de enero.

-Prec6:            Precipitaciones de junio.

-AnnualMaxTDif:    Diferencia entre el máximo de Tmax y el mínimo de Tmax. El máximo temperatura diario tiene su mínimo en el invierno.

-DailyTDif:        Máxima diferencia entre Tmax y Tmin.

-GrowingMonths:    Número de meses con más de 100 mm de lluvia.

**Datos ambientales para Nicaragua.**

Los datos para Nicaragua fueron tomados de estudios previos y transformados a formato ASCII para correr el modelo. Las capas ambientales para Nicaragua son (Fig. 36):

- Ecosistemas, Textura del suelo, Temperaturas, Precipitaciones, Elevaciones.

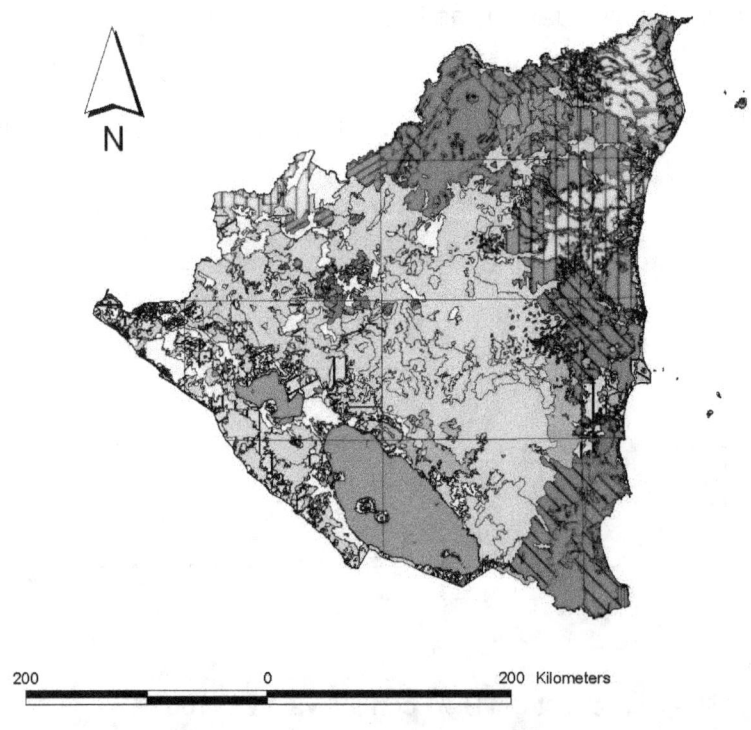

Fig. 36A.- Ecosistemas. Información de MARENA (2001) y Mapa del autor.

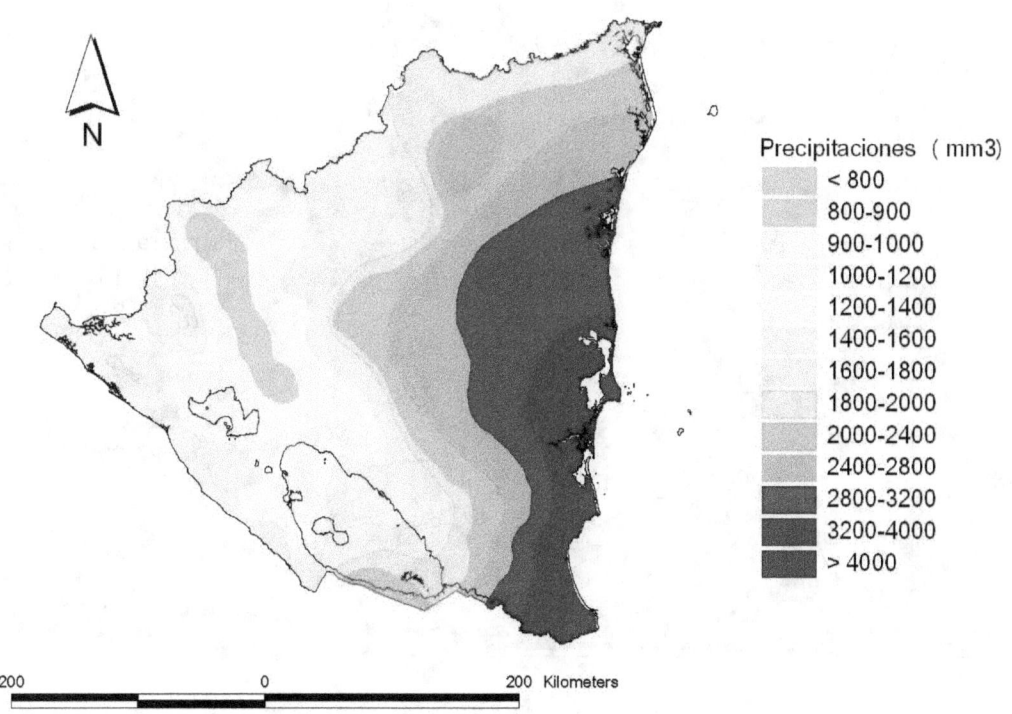

Fig. 36B.- Precipitaciones. Información de MAGFOR y Mapa del autor.

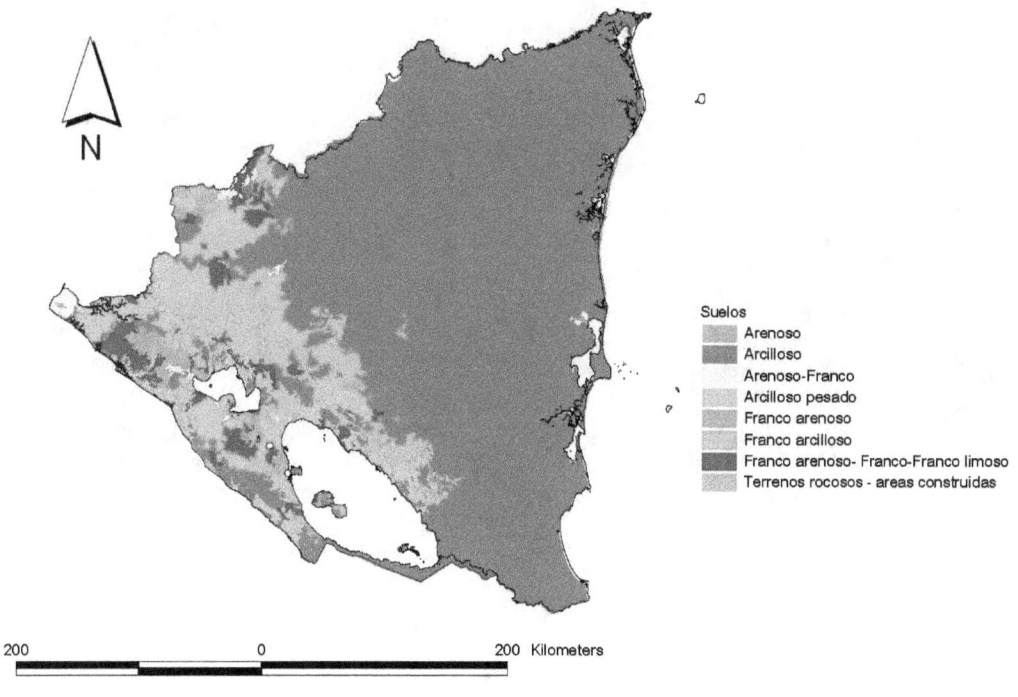

Fig. 36C.- Textura del suelo. Información de MAGFOR y Mapa del autor.

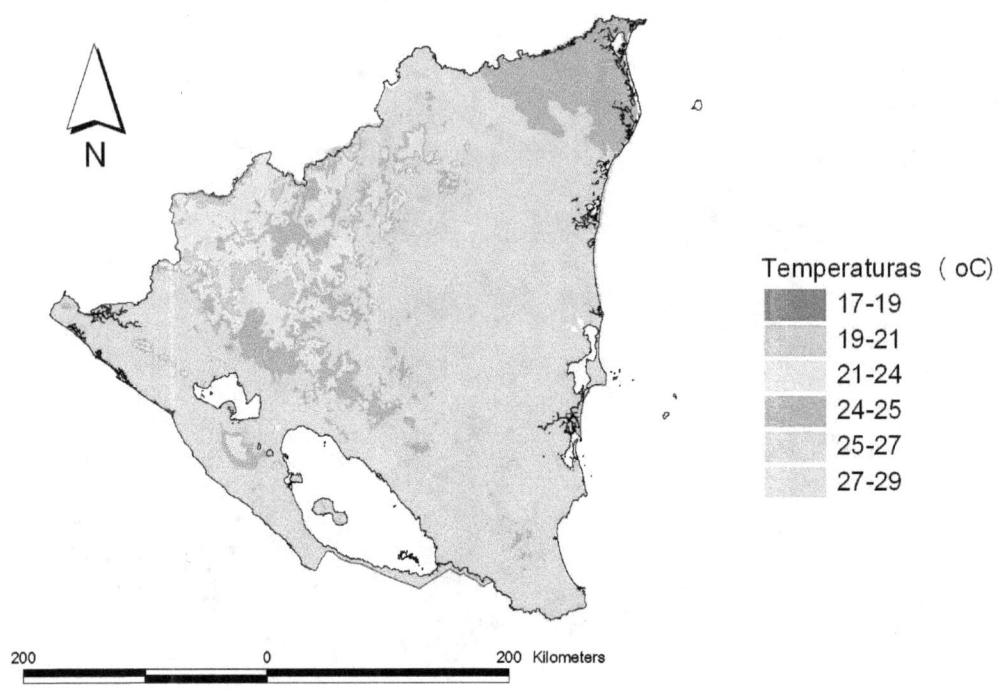

Fig. 36D.- Temperatura. Información de MAGFOR y Mapa del autor.

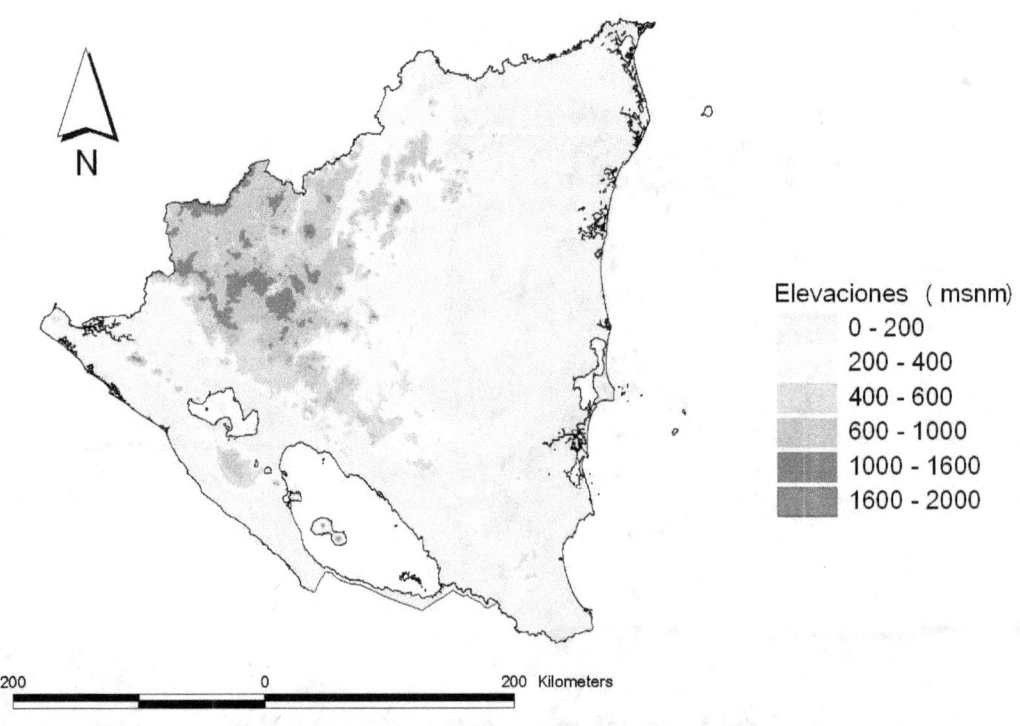

Fig. 36E.- Elevaciones. Información de MAGFOR y Mapa del autor.

**Modelos para América Central.**

Se construyeron modelos para América Central basados en las variables climáticas obtenidas de Worldclim y utilizando datos de distribución de especies en Nicaragua. Según informan varios autores para la realización de modelos de predicción a escala de la región las variables no deben ser del mismo tipo que cuando se realizan modelos a escala de país.

En el proyecto recientemente finalizado por PÉREZ *et al.* (2007b) se trabajo con información de base para 40 especies de aves, 40 de moluscos y 40 de árboles, pero finalmente se realizaron 40 modelos para moluscos, 32 para aves y 27 para árboles ya que no se dispuso de suficiente información para realizar todos los modelos propuestos. Según plantean PHILLIPS *et al.* (2006) se necesitan al menos 10 observaciones con sus coordenadas para que el programa de modelaje pueda correr.

**Moluscos:** (Fig. 37, 38).

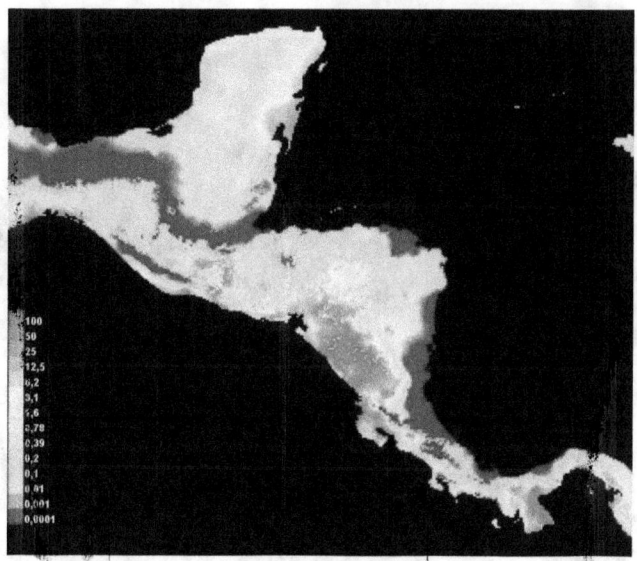

Fig. 37.- Distribución potencial de *Beckianum beckianum* en América Central. Mapa modelado en MAXENT por el autor.

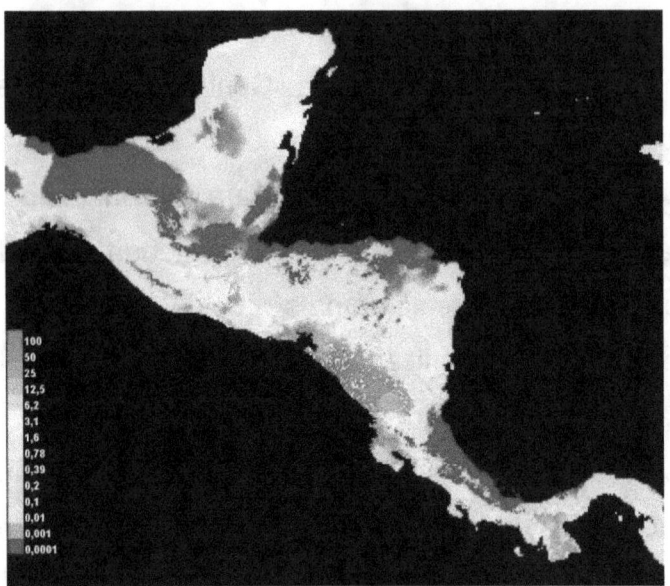

Fig. 38.- Distribución potencial de *Bulimulus corneus* en América Central. Mapa modelado en MAXENT por el autor.

**Aves:** (Fig. 39, 40).

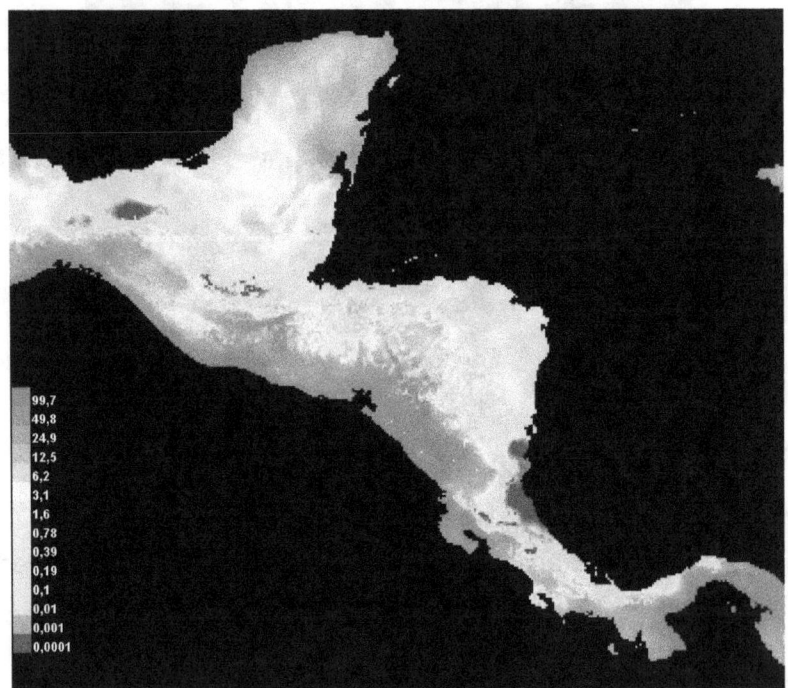

Fig. 39.- Distribución potencial de *Columbina inca* (Inca Dove) en América Central. Mapa modelado en MAXENT por el autor.

Fig. 40.- Distribución potencial de *Amazilia cyanura* (Blue-tailed Hummingbird) en América Central. Mapa modelado en MAXENT por el autor.

**Arboles:** (Figs. 41, 42).

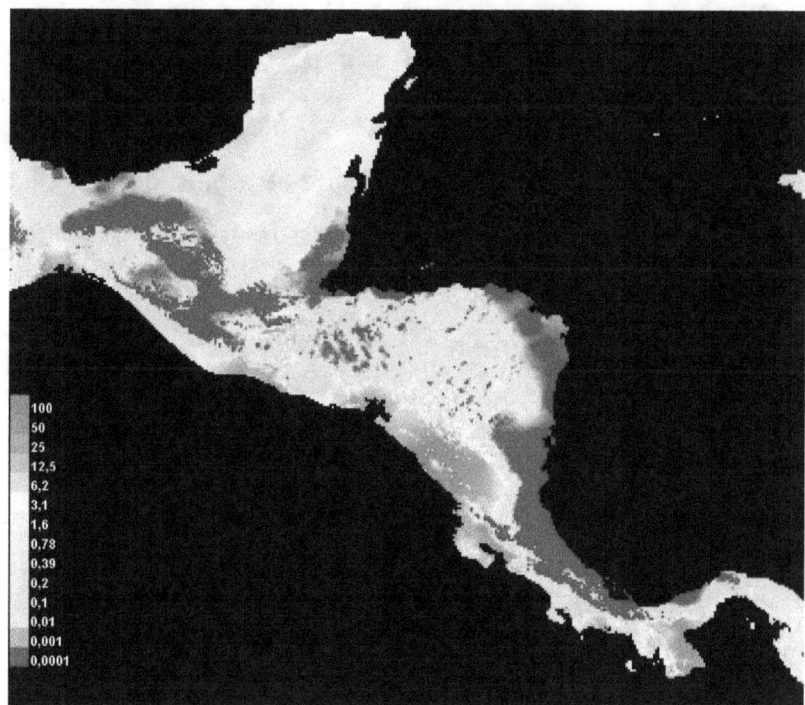

Fig. 41.- Distribución potencial de *Albizia saman* (Genízaro) en América Central. Mapa modelado en MAXENT por el autor.

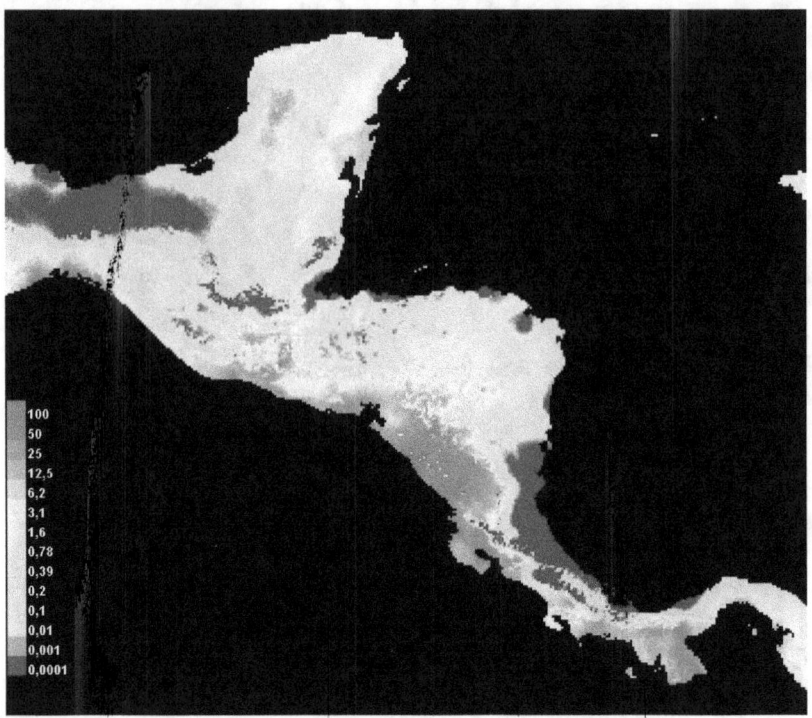

Fig. 42.- Distribución potencial de *Cordia alliodora* (Laurel) en América Central. Mapa modelado en MAXENT por el autor.

**Modelos para Nicaragua.**

En el caso de los modelos realizados con base en datos ambientales para Nicaragua, se obtuvieron resultados muy interesantes. Los modelos desarrollados con base en información biológica procedente de la región del Pacífico predicen la aparición de las especies en algunas zonas de la región norte del país. Estos posiblemente se relacionan con algunas de las variables estudiadas. Lo anterior se verá con más detalles posteriormente.

Al igual que en el caso de los modelos para la región, en el proyecto recientemente finalizado por PÉREZ *et al.* (2007b) se trabajó con información de base para 40 especies de aves, 40 de moluscos y 40 de árboles, pero finalmente se realizaron 40 modelos para moluscos, 32 para aves y 27 para árboles ya que no se dispuso de suficiente información para realizar todos los modelos propuestos.

**Moluscos:** (Fig. 43, 44).

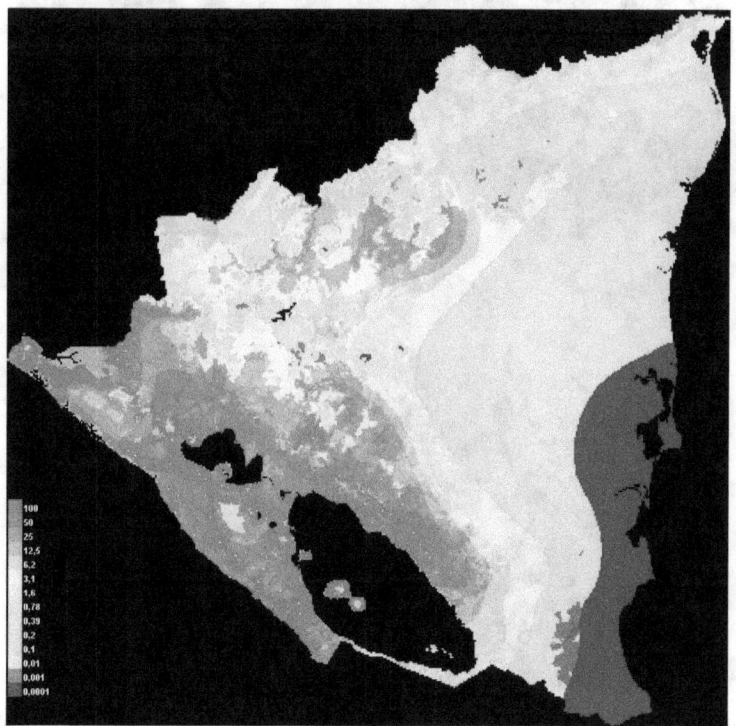

Fig. 43.- Distribución potencial de *Beckianum beckianum* en Nicaragua. Mapa modelado en MAXENT por el autor.

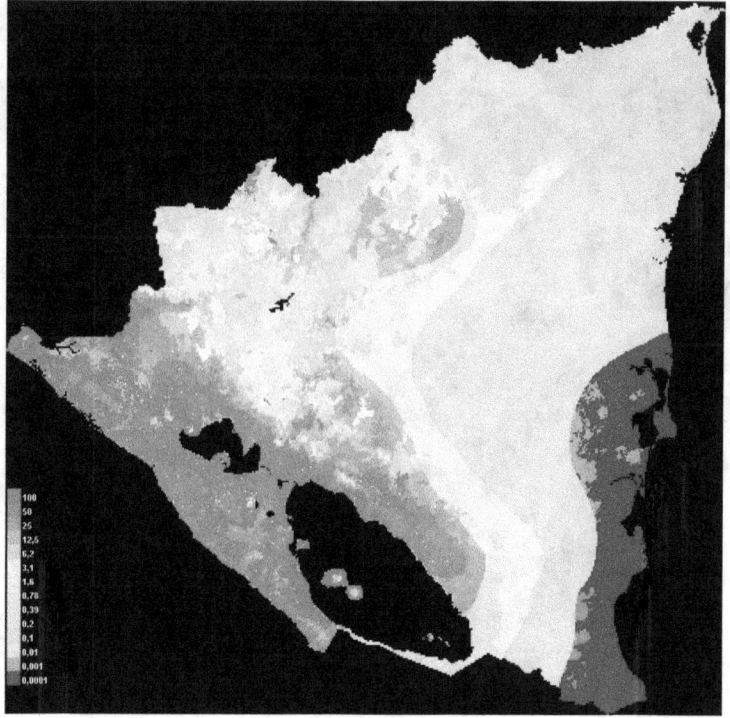

Fig. 44.- Distribución potencial de *Bulimulus corneus* en Nicaragua. Mapa modelado en MAXENT por el autor.

**Aves:** (Fig. 45, 46).

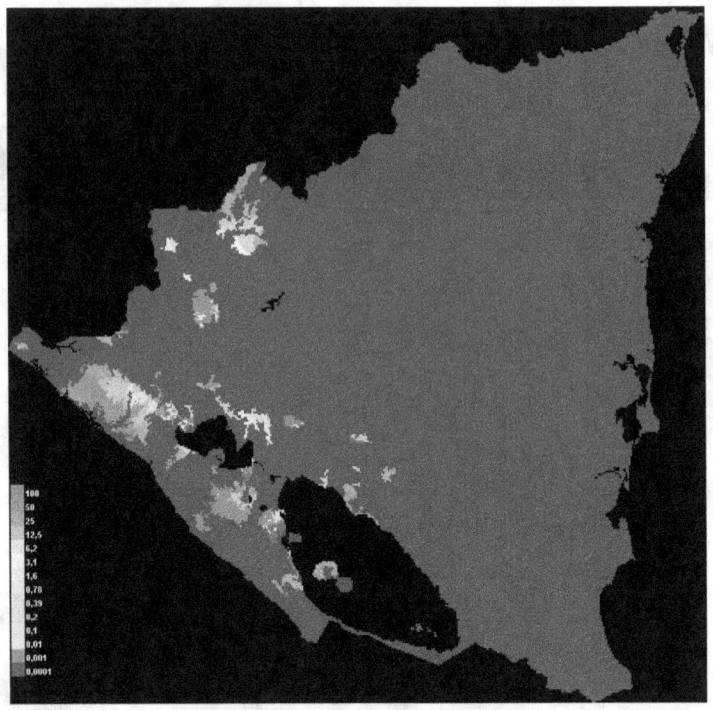

Fig. 45.- Distribución potencial de *Amazilia cyanura* (Blue-tailed Hummengbird) en Nicaragua. Mapa modelado en MAXENT por el autor.

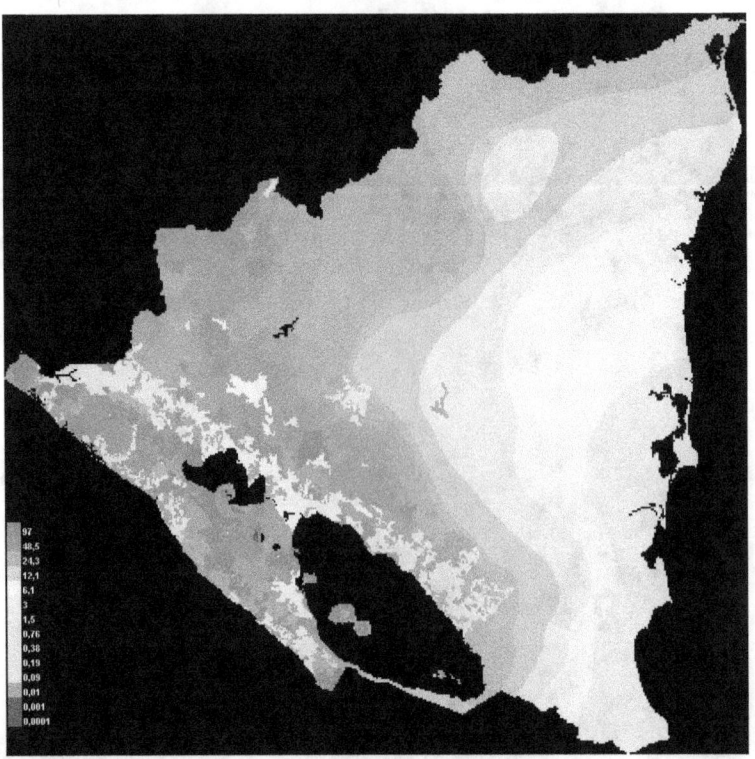

Fig. 46.- Distribución potencial de *Columbina inca* (Inca Dove) en Nicaragua. Mapa modelado en MAXENT por el autor.

**Arboles:** (Figs 47, 48).

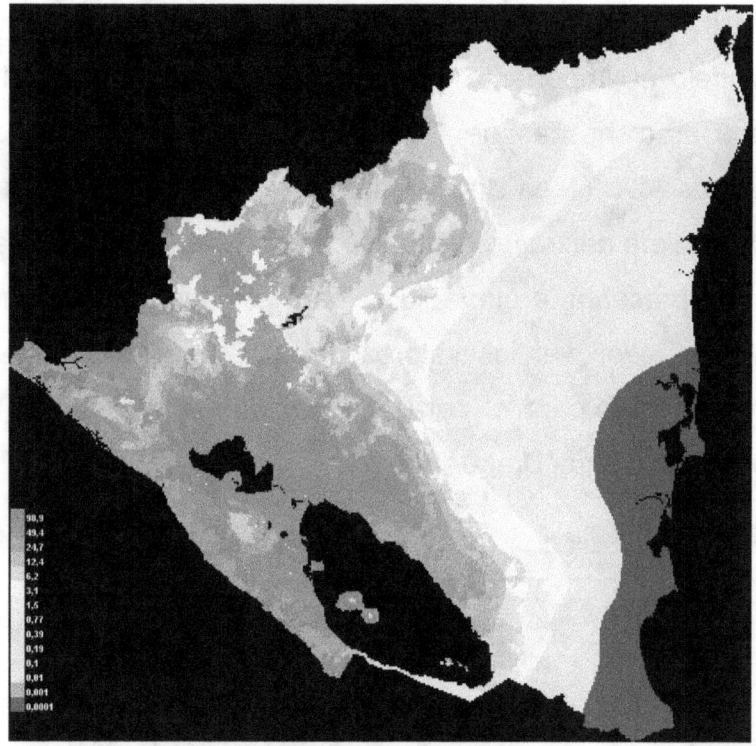

Fig. 47.- Distribución potencial de *Albizia saman* (Genízaro) en Nicaragua. Mapa modelado en MAXENT por el autor.

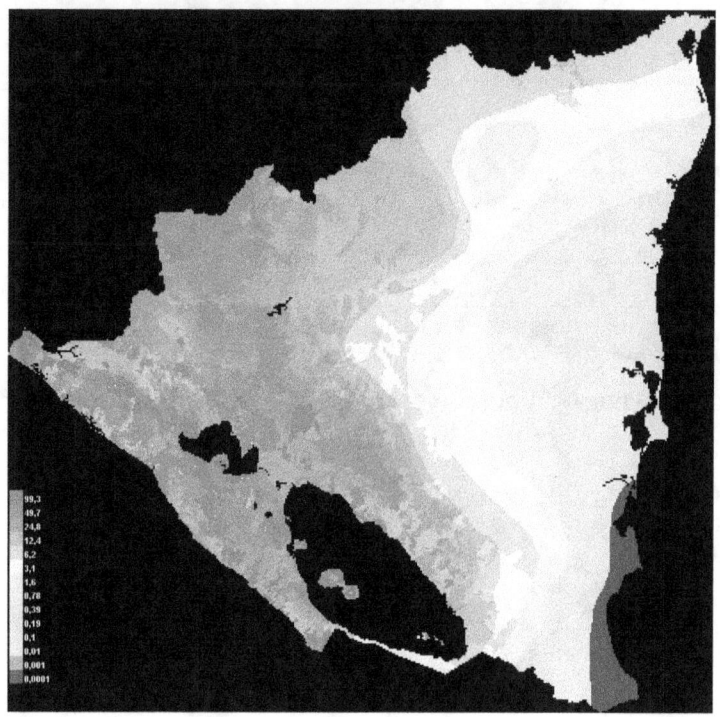

Fig. 48.- Distribución potencial de *Cordia alliodora* (Laurel) en Nicaragua. Mapa modelado en MAXENT por el autor.

## Capacidad de predicción del modelo.

Como explican PHILLIPS *et al.* (2006) para tener indicadores cuantitativos de la fidelidad del modelo es importante calcular las curvas ROC (Receiver Operating Characteristics: Características de Operación del Receptor), en ellas hay que observar los valores AUC (Area Under Curve: Área Bajo la Curva), y si los mismos se aproximan a 1 quiere decir que el modelo ha rendido resultados satisfactorios.

A continuación se presenta la curva ROC para el Laurel (*Cordia alliodora*), (Fig. 49) en la que se pueden ver los valores de AUC cercanos a 1. Se presentan también las curvas ROC para el caracol *Bulimulus corneus* (Fig. 50) y para la paloma *Columbina inca* (Inca Dove) (Fig. 51).

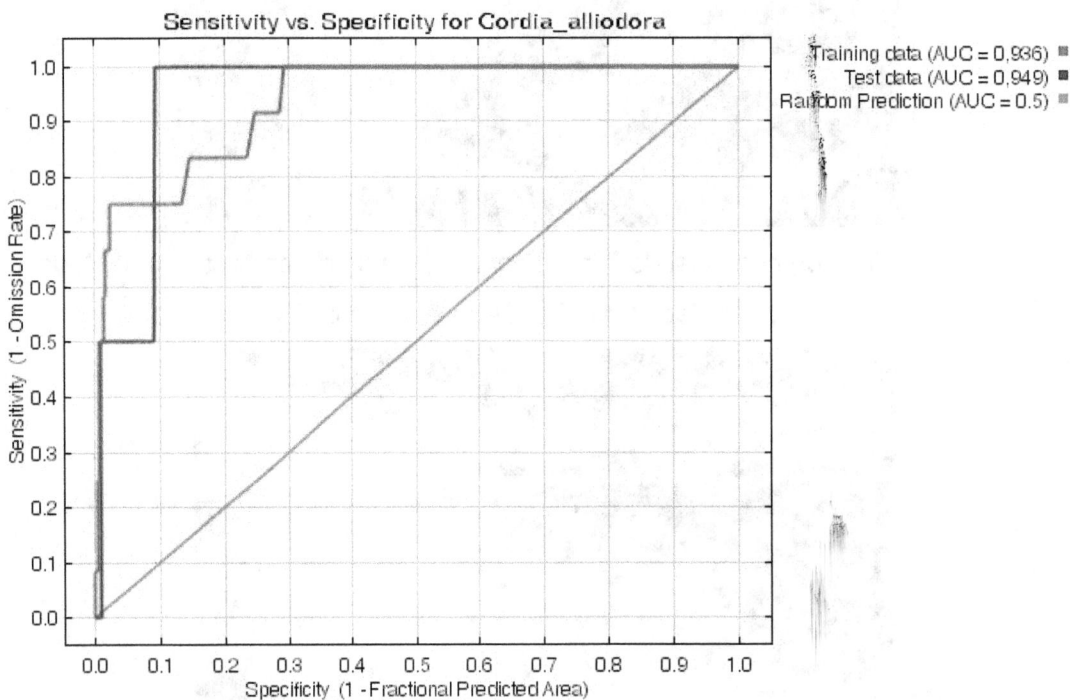

Fig. 49.- Curva ROC para el Laurel (*Cordia alliodora*). Gráfico del autor realizado con MAXENT.

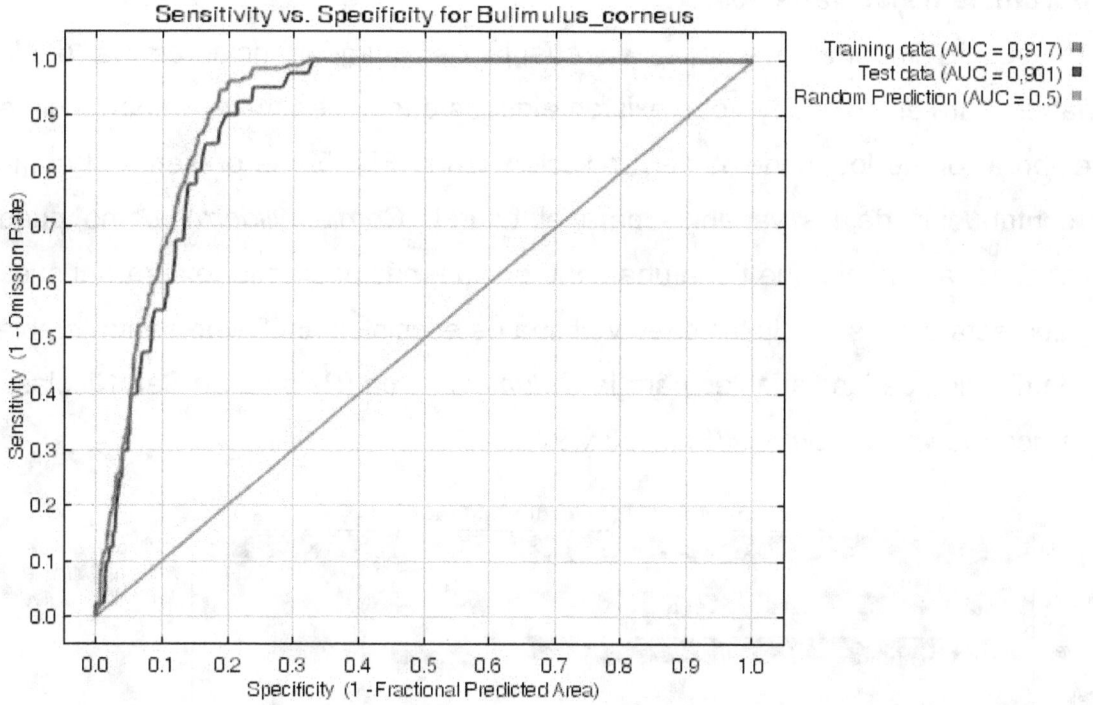

Fig. 50.- Curva ROC para el caracol *Bulimulus corneus*. Gráfico del autor realizado con MAXENT.

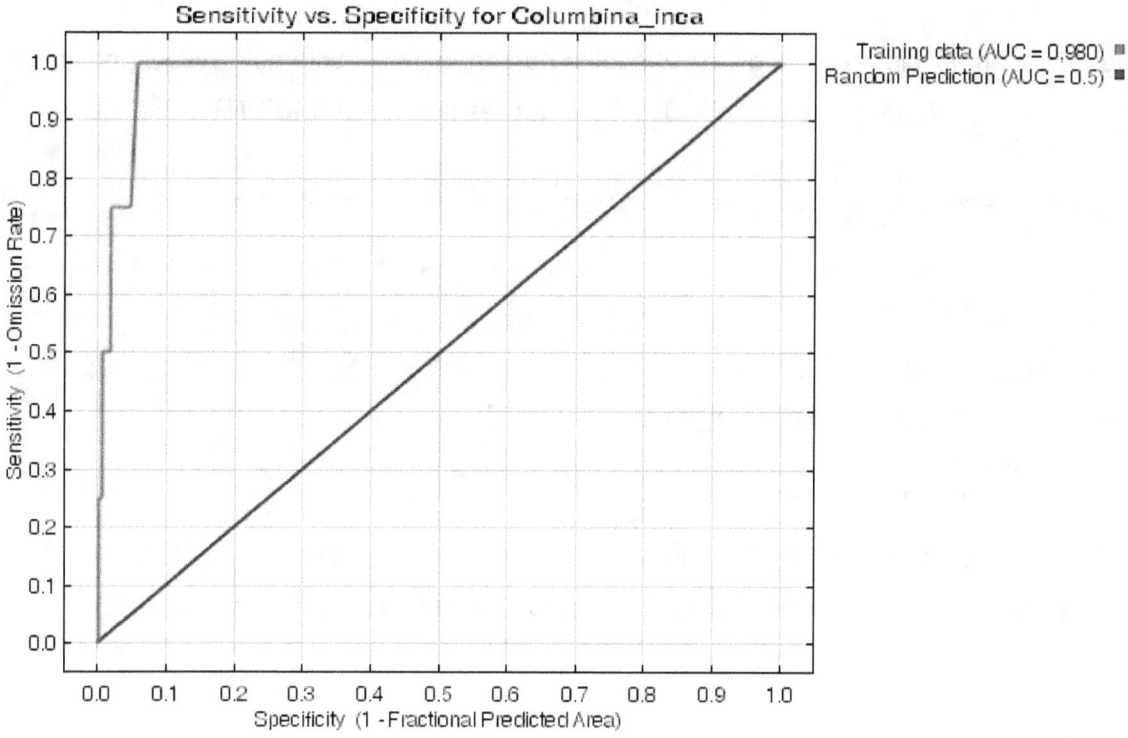

Fig. 51.- Curva ROC para la paloma *Columbina inca* (Inca Dove). Gráfico del autor realizado con MAXENT.

## Importancia de las variables.

Otro aspecto importante a tener en cuenta es la importancia relativa de las variables para el modelo, ya que existen algunas que tienen mayor importancia en la elaboración de los modelos de predicción. En la Fig. 52 se presenta el gráfico de contribución de las variables para el Laurel (*Cordia allidora*), como puede observarse la variable que tiene una contribución más alta es la textura del suelo, seguida esta por las precipitaciones y el tipo de ecosistemas. Se presenta también la contribución de las variables para la *Columbina inca* (Paloma de San Nicolás) y el caracol *Bulimulus corneus* (Figs. 53 y 54).

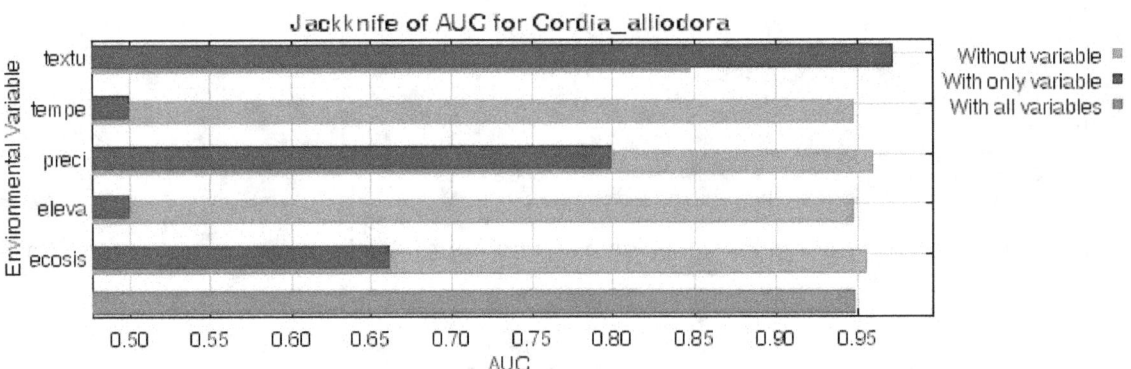

Fig. 52.- Contribución relativa de las variables partiendo de los valores de AUC en *Cordia alliodora* (Laurel). Gráfico del autor realizado con MAXENT.

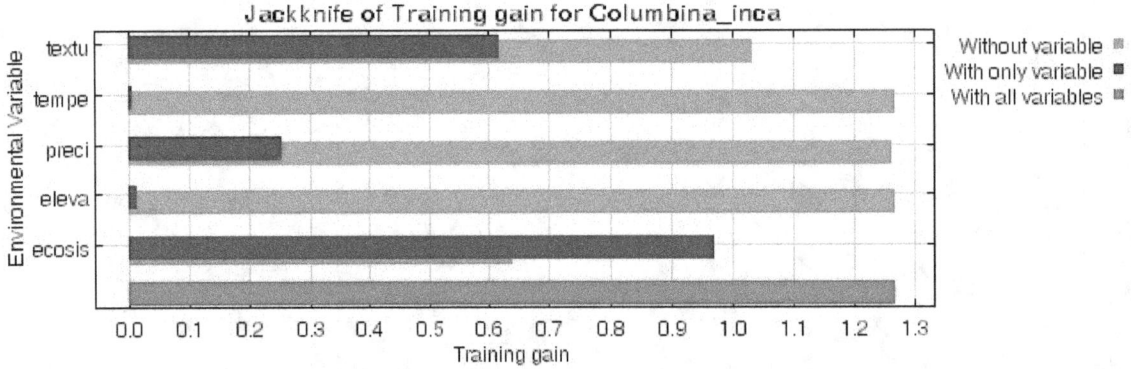

Fig. 53.- Contribución relativa de las variables partiendo de los valores de AUC para la paloma *Columbina inca* (Inca dove). Gráfico del autor realizado con MAXENT.

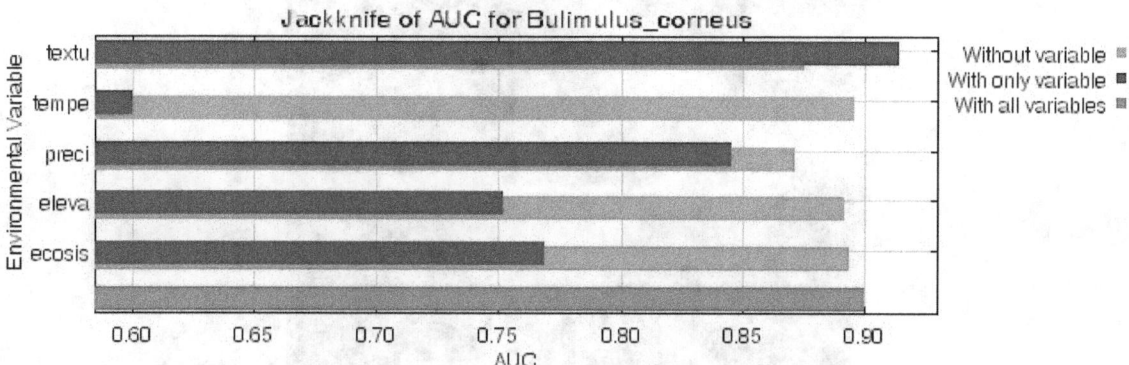

Fig. 54.- Contribución relativa de las variables partiendo de los valores de AUC en el caracol *Bulimulus corneus*. Gráfico del autor realizado con MAXENT.

Como puede apreciarse en las figuras 53 y 54, las contribuciones relativas de las variables cambian para el caso de la especie de caracol y el ave, lo cual parece muy lógico. En el caso del ave (53) la variables con mayor importancia son los Ecosistemas y en la caso del caracol, al igual que en el caso del Laurel (*Cordia alliodora*) la variable de mayor importancia es la Textura del suelo. Siendo estos dos últimos taxones muy relacionados con el suelo lo anterior parece esperable a priori.

**Escenarios de cambio climático:** Uno de los usos de los modelos de nicho potencial de especies es la capacidad de ser utilizados para construir escenarios de cambio climático basado en especies. Si utilizamos variables ambientales de clima futuro podemos predecir cómo una especie es afectada por las condiciones de cambio climático futuro; específicamente qué parte de su ámbito de distribución será más afectado. Esto constituye una herramienta muy poderosa para establecer prioridades de conservación u otras estrategias de hacer políticas de conservación.

Como se dice en los métodos los datos fueron proyectados al futuro en un escenario de cambio de clima de $1.5°$ C obteniendo algunos resultados interesantes. En las figs. 55, 56 y 57 se presentan los modelos obtenidos para tiempos actuales y futuros en las especies mencionadas arriba: *Columbina inca* (Inca dove, Bird), *Cordia alliodora* (Laurel, Tree) y *Bulimulus corneus* (Snail).

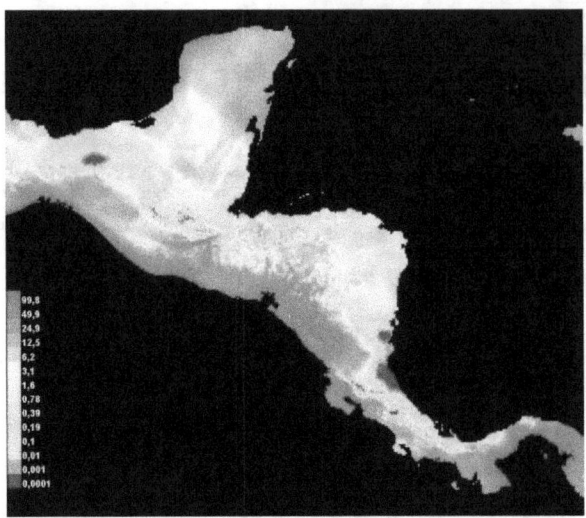

A. Actual. Mapa modelado en MAXENT por el autor.

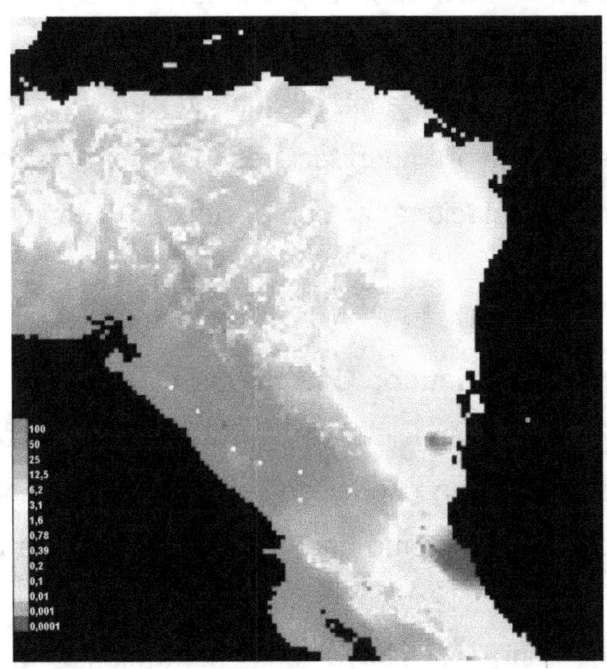

B. Futuro. Mapa modelado en MAXENT por el autor.

Fig. 55.- Escenarios de distribución de especies. Actual y futuro. *Columbina inca* (Inca dove, Ave).

A. Actual. Mapa modelado en MAXENT por el autor.

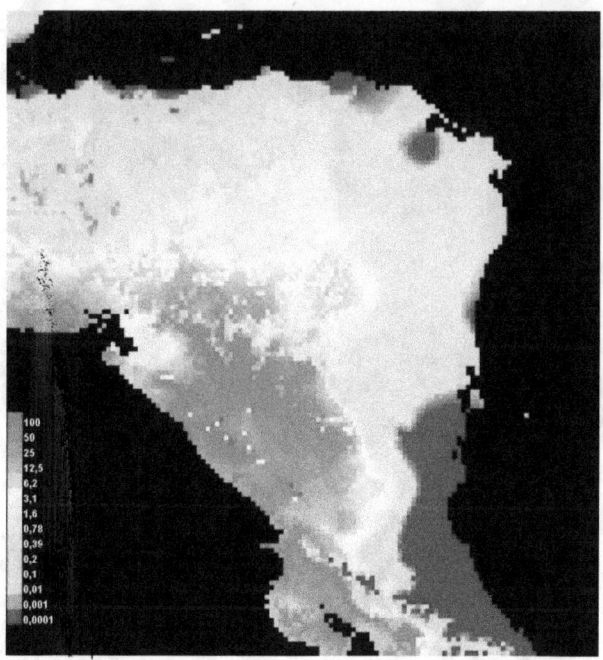
B. Futuro. Mapa modelado en MAXENT por el autor.

Fig. 56.- Escenarios de distribución de especies. Actual y futuro. *Cordia alliodora* (Laurel, Árbol).

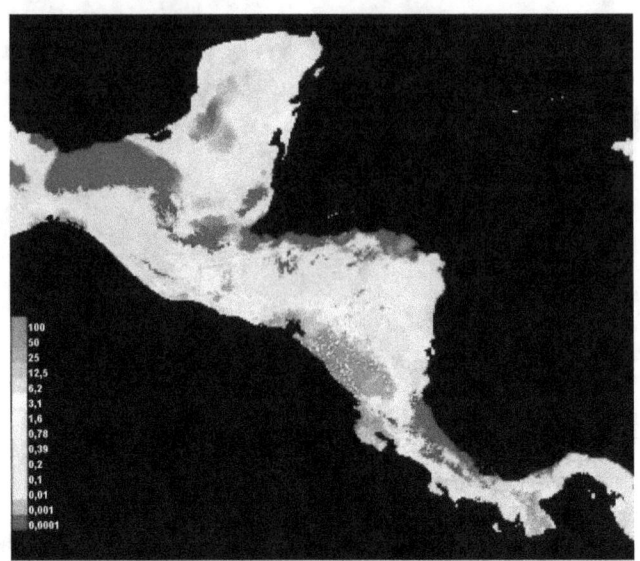
A. Actual. Mapa modelado en MAXENT por el autor.

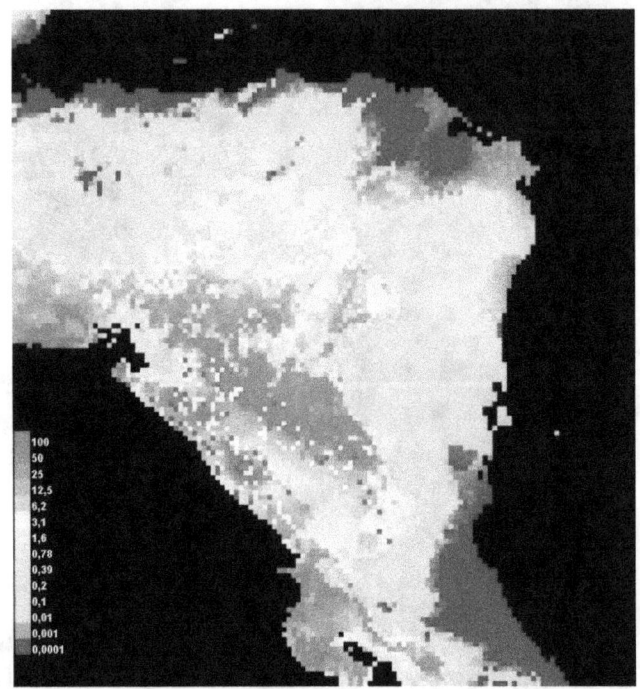
B. Futuro. Mapa modelado en MAXENT por el autor.

Fig. 57.- Escenarios de distribución de especies. Actual y futuro. *Bulimulus corneus* (Caracol).

A primera vista se puede apreciar que en todos los casos los ámbitos de distribución de las especies se compactan en el espacio. Además, se aprecia una tendencia de pérdida de especies en las proximidades de la Península de

Cosigüina, sin embargo el núcleo del área protegida existente en la península (Fig. 58) continúa siendo un hábitat viable.

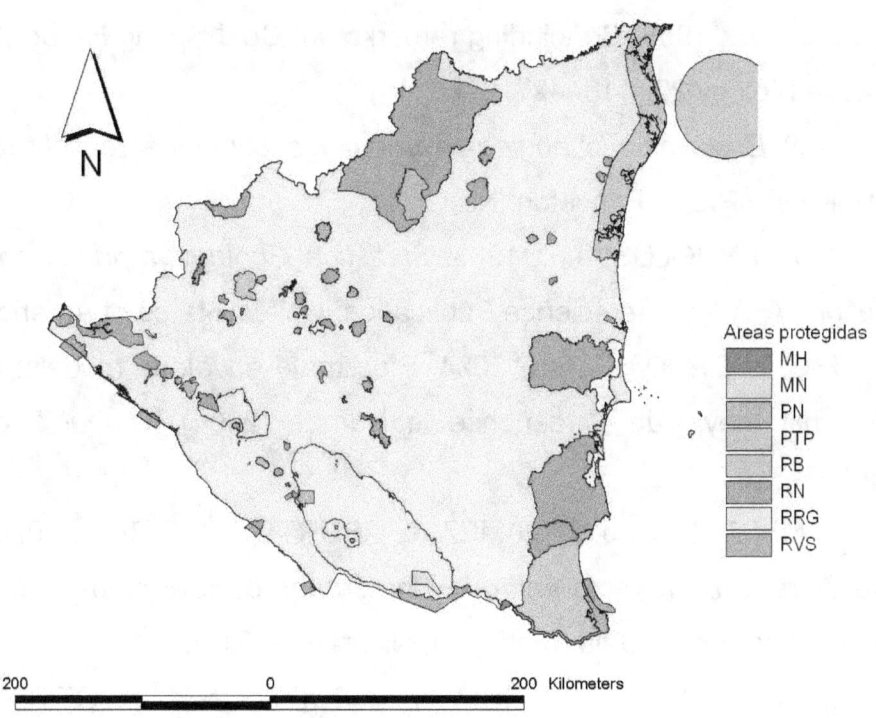

Fig. 58.- Mapa de las áreas protegidas de Nicaragua. Información de MARENA y Mapa del autor.

**Bibliografía.**

GOLICHER, D. & L. CAYUELA. 2007. *A methodology for flexible species distribution modeling within an Open Source framework.* Report to MNP, Chiapas. 55 p.

HUTCHINSON, G.E., 1958. Concluding remarks. *In*: Cold Spring Harbor Symposia on Quantitative Biology 22, 415–427.

LEVINS, R. 1968. *Evolution in changing environments: some theoretical explorations.* Princeton University Press, Princeton, NJ.

LUDWIG, J.A. y REYNOLDS, J.F., 1988. *Statistical Ecology: a primer on methods and computing.* A Wiley Interscience Publication. United States of America. 338 p.

PEARSON, R.G. & T.P. DAWSON. 2004. Bioclimate envelope models: what they detect and what they hide – response to Hampe (2004). *Global Ecology and Biogeography*, 13, 471472.

PÉREZ, A.M., M. SOTELO, J.C. GÁMEZ, L. ABURTO & I. SIRIA. 2007a. *Informe final de biodiversidad. Proyecto enfoques integrados para el manejo de sistemas silvopastoriles.* Asociación Gaia, Managua, Nicaragua. 91 p.

PÉREZ, A.M., C. POVEDA, I. SIRIA, L. ABURTO & M. SOTELO. 2007b. *Developing a Species Based Model for Biodiversity Assessment in the Nicaraguan Pacific slope.* Informe final, MNP-SNV. Managua. 49 p.

PHILLIPS, S.J., R.P. ANDERSON & R.E. SCHAPIRE. 2006. Maximum entropy modeling of species geographic distributions. *Ecological Modelling*, Vol 190/3-4 pp 231-259.

SILVA, A. y BEROVIDES, V., 1982. Acerca del concepto de nicho ecológico. *Ciencias Biológicas*, 8:95-103.

WORLDCLIM (En línea). http://www.worldclim.org/current.htm.

## IV. Distribución de comunidades.

### Comunidades y ecosistemas. Concepto.

Los organismos vivientes y su medio inanimado (abiótico) se relacionan de manera inseparable e interactúan mutuamente. Cualquier unidad (biosistema) que incluya todos los organismos que funcionan juntos (comunidad biótica) en un área determinada, interactuando con el medio físico de tal manera que un flujo de energía conduzca a la formación de estructuras bióticas claramente definidas y al ciclaje de materia entre las partes vivas y no vivas, es un sistema ecológico o ecosistema.

La reunión de comunidades en ecosistemas con características peculiares y endemismos de diferentes niveles son los que van conformando los siguientes niveles de organización del paisaje, entre estos los más reconocidos son:

- Provincias.
- Subregiones.
- Regiones o reinos.

### Regiones biogeográficos.

Estas regiones son:

I. **Región Holártica:**

A. **Región Paleártica:** Casi toda Eurasia

B. **Región Neártica:** Estados Unidos, Canadá, Groenlandia, Parte de México.

II. **Región Etiópica: Africa** subsahariana y Madagascar.

III. **Región Oriental:** India, Indias orientales.

IV. **Región Neotrópical:** América latina, El Caribe y parte de México

V. **Región Australiana:** Australia, Nueva Zelandia, Polinesia. Nueva Guinea.

VI. **Zona intermedia oriental australiana.**

# Biogeografía aplicada

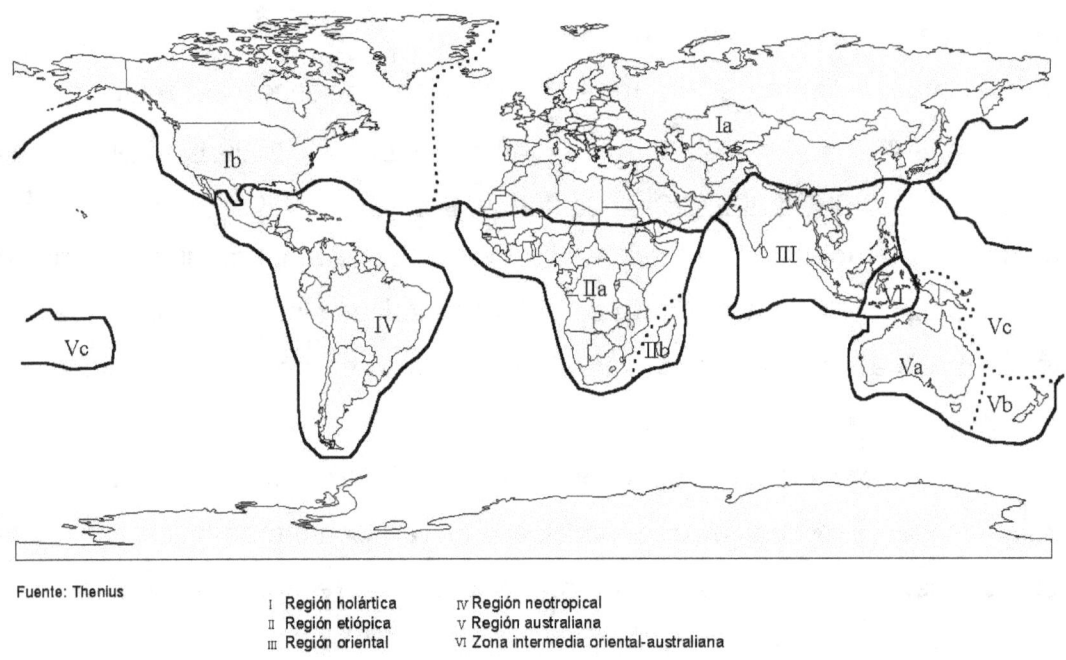

Fuente: Thenius

I Región holártica   IV Región neotropical
II Región etiópica   V Región australiana
III Región oriental  VI Zona intermedia oriental-australiana

Fig. 59.- Regiones biogeográficas globales (Tomado de REMANE *et al.* 1980).

**Regiones y provincias (Cabrera y Willink).**

Dentro de un contexto biogeográfico global, Nicaragua queda comprendida en la región Neotropical (WALLACE, 1876; MARGALEF, 1974). Como parte del Neotrópico, en Nicaragua concurren la provincia biogeográfica Pacífica (Mapa, en verde oscuro) y la provincia Mesoamericana de Montaña (en verde claro); en la primera está contenida la región natural del Pacífico (área de estudio) y la Llanura Costera del Atlántico; en la segunda están contenidas las Tierras Altas del Interior (CABRERA & WILLINK, 1973).

Según estos últimos autores en la Provincia del Pacífico existe una elevada tasa de precipitaciones lo que concuerda con la región del Atlántico pero no con la región del Pacífico, lo mismo ocurre para varias de las especies vegetales que deberían presentarse en ambas regiones como parte de la Provinaica y sólo ocurre en el Atlántico. En la caso de la provincia Mesoamericana de Montaña que comprende la región centro-norte del país, los datos de altura de relieve, temperatura y presencia de especies vegetales como *Pinus, Quercus*, etc, sí concuerdan con lo planteado por CABRERA Y WILLINK.

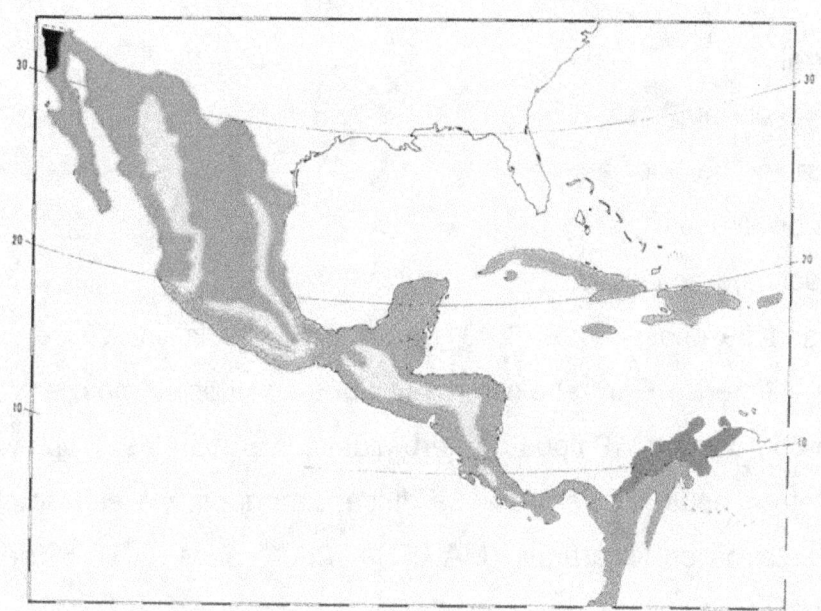

Fig. 60.- Provincias biogeográficas de Nicaragua dentro del Neotrópico, según CABRERA & WILLINK (1973).

**Clasificación de ecosistemas (Formaciones vegetales).**

**Clasificaciones globales:**

UNESCO: El sistema de la UNESCO (1973) es un intento por clasificar la vegetación terrestre del mundo. Está basada principalmente en la estructura y los caracteres fisionómicos de la vegetación terrestre. Por ejemplo, la categoría de "Bosque cerrado" está definida por "estar fomado por aquellos árboles con más de 5 m de altura cuyas copas se entrelazan (Cuadro 2).

Cuadro 2.- Listado de categorías principales (UNESCO, 1973)

| Rango | Clave | Alcance |
|---|---|---|
| 1er Rango | I......n | Clases de formaciones |
| 2 do Rango | A,B,.......n | Subclase de formaciones |
| 3 er Rango | 1,2,.........n | Grupo de formaciones |
| 4 to Rango | a,b,........n | Formaciones |
| 5 to Rango | (1),(2),......(n) | Sub formaciones |
| 6 to Rango | (1a), (1b),.....(1n) | Otras subdivisiones |

**Primer rango:**

1. Bosque denso.
2. Bosque claro.
3. Matorral.
4. Matorral enano.
5. Vegetación herbácea.
6. Areas desérticas.
7. Formaciones acuáticas.

Según el mapa de ecosistemas (2001) preparado por la CCAD de acuerdo a la UNESCO, en América Central existen 114 tipos de ecosistemas, entre los cuales se destacan 65 bosques, 19 tipos de herbazales, 9 arbustales, 7 tipos de sabanas y 14 ecosistemas acuáticos, entre agua dulce y marinos. De este total existen 68 tipos representados en Nicaragua (MARENA, 2001) para un 60 % del total de la región (Fig. 61, 62).

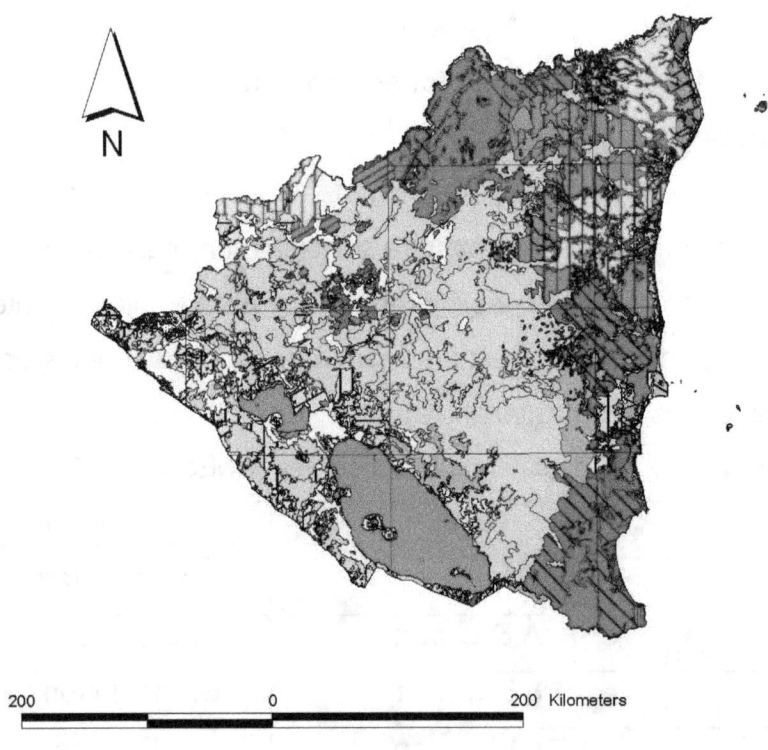

Fig. 61.- Mapa de ecosistemas de Nicaragua al 2000. Información de MARENA (2001) y Mapa del autor.

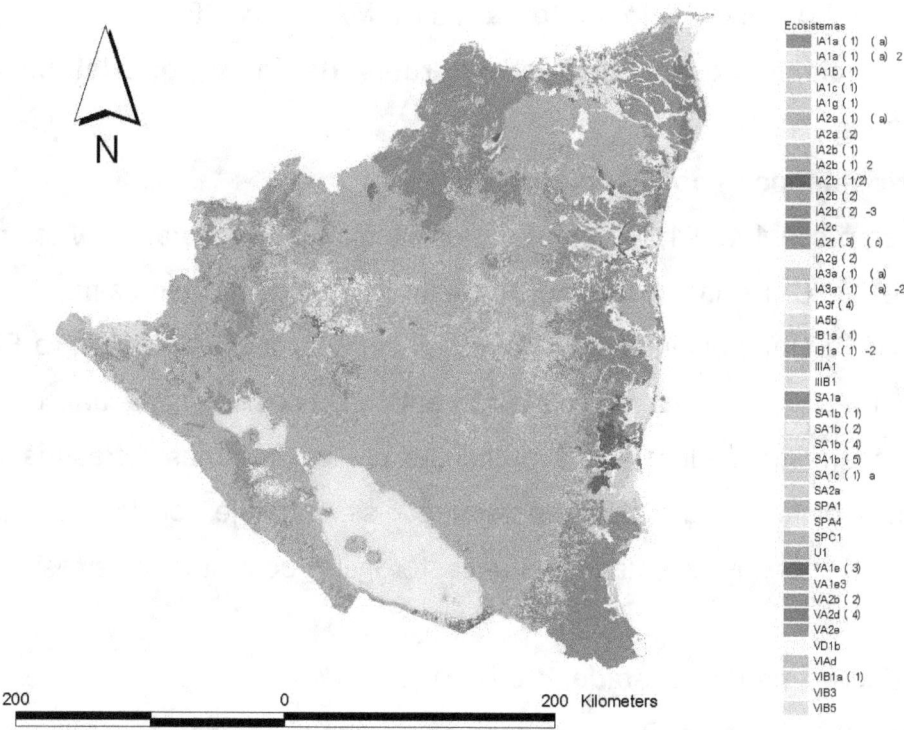

Fig. 62.- Mapa de ecosistemas de Nicaragua al 2009. Información de MARENA (2010) y Mapa del autor.

Según (MARENA, 2001) de los 68 ecosistemas identificados 64 son los más representativos, y según MARENA (2010), de esos 64 sólo 42 pueden ser reconocidos de una manera rápida, de tal suerte los principales ecosistemas de Nicaragua se presentan y describen brevemente a continuación. Contiguo al nombre del ecosistema se presenta la nomenclatura según los crffiterios de la UNESCO (MARENA, 2001).

Los principales ecosistemas de Nicaragua de acuerdo a la clasificación de la UNESCO (1973). Descripciones tomadas de MARENA (2001).

**1. Los principales escosistemas naturales de la region del pacifico de Nicaragua.**

**1. Estuarios del pacifico, SA1c(1)(a).**

De 0-6 msnm con 1,400-1,600 mm de precipitación promedio anual y temperaturas medias de 28 °C. En las costas del Pacifico, se presentan generalmente estuarios abiertos [SA1v(1)a] y algunos estuarios semi-cerrado del [SA1c(2)(a)] (p Ej.: Estero Padre Ramos). Es un sistema de conexión entre los ecosistemas acuáticos de aguas dulces que arrastra sedimentos y nutrientes de los sistemas terrestres hacia los ecosistemas marinos. su borde generalmente se entreteje con los manglares que son ecotonos entre los sistemas marino- costero y los ecosistemas terrestre.

**2. Playa Escasamente vegetada, VIB1a(1).**

Altitud entre 0 y 15 msnm. Playa arenosa con áreas con vegetación rala matorralosa formada se sedimentos aluviales y marinos de origen reciente cubiertos de arena. La humedad es de 68% en verano y 83% en invierno. La precipitación promedia anualmente de 1,400-1,600 mm (INETER). La temperatura media anual es de 27.5 °C.

En el Pacífico, se presentan arbustales espinosos de *Acacia farnesiana, Prosopis juliflora, Pithecellobium dulce,* y *Bromelia karatas*, acompañado de *Crataeva tapia, Coccobola floribunda, Hippomane mancinella* y *Conocarpus erecta*, las dos últimas mas frecuentes cerca de los manglares. En las dunas cabeza de playa se puede notar: *Ipomoea pes-caprae, Canavalia rosea, Crotalaria* sp., *Opuntia lutea, Croton niveus*. Entre los animales: cangrejo de arena, zurdos, y diferentes aves acuáticas (pelícanos fragatas o viudas).

Fig. 63.- Chacocente, Carazo. Foto del Autor.

### 3. Manglar limoso del pacifico, IA5b.

De 0-6 msnm y hasta donde el sistema estuarino penetra por las mareas a través de una serie de pequeños ramales posibilitando la vegetación del Manglar, presenta grandes extensiones planas y elevadas, los bancos limosos intermareales, fango predominante en las riberas que explica una planicie fluvial-marina con sedimentos aluviales (suelos capacidad VIII de terrenos inundados y pantanos). La precipitación anual es de 1,200-1,900 mm. Temperatura promedio anual de 26-28 °C y más de 80% de humedad relativa.

El área está cubierta por manglar que se extiende en los bordes influenciados por las mareas, compuesto por Mangle rojo (*Rizophora mangle*) en las zonas en contacto con agua dulce, a veces de inmediato se presenta el Curumo (*Avicennia bicolor*), y después el Palo de sal ó Mangle negro (*Avicennia germinans)* hacia el interior donde el estrés por alta salinidad en los períodos secos es mayor. En la zona más interior se puede encontrar el Ajelí (*Leguncularia racemosa*), las dos primeras zonas están desprovistas de plantas herbáceas y epífitas, mientras que *Acrostichus,* el helecho de manglar, e *Hymenocaulis,* un lirio, pueden crecer debajo del Mangle negro y el

Ajelí. Ocupando la zona más alta del estuario en terrenos más arenosos se encuentra el Botoncillo (*Conocarpus erecta*).

Fig. 64.- Poneloya, León. Foto del Autor.

## 4. Salitrera, V1B5; transformación en SPC1: Camaronera y/o salina),

A menos de 15 msnm se presentan grandes áreas planas de arena y fango que son bancos intermareales, solo se le ve en grandes áreas entre el Estero Real y Río Negro. Los playones sedimentarios y aluviales del delta están saturados en forma permanente y cubiertos por depósitos salinos. Con precipitación de 1,200-1,600 mm anual y temperaturas de 28 °C (INETER, estación Cosigüina). Se presentan grandes poblaciones, a veces densas, de *Avicennia germinans* que a medida se separa del borde de los esteros ó esterillos es más bajo, habiendo arbolitos (bonsai) de 20-30 cm en fructificación, en algunas áreas más arenosas aparecerá *Conocarpus erecta* y una vegetación similar a la de las playas. Hay grandes áreas desprovistas de vegetación, se espera presencia de algas microscópicas en la superficie del terreno. Estas áreas muchas veces colindan con Sabanas de arbustos decíduos, de la variante que tienen altas concentración de palma *Sabal mexicana* y *Rehdera trinervis* y con las playas escasamente vegetadas.

Fig. 65.- Tola, Rivas. Foto del Autor.

## 5. Pantano de Ciperáceas, VDb

Son praderas salinas frente al golfo de Fonseca a 0-15 msnm parte de la planicie volcánica cuaternaria de inceptisoles con desarrollo de incipiente a juvenil. La humedad es de 68% en la época lluviosa, la precipitación de 1,400-1,600 mm y temperatura media anual de 27 °C. La formación es abierta, en terrenos estacionalmente anegados de forma natural, sin platas leñosas, dominado por ciperáceas (graminoides hemicriptofitas).

La formación es abierta, en terrenos estacionalmente anegados de forma natural, sin plantas leñosas, dominado por ciperáceas (graminoides hemicriptofitas). En las partes más secas e influenciadas por salinidad de los esteros se presenta dominantemente *Sesuvium portulacastrum* y *Lippia nodiflora* en los bordes; *Fimbristylis sadicea* (hemicriptofita) ocupa las extensas áreas menos profundas, luego *Eleocharis* sp.; en los lugares con aguas un poco más profundas, domina *Typha dominguensis*. Estas áreas sufren la amenaza de la ganadería en la época seca acompañada de intentos de quema. Son lugares muy visitados por las aves acuáticas.

### 6. Bosque deciduo de bajura, IB1a(1).

De 0-600 msnm. Llanuras y piedemonte del Cosigüina y Cordillera los Maribios. Terrenos ondulados, colinados y mesetas de Carazo y Rivas. Areas planas de San Francisco Libre. En suelos de origen volcánico Cuaternario y rocas del Terciario, a veces en suelos aluviales y sedimentarios; de una gran variedad de textura: arcilloso, franco arcilloso, franco, franco arenoso, arenoso, etc. La humedad relativa oscila entre 40 y 80% dependiente de la época. La precipitación de 900 a 2,000 mm promedio anual (Mayo a Octubre), la temperatura media anual es entre 26-29 °C promedio.

### 7. Bosque deciduo submontano, B1b(1)(a).

Es muy similar en composición que el tipo anterior con ciertas variantes florísticas de especies que se comportan como semi-deciduas por el aumento de la elevación acompañada de una disminución de la temperatura. Se parecen mucho en composición y estructura a los bosques semi-deciduos. También este bosque ha sido intervenido [IB 1ab(1)-2] en sus especies arbóreas de uso maderable.

### 8. Lava escasamente vegetada, VIAd.

A altitud entre 300 y 1,750 msnm, con media anual de: precipitación de 1,000-1,800, temperaturas 20 °C en las partes altas y 28 °C en la planicie. Terreno con rocas basálticas volcánicas recientes, cuando hay suelos recién formado entre las grietas de rocas lavicas irregulares ("aa"), la vegetación es monótona conformada de árboles bajos: *Plumería rubra, Byrsonimia crassifolia, Cecropia pelteta.*

### 9. Sucesión en deslaves, VIA2.

A altitudes de: 100-800 msnm en la región Pacifica y de 400-800 msnm en la región Central en áreas de sistemas agropecuarios de laderas y pie de monte, con suelos inceptisoles con epipedon mólico (horizonte superficial ± 25 cm), textura franco arenosa, color oscuro, con buen drenaje. Laderas más o menos inestables con sustrato de rocas temperizadas y/o suelos arrastrados; los suelos originales fueron revueltos. La humedad es de 60-70 %, media de precipitación en el área del Pacifico de 1,600-1,800 msnm y en la región Central de 1,000-1,800 mm, y temperatura 27-28 °C en el Pacifico, y 25-26 °C en la región Central.

## 10. Lagunas cratéricas, SA1b(1).

La precipitación de estos parajes se encuentra en un rango entre 1,000 y 1,500 mm aunque las precipitaciones de 1,000 y 1,200 mm son más frecuentes. Las lagunas se han formado por acumulación de agua pluvial en las calderas volcánicas extintas. Sus aguas tienen altas concentraciones de sales especialmente sulfatos, sulfuros, cloruros y carbonatos.

Fig. 66.- Laguna de Apoyo, Masaya-Granada. Foto del Autor.

## 11. Sabana de arbustos deciduos, VA2b(2).

Sabanas onduladas y colinas con vegetación rala matorralosa, por lo general ocupan planicie costera marina y lacustre con altitud entre 0 y 500 msnm, la media anual de precipitación es de 750-1,250 mm, humedad relativa de 68% y temperatura de 26 a 26 °C. El terreno tiene suelos muy arcillosos (vertisol o vértico) que se anegan durante la época lluviosa y se agrietan durante la época seca, pueden presentar gravas y pedruscos en la superficie y el subsuelo.

Fig. 67.- Chacocente, Carazo. Foto del Autor.

## 12. Sabana sin cobertura leñosa, submontano o montano, VA2c.

Estos ecosistemas se detectan en lomeríos y conos volcánicos cuaternarios, sobre sustrato de lava volcánica (Cosigüina, San Cristóbal, Casita, Telica, Masaya) no muy bien consolidado y con poco suelo formado, en altitudes medias, a altitudes de 800-1,600 msnm (submontano a montano). Presenta precipitación promedio anual de 1,850 mm, con una humedad relativa de 80% y temperatura promedio de 20-22 ºC.

Se presenta una cobertura casi totalmente de herbáceas con dominancia de Poaceas: A*ndropogon brevifolius, Andropogon condenstatus, Pennisetum complanatum, Eragrostis ciliaris, Aristida ternipes* y *A. jorulensis,* así como el naturalizado *Rhynchelytrium repens.* Por el tipo de vegetación y condiciones climáticas estas áreas son muy susceptibles al fuego, aunque la vegetación está adaptada a ello.

## 13. Mosaico de vegetación dulceacuícola, VII.

Se presenta en parajes de 35 a 40 msnm de altitud, con precipitaciones desde 1,000 a 1,200 mm en el sector pacífico y central de los dos grandes lagos, y hasta 1,800 mm cerca de San Carlos. Temperaturas medias de 26 a 27.5 °C. Se encuentran en áreas planas y anegadizas, depresiones pantanosas con montículos rocosos, en suelos clasificados como alfisoles, ultisoles y entisoles (azonal) tan recientemente desarrollados que solo tienen un epipedon ócrico (amarillento) ó un horizonte simple formado por el hombre (agríco), rocas duras cerca de la superficie mal drenados, en otros sistemas se clasifican como: aluviales, regosoles, y litosoles.

En los diferentes mosaicos se puede encontrar diferentes combinaciones con áreas diferenciales de:

- Pradera flotante (gamalotales), VIIA1a.
- Pantano de carrizal de lagos y lagunas, VIIB1a.
- Vegetación de raíces ancladas y hojas flotantes, VIIC.
- Vegetación sumergida arraigada al fondo, VIID.
- Vegetación libre flotante de hoja ancha, VIIE1a.
- Vegetación libre flotante tipo *Lemna*, VIIE2.
- Algas macroscópicas flotantes, VIIE3.

## 14. Lagos tectónicos, SA1b(2).

Aparte de ciertas masas de agua dulce como Tisma que es llamada laguna (por sus dimensiones) aunque tiene entrada y salida intermitente y lenta, las dos grandes masas que se pueden considerar de origen tectónico son los lagos, el de Managua (Xolotlán) y de Nicaragua (Granada ó Cocibolca). Estos lagos son diferentes, entre sí: Managua está en un estado avanzado de eutrofización con una fauna ictiológica herbívora reducida, omnívora y carnívora dimensionada. El lago de Nicaragua tiene una dinámica más estable y además de su fauna lacustre, ha tenido aportes (subiendo río arriba por el río San Juan) de la fauna marina del Caribe (tiburón y pez martillo) que se adaptan a la baja salinidad y permanecen en el lago. Ambos lagos tienen aportes de nutrientes y organismos de los ecosistemas del Mosaico de vegetación dulceacuícola (VII). Entre los peces endémicos están, para el lago Nicaragua, *Pomadasys grandis* y *Rhamdia luigina*; para el lago Nicaragua y el lago Managua: *Asynax nasurus, Rhamdia barbata, R. managuensis*. Algunas especies endémicas son compartidas entre los lagos tectónicos y cratéricos: *Dorosoma chavesi, R. nicaraguensis, Cichlasoma nicaraguensis* (ambos lagos y Xiloá), *Melaniris sardina* (ambos lagos y Masaya), *C. labiatum* (ambos lagos, Apoyo y Masaya).

## 2. Ecosistemas naturales de la region central norte y este de Nicaragua.

### 15. Arbustal deciduo, IIIB1

Cerros y colinas generalmente al Este de los grandes lagos, a 0-600 msnm de altitud, con suelos de origen aluvial (Vertisoles y Vérticos) mezclado con rocas piroclásticas cuaternarias. En Occidente, rocas piroclásticas con sedimentos del plioceno, mioceno y oligoceno marinos y continentales. Promedios de precipitación entre 900 y 1,200 mm; humedad relativa menor del 60% y temperatura entre 24 y 28 °C. La vegetación no sobrepasa los 5 m de altura.

### 16. Arbustal siempreverde estacional, IIIA1

Pequeñas planicies, filones de montañas con laderas abruptas a los 1,100-1,200 msnm, se presentan alrededor de la Reserva de Datanli - El Diablo y el embalse de Apanás. Suelos molisoles provenientes de rocas volcánicas del terciario, tienen un epipedón mólico (horizontes superficiales ± 25 cm) con agregaciones grumosas que le dan la característica de ser ligeros ó suaves. Precipitación de 1,000 a 1,500 mm promedio anual, humedad relativa entre 90 y 95 %, y temperatura de 19-22 °C promedio anual.

### 17. Embalse, SA2a

Hay tres lagos artificiales: Las Canoas (Boaco-Managua), Santa Bárbara (Matagalpa-León) y Apanás (Jinotega) a 160, 500 y 900 msnm de altitud respectivamente. Presentando promedios anuales de precipitación de 800 1,000 mm y temperatura de 25 a 27 °C en los dos primeros casos y 1,200 1,600 mm y

21-22 °C en Apanás. Temperatura: Apanás 21-22° C; Las Canoas 26-27 °C; Santa Bárbara 25-26 °C.

Los tres embalses son afectados por la alta sedimentación por la deforestación de las partes altas y medias de las cuencas. En Apanás y las Canoas, se presenta la Tilapia que se naturaliza agresivamente en Nicaragua afectando las poblaciones de peces nativos. Los aspectos ambientales relacionados con el embalse de Apanás fueron abordados con detalle por PEREZ & SIRIA (2006).

Fig. 68.- Apanás, Jinotega. Foto del Autor.

## 18. Bosque semideciduo, IA3a(1)(a).

Terrenos con elevaciones intermedias (0- 600 msnm) onduladas, fuertemente onduladas y quebradas. Promedio anual de precipitación entre 1,200 y 1,900 mm de Mayo a Diciembre, humedad relativa de 60 y 80 % y temperatura entre 26 y 28 °C.

Es un bosque de latifoliados semideciduo (algunos árboles son decíduos y otros botan parte de sus hojas) en terreno ondulado a accidentado por lo tanto bien drenado. La mayoría de los árboles del dosel dominante son parcialmente decíduos y debajo muchos de los árboles y arbustos siempreverdes son más ó menos esclerófilos. Los árboles en forma de botella pueden estar presentes. Hay pocas epífitas. El sotobosque compuesto de plántulas de los árboles y verdaderos arbustos leñosos. Algunas plantas suculentas pueden estar presentes (Ej.: Cactáceas cespitosas de tallos delgados), así como lianas terofíticas y hemicriptofiticas presentes. Hierbas pueden presentarse de forma diseminada, principalmente de graminoideas hemicriptofitas y hierbas medianas.

### 19. Bosque semideciduo aluvial de galería, IA3f(4).

Es un bosque tropical de latífoliados semideciduos en márgenes de los ríos generalmente en galería, se integran de especies que se desfolian solo parcialmente en la época más seca y en las imágenes satelitales, contrastan con la vegetación de los sitios más seco de los alrededores. Por lo general, en zonas más húmedas, no se pueden detectar los bosques riberinos en las imágenes.

Fig. 69.- Matiguás, Matagalpa. Foto del Autor.

### 20. Bosque semideciduo pantanoso, IA3g(a).

Es un bosque tropical de latífoliados semideciduos de lugares pantanosos.

Este bosque está compuesto por árboles de *Bravaisia integerrima* como especie dominante y más frecuente en los lugares inundados por más tiempo, y asociada con: *Tabebuia pentaphylla, Coccoloba caracasana, Coccoloba floribunda, Annona glabra, Annona* sp. en los alrededores; a veces también *Terminalia oblonga, Anacardium excelsum, Sterculia apetala, Hura crepitans, Trichilia trifolia, Samanea saman (Albizia saman), Cedrella odorata, Trichilia glabra* y *Guazuma ulmifolia*. En los bordes y las partes más abiertas, se encuentran *Parkinsonia aculeata, Pithecellobium lanceolatum, Pithecellobium dulce, Mimosa pigra, Mimosa dormiens, Acacia farnesiana, Bactris* sp., *Ipomoea carnea, Capparis odoratissima* y *C. palmeri*, y en los charcos y bancos aluviales se notan diferentes comunidades y especies del mosaico dulceacuícola (VII).

## 21. Bosque siempreverde estacional submontano, IA2b(1).

Se encuentran a altitudes entre 700 y 1,200 msnm generalmente en la región Central Este, aunque algunas áreas se presentan en la región Central Norte (cerro Yalí) y Pacífico Sur (Mombacho, Ometepe y Maderas). Los suelos son molisoles que se han desarrollado a partir de rocas volcánicas básicas (basaltos, andesitas), con una textura media grumosa suave, de color oscuro ricos en materia orgánica, superficiales (± 25 cm), con un buen drenaje. Llueve de 1,200 a 1,800 mm al año de Mayo a Diciembre y presenta temperatura medias anuales de 21 a 24 °C (INETER).

Tiene un alto potencial hidroeléctrico y productor de agua para consumo humano, dada su amplia red hidrográfica, protección de suelo, regulador del clima, rico en flora y fauna. Poco potencial de agua subterránea por la geología de la región. Un roedor (*Oryzomis dimidiatus*), es endémico a esta formación vegetal.

Fig. 70.- Yalí, Jinotega. Foto del Autor.

## 22. Bosque siempreverde estacional de pino submontano, IA2b(2).

Laderas de gran pendiente, cerros suavemente ondulados y pequeñas llanuras, a altitudes de 700 a 1,500 msnm. Sustrato geológico de granito, rocas metamórficas (esquistos), rocas volcánicas y lavas terciarias ácidas que originan suelos entisoles de textura gruesa, color amarillo, pardo y negro con un buen drenaje, peñascos, piedras (medianas y pequeñas) y grava en el suelo y el subsuelo. La precipitación promedio anual es entre 1,000- 1,400 mm y la temperatura de 21- 24 °C (INETER).

Es un bosque siempreverde con estacionalidad, en sectores submontanos donde especialmente en laderas y cimas se presentan poblaciones densas de pino en las cuales se involucran al menos tres (3) especies: *Pinus oocarpa* y pequeñas manchas de *P. patula* y *P. maximinoi*, que varían de moderadamente densos a moderadamente abiertos. También hay pequeños bosques de roble-encino (*Quercus* spp.) y liquidámbar (*Liquidambar styraciflua*). El primero es más frecuente en las partes más bajas (900 -1,200 msnm), el segundo en los sectores intermedios (1,000- 1,300 msnm) y el tercero en las partes más altas (1,200 -1,500 msnm).

## 23. Bosque siempreverde estacional mixto submontano, IA2b(1/2).

Laderas de gran pendiente, cerros suavemente ondulados, pequeñas mesas y valles, a altitudes de 700 a 1,200 msnm. Sustrato geológico de rocas graníticas, metamórficas (esquistos) y volcánicas terciarias ácidas que originan suelos entisoles de textura gruesa, color amarillo, pardo y negro con un buen drenaje, peñascos, piedras y grava en el suelo y el subsuelo y sectores con Molisoles de textura suave o ligera de color oscuro rojo o amarillo bien drenados. La precipitación promedio anual es entre 1,200- 1,800 mm y la temperatura de 22- 25 °C.

## 3. Los principales ecosistemas naturales de la region caribe de nicaragua.
## 24. Arrecife de Coral del Caribe, SA1d(2).

Hay miríadas de arrecifes diseminados por el litoral Caribe de Nicaragua muchos de los cuales han sido descritos en su asociación con los pastos marinos. Hay diferenciaciones entre los arrecifes ubicados alrededor de los cayos ó islas volcánicas y de los cayos conformados solamente de desechos de coral. En los primeros sobresale el coral cuernos de alce: *Acropora palmata*, así como *Agaricia tenuifolia, Pallythoa* sp., coral de fuego (*Millepora complanata*), *Porites astreoides, Monstastraea annularis, Diploria strigosa* y *D. clivosa*, acompañadas de las algas *Rhodolith* sp. y *Halimeda* sp. En el segundo tipo se presentan: *A. palmata, M. complanata, Siderastrea siderea, M. annularis, A. tenuifolia*. Los extensos arrecifes son refugio, hábitat y fuente de alimento para muchas especies de peces, langostas, y algunas tortugas, especialmente carey y caguama, si el lecho está acompañado de pastos marinos estará la tortuga verde.

## 25. Praderas Sub- Marinas del Caribe, VIIIA.

La plataforma marina del Caribe de Nicaragua se presenta como una continuación de la masa continental, un bajío submarino relativamente plano y suavemente inclinado, con un área de 39,000 km y la forma de un triángulo con sus vértices en: 1. Cabo Gracias a Dios, 2. a 180 km hacia el este en el mar y, 3,500 km al Sur, a 25 Km de las costas de San Juan del Norte. Las aguas pocas profundas (18-22 m) tienen un color verde-azul en contraste con el azul oscuro del mar profundo donde abruptamente termina la escarpa continental. Tres de los ecosistemas más productivos del planeta se encuentran en este litoral: Los estuarios (asociados con lagunas), los arrecifes de coral y los bancos de pastos ó hierbas submarinas.

## 26. Laguna costero aluvial, SA1b.

La biodiversidad de este ecosistema presenta un alto grado de adaptación evolutiva a las presiones ambientales y su origen es marino, dulceacuícola y terrestre.

Se consideran lagunas de agua salobre, relacionadas a estuarios semi-cerrados por lo que acumula mucho sedimento cenagoso en el fondo. Entre las plantas acuáticas sumergidas es posible encontrar *Syringodium filiforme, Halodule wrightii, Zannichellia palustris* (Zannichelliaceae)*, Potamogeton perfoliatus* (Potamogetonaceae)*, Ruppia maritima* (Ruppiaceae)*, Najas* sp. (Najadaceae)*, Thalassia testudinum, Halophila baillonis* y *H. decipiens* (Hydrocharitaceae).

## 27. Estuario del Caribe, SA1c(1)b.

Cuerpos de agua con conexión libre al mar donde se diluye el agua dulce proveniente del drenaje continental. A diferencia de la costa del Pacífico, la costa del litoral del Caribe presenta generalmente Estuario semi-cerrado [SA1c(2)(b)] y sólo casos excepcionales de Estuario abierto [SA1c(1)b] (ej: río Prinzapolka). La mayoría de los estuarios semi-cerrados salen primero a lagunas costeras (en el Norte) y hay un caso de barra (Ej. río Indio), después salen al mar. Las salidas de los ríos hacia el mar proporcionan aguas ricas en nutrientes, refugio, zonas de apareamiento estacional y procreación de un sin número de peces y camarones.

La diversidad de estos sitios está adaptada a fluctuaciones diversas y estacionales de salinidad, temperaturas y nutrientes. Las especies marino- costeras que encuentran son: *Centropomus* (Robalo), *Tarpon atlanticus* (Sábalo real), *Lutjanus griseus* (Pargo de manglar), *Penaeus, Trachypenaeus* sp. (Camarón), y *Callinectes* sp. (Cangrejo azul). Este ecosistema se entrelaza con los ecosistemas de manglar de *Rhizophora mangle* y *Pelliciera rizophorae*. Algunos autores mencionan la presencia en las costas de *Calamus* sp., *Chlorosconbrus chrysurus, Decapterus punctatus, Eucinostomus havana, Haemulon* sp., *Lutjanus synagris, Ophistonema oglinum, Scomberomorus* sp.; y en la parte sur más frecuentes: *Caranx* sp. y *Lutjanus analis.*

### 28. Manglar coralino del Caribe, IA5a(2).

De 0-10 msnm, topografía plana con suelos no consolidados, calcáreo, a partir de una matriz arrecifal. Precipitaciones de 2,500 a 3,000 mm anuales y temperaturas de mayores de 18 °C, humedad relativa del 80%, se presenta primordialmente en los Cayos Miskitos. Su fisionomía es muy similar al de los manglares bajos descritos del Atlántico Norte, pero está integrado de masas dominantes de *Rizophora mangle* sobre un sustrato poco evolucionado de residuos de arrecife de coral blanco.

La principal importancia de estos manglares radica en que son áreas de anidación de la tortuga Carey (*Eretmochelys imbricata*).

### 29. Manglar limoso del Caribe, IA5a(1) y con Pelliciera, IA5a(1)(a).

A los 0-6 msnm con pendientes imperceptibles de aluviones recientes predominantemente de depósitos marinos, suelos pantanosos sálicos, franco arenoso, negro, las temperaturas medias anuales entre 22- 40 °C y precipitaciones de 2,750 y 6,000 mm anual y humedad relativa mayor al 90%.

Los manglares limosos del Caribe son dominantes en la parte Norte de la costa Atlántica debido a que la presencia de estacionalidad permite concentración de sales a niveles que evita la adaptación de otras especies en estos terrenos. Mas al sur, el manglar no es posible de definir debido a que el continúo aporte de agua dulce de la alta precipitación baja la salinidad del terreno intermareal tolerada por otras especies que se mezclan con los mangles. A excepción de ciertas palmeras como *Raphia taedigera* (yolillo), está compuesta por árboles como *Ptererocarpus officinalis* (sangregrado) y arbustos latifoliados siempreverdes esclerófilos con raíces en zancos ó neumatóforos.

### 30. Playa tropical escasamente vegetada del Caribe, VIB1a(1a).

Ecosistema ubicado en la línea costera (0-2 msnm) donde el sustrato es arenoso, a veces rocoso, la temperatura, salinidad y disponibilidad de nutrientes posiblemente son factores limitantes que lo caracterizan. La temperatura media es entre 26 y 30 °C y la precipitación media entre 3,000 y 4,800 mm anual.

La vegetación de éstas playas consiste principalmente en cocoteros naturalizados en la línea inmediata a la playa, además se presenta icaco *(Chrysobalanus icaco)*, uva de playa *(Coccoloba uvifera)* y papta *(Acoelorraphe wrigtii)*. En la playa arenosa se presentan ciertas hierbas entre ellas: *Canavalia maritima, C. rosea, Ipomoea pes-caprae, Sesuvium portulacastrum, Sporobolus* sp., que contribuyen a la fijación de dunas, *Mimosa pudica, Crotalaria retusa, Wedelia trilobata, Clitoria rubiginosa, Stachytarpheta jamaensis, Tridax procumbens, Dactyloctetium aegyptium, Hymenocallis littoralis, Morinda citrifolia* y *Dodonea* sp.

### 31. Sabana inundada sin cobertura leñosa, VA2d(4).

Ecosistema que se desarrolla entre 0-20 msnm, y con relieve notablemente plano o casi a nivel sufre inundación frecuente y prolongada durante la mayor parte del año, tiene un drenaje muy pobre. Suelo turboso y anegado donde el exceso de humedad impide la descomposición de los residuos orgánicos, los cuales se acumulan en la superficie formando una capa turbosa de 20 a 30 cm de espesor, precipitaciones de 3,000 a 3,400 mm anuales, humedad relativa de 75 a 90% y temperaturas entre 25-27 °C de promedio anual.

### 32. Vegetación costera de transición pantanosa, VIB3b.

De 5 a 10 msnm, de relieve notablemente bajo o casi a nivel del mar sufre inundaciones frecuentes y prolongadas durante la mayor parte del año. Las temperaturas medias entre 26-30 °C y precipitaciones entre 2,600- 4,800 mm promedios anuales Este tipo de vegetación está asociada con terrenos cercanos a la costa del mar, sistemas estuarinos y lagunas costeras que se inundan periódicamente, en la región Atlántico Norte, es una continuación de los bosques riberinos con suelos entisoles e inceptisoles sedimentarios hidromórficos, lacustres y marinos con drenaje de pobre a muy pobre, de color negro por el alto contenido de materia orgánica.

### 33. Mosaico costero de transición, VIB3 = VIB3b + VA2d(4) + SA1b.

Aparecen de forma discontinua desde al sur de Cabo Gracias a Dios hasta Lagunas de Perlas, a 0-10 msnm, de relieve casi plano en inceptisoles hidromórfico. Con promedio de precipitaciones entre 2,000 y 3,500 mm anuales, temperaturas entre 24-26 °C y humedad relativa del 90%.

Se presenta como un mosaico en forma de rastrillado conformado de: 1. Franjas de vegetación costera pantanosa, 2. Charcas ó lagunas alargadas y 3. Franjas de sabana inundada sin cobertura leñosa. Posiblemente este mosaico muestre repetidas sucesiones de vegetación en terrenos que los sedimentos han ganado al mar ya que todas las franjas son paralelas a la playa.

La estructura es propicia para las aves acuáticas, reptiles como boas, Cuajipal (*Caiman crocodylus*) e iguanas verdes.

### 34. Bosque siempreverde estacional dominado por palma, IA2g(2).

De los 0-100 msnm, planicie intermedia lejos de la influencia del mar en suelos turbosos muy fibrosos que pueden ser de gran profundidad, hidromórficos, de drenaje restringido, con temperaturas medias entre 26 y 30 °C y precipitaciones medias entre 2,300 y 3,500 mm anuales.

Es un bosque de latífoliados siempreverde con elementos estacionales y con aperturas que permiten el crecimiento de un alto porcentaje (40-50%) de palmas, en terrenos que por un período del año (6-7 meses) están anegados.

### 35. Bosque siempreverde estacional aluvial periódicamente anegado, IA2f(3)(a).

De los 5 a 10 msnm, con relieve casi imperceptible, sujetos a inundaciones periódicas con suelos hidromórficos de color negro, precipitaciones entre 2,000 a 2,500 mm anuales en promedio, temperaturas medias entre 22 y 25 °C y humedad relativa del 80%.

Bosque tropical siempreverde estacional latifoliado aluvial estacionalmente anegado o saturado, en sectores con agua salobre. Muchos de los árboles tienen porte de arbustos, aparentando un charral ó matorral.

Entre las especies dominantes están: *Calophyllum brasiliense* var *rekoi*, *Vochysia hondurensis*, *Xylopia aromatica*, *X. frutescens*, *Symphonia globulifera*, *Didymopanax morotoni*, *Alchornea latifolia* y en sectores influenciados por agua salobre dominan: *Myrica cerifera*, *Acoelorraphe wrigthii* y *Conocarpus erecta*.

### 36. Bosque siempreverde estacional aluvial de galería, Ia2f(4).

De los 0-100 msnm, planicie sedimentaria de plano a ondulado con presencia de cauces fluviales largos y caudalosos, generalmente con suelos Ultisoles, arcillosos de color rojizo y cuando negro debido a la cantidad de materia orgánica. Precipitaciones de 2,750 a 3,000 mm anuales, con humedad relativa del 80% y medias de temperaturas entre 26 y 30 °C.

La importancia de estos bosques radica en su función como hábitat de conexión de biodiversidad, transporte de nutrientes entre diferentes hábitats y ecosistemas, físicamente representa un papel vital en la conservación de cuencas hidrográficas. Aporta a la conservación de agua consumida en las comunidades. Hay presencia de comunidades indígenas.

### 37. Bosque siempreverde estacional riberino, IA2f(2).

Se desarrolla entre los 0-60 msnm, planicie sedimentaria de plano a ondulado con presencia de cauces fluviales largos y caudalosos, generalmente con suelos ultisoles, arcillosos de color rojizo y negro cuando hay presencia de materia orgánica; precipitaciones de 2,000 a 2,500 mm anuales con humedad relativa del 80% y temperaturas medias de 23 a 26 °C.

La importancia de estos bosques radica en su función como hábitat de conexión de biodiversidad, nutrientes entre hábitat y ecosistemas diferentes, físicamente representa un papel vital en la conservación de cuencas hidrográficas. Aporta a la conservación de agua utilizada en las comunidades.

## 38. Bosque siempreverde estacional anegado dominado por bambú, IA2f(3)(c).

De los 5 a 200 msnm con topografía plana a ligeramente ondulada, con suelos ultisoles arcillosos rojizos negros por la cantidad de materia orgánica. En sectores vecinos a la ribera pero en la terraza alta (2-3 m), los bambúes (gramínea arborescente) han remplazando a las palmas de forma dominante (15 m de altura) cubriendo de 60 a 80% del área; el suelo arcillo-limoso es saturado pero no anegado.

## 39. Bosque siempreverde estacional aluvial moderadamente drenado, IA2a(1)(b).

Bosque entre los 0-100 msnm con planicies aluvionales suelos Ultisoles arcillosos rojizos y negruzcos cuando abundante de materia orgánica, las precipitaciones son entre los 2,500 y 3,000 mm anuales, la temperatura media entre 26 y 28 °C y humedad relativa del 80%. Es un bosque de siempreverdes latifoliados de bajura en terrenos planos de origen aluvial por lo tanto periódicamente drenado. Es una formación compuesta por elementos del bosque bien drenados ubicados en montículos, asociados con especies de bosques mal drenados (pantanosos) ubicados en los bajos. Cuando moderadamente intervenido [IA2a(1)(b)-2] faltan las especies de interés maderable.

## 40. Bosque siempreverde estacional bien drenado, IA2a(1)(a).

De los 100 400 msnm, suelos bien drenados de ondulados a accidentados metamórficos a sedimentarios en las zonas más bajas con precipitaciones entre 1,800-2,000 mm anuales y con temperaturas entre 24-25 °C con un 80% de régimen de humedad.

Es un bosque de latifoliado en terrenos ondulados a accidentados, por lo tanto, con buen drenaje. Esta compuesto predominantemente por árboles siempreverdes con cierta protección de yemas, pero la reducción foliar en la época seca es notoria, frecuentemente como defoliación parcial y algunos árboles hasta totalmente sin hojas. Es un bosque transicional entre los bosques siempreverdes y los semi-siempreverdes ó semi-decíduos.

### 41. Bosque siempreverde estacional mixto de bajura bien drenado, IA2a(1/2)(b).

De los 0-60 msnm, planicies planas con suelos arenosos bien drenados con temperaturas entre 24 y 32 °C, precipitaciones 3,000 mm anuales y una humedad relativa de 90%. Es una mezcla del bosque de latifoliados, bosque siempreverde estacional aluvial [IA2a(1)(b)] y pino (IA2a(2)), se presentan especialmente en las terrazas aluviales altas cerca de riberas de los ríos del Noreste de Nicaragua al encontrarse los bosques de latifoliados siempreverde estacionales y el pino de masas densas ó de sabanas de pino disperso [Va2d y/o Va2e]. Presenta asociaciones entre *Pinus caribea*, *Acoelorraphe wrightii* (papta), *Byrsonima crassifolia* (nancite), y *Chrysobalanus icaco* (icaco).

### 42. Bosque siempreverde estacional de pino bien drenado, IA2a(2).

Planicies sedimentarias con leve ondulación y pequeñas áreas escarpadas, de los 0 a 200 msnm. Generalmente en ultisoles ácidos, a veces en inceptisoles, arcillo-arenosos, color café-rojizo con regular drenaje pero saturados en las partes más bajas por al menos 9 meses; en sectores, se presentan en la superficie bancos de grava cuarzosa. Precipitación de 1,800 a 2,800 mm anuales, con humedad relativa mayor de 80 %, con temperatura promedio de 26 °C según isotermas de INETER. Es un bosque siempreverde con estacionalidad donde se acumulan poblaciones de pino, *Pinus caribaea* de forma densa (ya que cubre entre 40 a 50% del área) en las partes mejor drenadas (onduladas a accidentadas).

### 43. Sabana saturada, con pino, Va2d.

De los 20 a 40 msnm, con relieve casi plano de drenaje imperfecto, con suelos inseptisoles formados por conglomerados de grava y guijarros mezclados con material franco arenoso de color blancuzco, pero en el subsuelo tiene un horizonte denso de arcilla de color rojizo. Precipitación de 1,800 y 2,800 mm anuales, con humedad relativa mayor de 80 %, con temperatura promedio de 26 °C según isotermas de INETER.

### 44. Sabana inundada, con pino, VA2e.

De 20 a 40 msnm con relieve casi plano o ligeramente ondulado, sufre inundaciones frecuentes y prolongadas durante la mayor parte del año pero el escaso drenaje natural son suficientes para eliminar el exceso de agua; suelos generalmente de tipo ultisoles ácidos a veces en inceptisoles, arcillo-arenosos, color café-rojizo con regular drenaje pero saturados en las partes más bajas por al menos 9 meses; en sectores se presenta en la superficie bancos de grava cuarzosa; temperatura entre 25 y 27 °C, precipitaciones 2,000 y 2,500 mm anuales y humedad relativa del 90% anual. Tiene importancia como conservador de suelo y agua, y formador de suelo.

### 45. Bosque siempreverde pantanoso, IA1g(1).

Desde los 0-60 msnm con topografía uniformemente plana o con pendientes imperceptibles. Suelos entisoles inundables, con textura arcillosa de color rojizo, ultisoles y oxisoles que pueden presentar sectores con suelos turbosos con minerales orgánicos arcillosos grises muy fibrosos y de drenaje muy malo. Precipitaciones de 2,500 a más de 4,000 mm anuales, humedad relativa de 90% y temperaturas entre 25 y 30 °C.

Bosque de latifoliado que no se presenta a lo largo de los ríos pero son edáficamente lugares húmedos con agua dulce ó salobre. Los árboles con raíces tablares ó neumatóforos, generalmente de altura mayor de 20 m.

### 46. Bosque siempreverde pantanoso dominado por palma, IA1g(2).

De los 0-100 msnm, planicie intermedia con suelos hidromórficos, de drenaje restringido turbosos muy fibrosos que pueden ser de gran profundidad, presenta precipitaciones promedios entre 2,500 y 4,000 mm anuales, temperatura media alrededor de los 27 °C.

Vegetación de especies latífoliadas dominadas por palmas y rebrotes de árboles latifoliados. Similar que IA1g(1) pero es típico encontrar una mayor frecuencia y dominancia de palmas, entre las cuales: dominantes en diferentes sectores están: Yolillo, *Raphia taedigera* al cual se le ha observado neumatóforos y Papta, *Acoelorrhaphe wrightii*; a veces mezcladas con ellas *Manicaria saccifera, Bactris hondurensis* y *Elaeis oleifera*. Entre las latifoliadas están *Pterocarpus officinalis* (sangregrado), *Carapa guianensis* (cedro macho), raras veces *Cyathea arborea* (helecho arborescente) y algunos helechos herbáceos como: *Polystichum muricatum* y *Campyloneurum angustifolium*. Sólo si hay un buen dosel de árboles se presentarán: palmas *geonomoides* (*Geonoma congesta* y *G. procumbens*), *Socratea exorrhiza, Welfia georgii, Astrocarium alatum, Prestoea decurrens* y la enredadera ratán (*Desmoncus orthacanthos*), así como plantas similares a palmas como *Cyclanthus palmata* y *Cardulovica palmata.*

El valor ecológico del ecosistema es alto ya que es muy importante como filtrador de agua dulce que va a la zona costera, además, este ecosistema tiene un potencial investigativo por su diversidad de especies vegetales y animales.

### 47. Sabana con árboles siempreverdes, VA1b(1).

De los 0 - 20 msnm, con relieve de plano, imperfectamente y pobremente drenados, suelos histosoles desarrollados a partir de materia orgánica y entisoles franco limoso a franco arcilloso con alto contenido de materia orgánica. La media anual de precipitación va desde los 1,500 a 1,800 mm, la humedad relativa es del 83% y la temperatura entre 24-29 °C.

Dominado por zacates altos (correspondiendo a condiciones húmedas) cespitosas hemicriptofitas que amarillean durante la época seca, se pueden presentar algunas herbáceas de hoja anchas, los árboles latifoliados en grupo ó aislados están dispersos entre parches de gramíneas. Grupo de arbustos alternan en diferentes patrones en el manto gramíneo. Árboles ó arbustos pueden presentar señas de fuego, los cuales son frecuentes en la época seca.

### 48. Sabana anegadas con árboles y palma, VA1e(3).

De los 0-20 msnm con relieve de plano y desarrollados a partir de materia orgánica y sedimentos lacustres suelos histosoles y entisoles franco limosos a franco arcillo-limoso de color negro con altos contenidos de materia orgánica. La media anual de: precipitación de 1,750 mm, la humedad relativa de 83% y temperatura entre 24-29 °C.

Son sabana de graminoides altos con árboles latifoliados y presencia significativa de palmas en lugares anegados periódicamente en variados patrones de mosaico ocupando las palmas ó grupo de árboles lugares más elevados. Se presenta por lo general en la zona de la Reserva Los Guatuzos, entre el lago Cocibolca y frontera con Costa Rica.

### 49. Herbazal perenne con depósitos orgánicos, VF1d.

De los 0-100 msnm, con relieve plano y desarrollados por sedimentos y materia orgánica, suelos arcillosos de color rojizo: oxisoles e histosoles negros que son depósitos de materia orgánica más ó menos descompuesta que es frecuentemente renovada por inundación. Presenta promedios de precipitación de 1,800 mm anuales, temperatura entre 24-29 °C y humedad relativa de 83 %.

Integrado de hierbas permanentes de hojas ancha que crece abundantemente. Generalmente son poblaciones bastante densas de *Thalia geniculata*, acompañados de diferentes especies de *Jussiaea* sp., *Aeschynomene sensitiva* e *Ipomoea reptans*; en los sitios más sombreados predominan: *Heliconia* sp., *Calathea* sp. y *Heliotropium indicum* (naturalizada). En los bordes de estas comunidades es frecuente notar una Poacea alta: *Hymenachne amplexicaulis*. Se encuentra en la Reserva de Río San Juan.

### 50. Bosque siempreverde aluvial anegado, IA1f(2).

De los 5 y 10 msnm, con relieve casi imperceptible, sujetos a inundaciones periódicas, con suelos turbosos de color negro. La precipitación promedio anual se presentan entre 2,750 y 6,000 mm, temperaturas entre 22 y 24 °C y la humedad relativa es del 90%.

Similar en crecimiento y composición que los Bosques siempreverdes de bajura, aluvial, moderadamente drenado aunque mucho más rico en palmas y herbáceas gigantes como *Heliconia* sp. y *Maranta* sp. Los árboles frecuentemente presentan raíces tablares.

### 51. Bosque siempreverde aluvial de galería, IA1f(4).

De los 0-100 msnm, planicie sedimentaria de plana a ondulada, bancos de los ríos y en las terrazas inmediatas, periódicamente inundado por los cauces fluviales largos y caudalosos. Generalmente con suelos ultisoles, arcillosos de color rojizo y negro cuando con altos contenidos de materia orgánica. La precipitación promedio anual entre 2,750 y 3,000 mm anuales, humedad relativa del 80% y temperaturas medias anuales de 23 a 26 °C.

Dominado por árboles de rápido crecimiento, pobre en herbáceas en el sotobosque, excepto en lugares abiertos, las epífitas raras. Pobre en número de especies. Inmediatamente en la ribera se pueden encontrar: *Zygia longifolia, Pterocarpus officinalis, Carapa guianensis, Pachira aquatica, Dalbergia retusa*, y *Raphia taedigera* en la que se observaron neumatóforos; además, *Chrysobalanus icaco, Bambusa bambos,* y *Bactris* sp.; cuando influenciada por aguas salobres se encuentra el mangle: *Rhizophora mangle*, observados según informantes hasta 20 km río arriba. En lugares mejor drenados se presentan *Swietenia macrhopylla* (caoba), *Vochysia hondurensis* (palo de agua) y *Ceiba petandra* (ceiba).

### 52. Bosque siempreverde aluvial moderadamente drenado, IA1a(1)(b).

Bosque entre los 0-100 msnm en terrenos ondulados y planos de bajura de origen aluvial, con drenaje imperfecto se presentan suelos ultisoles arcillosos rojizos a negruzcos cuando son abundantes en materia orgánica. La precipitación pluvial promedio anual desde los 2,500 a 3,000 mm, humedad relativa del 90% y temperatura entre 26-30 °C promedio anual.

Es vecino al bosque siempreverde bien drenado que se presenta en terrenos ondulados a accidentados con similares componentes florísticos, teniendo el aquí descrito mayor número de especies que se adaptan a terrenos inundados [IA1f(2)] periódicamente. El bosque descrito presenta una forma moderadamente intervenida [IA1a(1)(b)-2], afectada en las especies de interés maderero.

Dentro de este ecosistema se encuentran las Reservas de Cerro Silva y Punta Gorda.

### 53. Bosque siempreverde de bajura bien drenado, IA1a(1)(a).

De los 0-100 msnm, suelos bien drenados de ondulados a accidentados con suelo Alfisoles y Ultisoles, metamórficos y sedimentarios en las zonas más bajas con precipitaciones de 1,800 y 3,400 mm anuales y con temperaturas entre 24-26 °C con 80% de régimen de humedad.

Este ecosistema tiene su importancia en la diversidad de especies vegetales principalmente arbóreas, que contiene por unidad de superficie, y que ha sido poco investigada. Tienen un alto potencial para el ecoturismo y en las zonas de amortiguamiento el aprovechamiento de bosques y desarrollo agropecuario sostenible. En sectores este ecosistema es sometido a la tala, quema, agricultura migratoria, y cacería de aves y mamíferos. Contienen este ecosistema la Reserva Biológica Indio Maiz y la Reserva de la Biosfera (BOSAWAS).

### 54. Bosque siempreverde montano bajo, IA1c(1).

De los 800 a los 1,500 msnm, en relieve muy accidentado, escarpado o muy escarpado, con suelos desarrollados a partir de materiales volcánicos del terciario dando lugar de rocas ácidas e inceptisoles a molisoles, alfisoles y ultisoles arcillosos amarillos y negros por la materia orgánica; el relieve escarpado promueve el escurrimiento superficial rápido y excesivo y por consiguiente los suelos tienen buen drenaje natural aún con precipitaciones entre 2,500-3,000 mm anuales, humedad relativa del 90% y temperatura entre 22-25 °C.

Es un bosque de latifoliados que corresponde a la descripción del bosque lluvioso virgen de los textos. Es abundante en todo tipo de epífitas. La dimensión de los árboles es menor que en los bosques siempreverdes de bajura y submontano (20-30 m), igualmente las copas se introducen más en el ramaje. La corteza es más ó menos dura. El sotobosque es abundante en plantas rosuladas como helechos arbóreos y pequeñas palmas; sobre el suelo se presentan muchas hierbas y criptógamas higromorfas.

### 55. Bosque siempreverde montano alto, IA1d(1).

Zona montañosa (1,500 a 1,800 msnm) con fuertes pendientes a escarpadas, rocas volcánicas básicas (basaltos, andesitas) que originaron molisoles, alfisoles y ultisoles, muy superficiales (< 25 cm), textura media, color rojizo y oscuro cuando abundantes en materia orgánica, con buen drenaje, con temperatura media anual de 20-22 °C y precipitación pluvial promedio anual de 2,000 a 3,000 mm muy bien distribuidos, aunque la precipitación total es mayor por condensación de rocío en la cobertura vegetal y suelo debido a que casi todo el tiempo está nublado.

Es un bosque de latifoliados siempreverde con algún grado de estacionalidad muy leve. La copa, ramas y troncos al igual que las lianas están densamente cubiertos de epífitas predominantemente briofitas, también el suelo cubierto de camefitas, *Selaginella* sp. y helechos herbáceos. Árboles con corteza dura y raramente exceden 20 m de altura y la presencia de diferentes especies de helechos arborescentes. Es área relicta de especies de las familias Magnoliaceae, Chlorantaceae, Lauraceae, Weinmanniaceae, Myrsinaceae, Myrtaceae, Clusiaceae y Cyatheaceae. Este hábitat es escaso sólo el 5% del territorio de Nicaragua y conviene su protección, además se logra la protección de las fuentes de agua y la estabilización del régimen climático.

### 4. Ecosistemas productivos humanizados.

### 56. Sistema agropecuario con 10-25% y 25-50 % de vegetación natural, SPA1.

Son áreas mosaicos de terrenos agrícolas, ganaderos y remanentes de bosques naturales de áreas pequeñas a medianas que en total pueden tener en ciertos sectores, generalmente agrícolas de 10 a 25 % de vegetación natural y ganaderas de 25 a 50 % de vegetación natural. En los terrenos agrícolas ó de barbecho hay predominio de hierbas (malezas) hemicriptofitas y geofitas que se adapta a la cobertura (competencia) de plantas cultivadas perennes. Hierbas anuales están presentes pero no predominantemente. La diversidad de herbáceas ha sido significativamente disminuida por el uso de herbicidas químicos.

Fig. 71.- Matiguás, Dpto de Matagalpa. Foto del autor.

## 57. Sistemas Agropecuarios de la Región Atlántica con 25 a 50% de vegetación natural, SPA1.

La agricultura tradicional de la región Atlántica es una herencia de los indígenas (Miskitos, Mayagnas, Ramaquíes) generalmente se realiza en pequeños parches de unas 2 mz en las amplias planicies riberinas en suelos aluviales, despalan el área, rozan y siembran sin agroquímicos el resto del área queda con su vegetación (bosques secundarios en diferentes estados sucesionales, entre ellos bambusales) en estos parches se producen guineos, maiz, fríjol, arroz, sandía, malanga, yuca, etc. Se menciona que las riberas del río Coco estaban llenas de coco pero que una enfermedad las arrasó. En el sector de las minas (Siuna, Bonanza y Rosita) como los suelos son de aceptable fertilidad se siembra en áreas fuera de las planicies riberinas.

La humedad se presenta alrededor de 80% en la época lluviosa descendiendo hasta 40% en la época seca. La precipitación pluvial media anual oscila de 700-

2,000 mm y la temperatura media anual de 27 a 29 °C. La vegetación remanente de los bosques decíduos es muy poca y generalmente se les encuentra en los terrenos de ladera más rocosos y riberas de algunos ríos.

## 58. Sistemas productivos con plantaciones forestales, SPB5.

A altitudes entre 200- 400 msnm, con paisaje de planicies, lomeríos y conos volcánicos del cuaternario, que debe su origen a deposiciones de material piroclástico y cenizas volcánicas como producto de erupciones recientes, cruzada por una red de pequeños ríos estaciónales y drenajes naturales que vierten al mar. Los suelos son inceptisoles de textura franco-arenosa, superficiales de color oscuro, buen drenaje y erosionados. La precipitación promedio anual es de 1,000 a 1,300 mm, la humedad relativa oscila entre 60 y 70 % y la temperatura media anual es entre 28- 29 °C.

Son áreas ubicada en el pie de monte del Cerro Negro, Las Pilas y Hoyo primordialmente de pequeños, medianos productores y algunas áreas de proyectos forestales que están incluidas en SPB intensivos, pueden sumar hasta 10,000 ha de tierras agrícolas con parches de plantaciones forestales y agroforestales principalmente de *Eucalyptus camaldulensis, Azadiractha indica* y *Gliricidia sepium*.

## 59. Sistemas de ganadería extensiva con 25 - 50% de vegetación natural, SPB6.

La ganadería es típica en las áreas de sabanas de arbustos decíduos y arbustales decíduos en la regiones Central y Pacífico, ya descrito, VA2b(2) y IIIB2 donde se ralean los arbustos espinosos, dejando los árboles esparcidos y a veces se siembra Jaragua (*Hyparrhenia rufa*), Angleton (*Dichantium aristatus*) y Gamba (*Andropogon guyanus*). Sin embargo, hay un área más extensa de ganadería extensiva ubicada en la frontera agrícola, detectable en las imágenes satélite en la parte oeste de Wawashan hacia el suroeste hasta el Rama y se conecta con las áreas ganaderas de Chontales (Santo Tomás, Santo Domingo, etc.) y Boaco, son áreas que han sido parcialmente despaladas dejando remanentes y rebrotes de los bosques siempreverde y semi-decíduo. Las áreas una vez fueron empastadas con Zacate Indio (una variedad de *Panicum maximum* que resiste humedad) y Zacate Jaragua en sectores semi-decíduos y decíduos, en la actualidad por la depresión de la ganadería, se han abandonado mucho, por lo tanto es más general encontrar potreros con pastos naturales (*Paspalum* sp).y malezas herbáceas y arbustivas. En el sector semi-decíduo es típico observar las sabanas con árboles de roble, macuelizo (*Tabebuia rosea*) en áreas bastante extensas.

## 60. Camaronera y/o salina, SPC1.

En los bancos intermareales (ó Salitreras) hay grandes extensiones planas de arena y fango que forman playones cubiertos por depósitos salinos que se utilizan como salinas (para extracción de sal) ó como granjas camaroneras.

Fig. 72.- Poneloya, León. Foto del autor.

## 61. Centros poblados, U1.

Espacio ocupado por asentamientos y actividades humanas conexas: pueblos ó ciudades.

Fig. 73.- La Concordia, Jinotega. Foto del autor.

**5. Otros ecosistemas de areas pequeñas (no mapeables):**

**62. Herbazal de bordes de bosques, VF1a.**

Aparece en angostas bandas transicionales como bordes ó margen entre los bosques y otras formaciones herbáceas, compuestos de hemicriptófitas, geofitas y terofitas que crecen más vigorosamente que las pasturas ó praderas adyacentes. Su composición depende de los tipos de vegetación de los cuales son ecotonos. Por ejemplo:

1. En el borde entre el bosque pantanoso con palma y las sabanas de pinares del Atlántico Norte, se encuentra: *Tripsacum latifolium, Ischaemum latifolium, Helicteres guazumifolia, Hibiscus* sp., *Abutilon* sp., *Panicum* sp., *Hyptis savannarum, Waltheria indica, Lantana camara, Clitoria rubiginosa, Tripsacum latifolium,* y *Geophilla* sp.

2. En el borde entre el bosque deciduo de bajura y la sabana de arbustos decíduo, se encuentra una faja con: *Aristida jorulensis, Baltimora recta, Melanthera hastata, Tithonia rotundifolia, Lippia cardiostegia* y *Croton niveus.*

## 63. Herbazal matorraloso de helechos, VF1c.

Dominancia de *Pteridium acquilinum, Dicranopteris* sp. ó *Sticherus* sp., en poblaciones puras ó casi puras de hasta 1 m de altura en terrenos bajo la influencia de quemas ó cerca matorrales pastados entre regiones boscosas de la vegetación siempreverde estacional de bajura, premontano y montano bajo, a veces cubre áreas considerables pero no mapeables.

## 64. Vegetación escasa en acantilados rocosos, VIa1a + VI1b.

Vegetación que crece sobre rocas: casmofítica (enraizadas en las grietas) acompañadas de suculentas como cactáceas, agaváceas y similares. Se le puede ubicar a partir de las coordenadas: N 13°16' 35.6" y O 86°39' 06.2".

Entre las pocas especies que se encuentran están de forma repetida: *Guaiacum sactum* y *Ficus* sp., de forma achaparrada (bonsái natural), una palma *Brahea salvadorensis, Aechmea* sp., *Agave americana, Agave* sp. (de hoja casi acorazonada), *Opuntia lutea, Deamia testudo, Mammilaria* sp. y una Orchidaceae.

Fig. 74.- Chacocente, Carazo. Foto del autor.

## Otras clasificaciones.

Holdridge: el sistema de zonas de vida de HOLDRIDGE (1947), está basado en tres variables climáticas de larga duración: precipitación media anual, "biotemperatura" media anual y evapotranspiración potencial. Este sistema tiene muchos inconvenientes con respecto a varios tipos de vegetación.

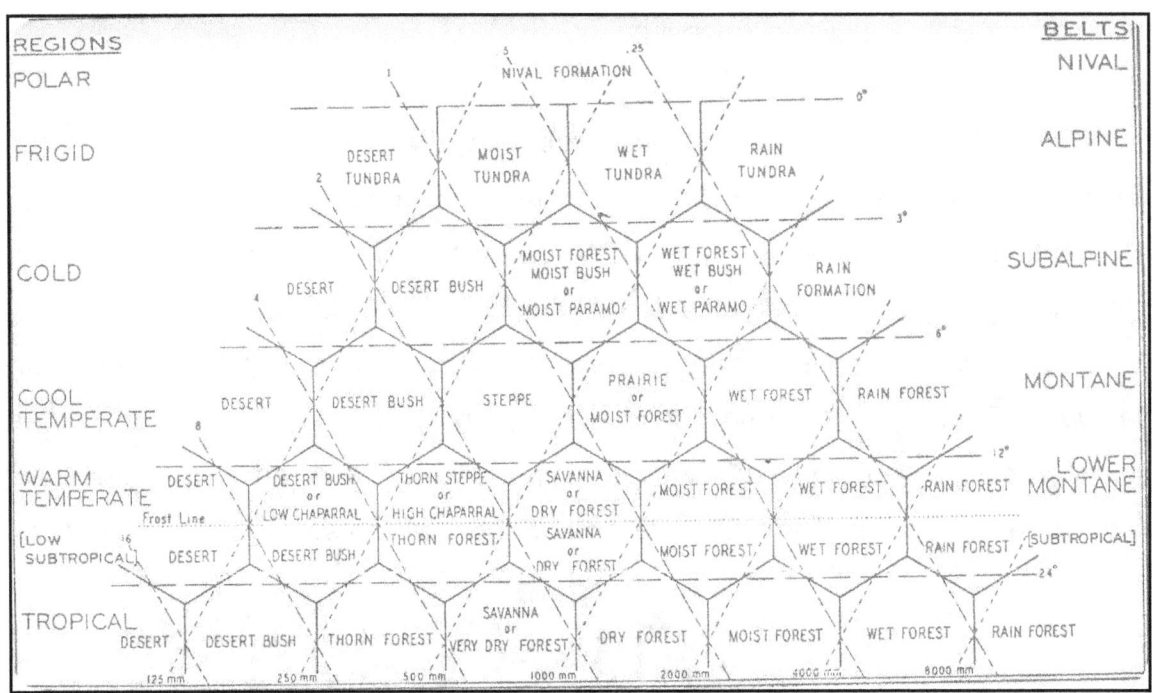

Fig. 75.- Sistema de Holdridge (1967).

## Clasificaciones nacionales:

Teniendo en cuenta la geomorfología del país, existen dos clasificaciones del mismo, la de INCER (1973) y la de OVIEDO (1993).

Con todo, se debe mencionar que existen diferencias entre los especialistas respecto a los límites de la región del Pacífico en su zona este. En nuestro caso, hemos seguido, por razones prácticas, los criterios de INCER (1973) y de OVIEDO (1993), aunque para la descripción de las subregiones se ha seguido a FENZL (1989) (Figs. 76 y 77).

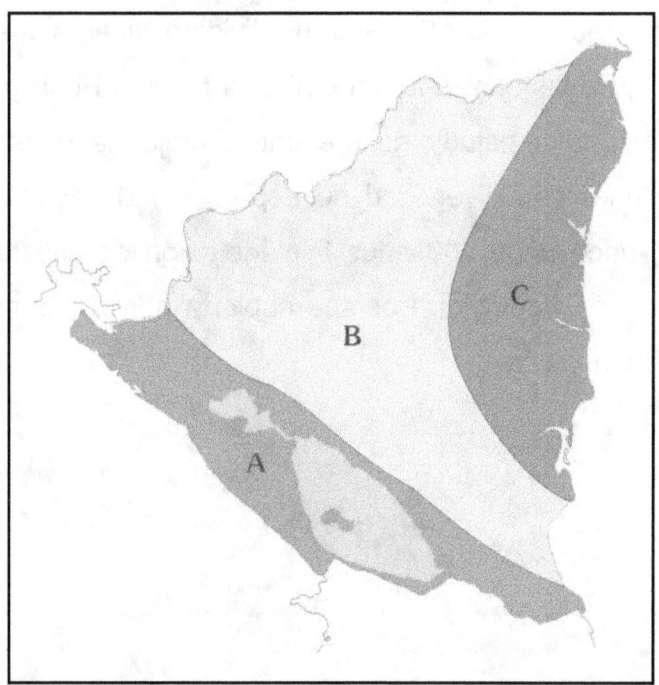

Fig. 76.- Zonas naturales de Nicaragua según FENZL (1989) (A); B: Región Centro Norte, C: Región Atlántica. Mapa de Lorena Campo.

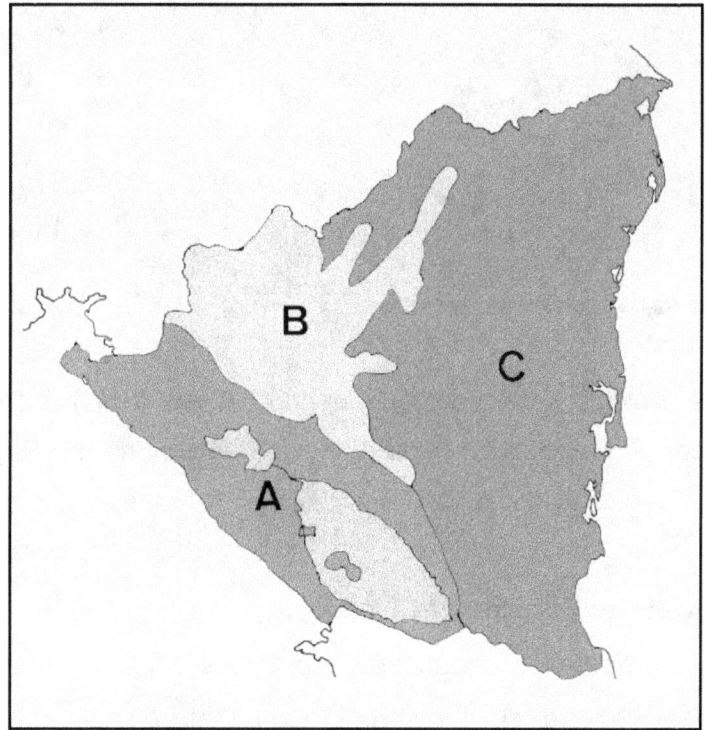

Fig. 77.- Zonas naturales de Nicaragua según OVIEDO (1993) e INCER (1973) (A); B: Región Centro Norte, C: Región Atlántica. Mapa de Lorena Campo.

De acuerdo a la vegetación, SALAS (1993) ha dividido Nicaragua en cuatro regiones ecológicas (Fig. 78), de las cuales la denominada Región Ecológica I, coincide casi exactamente con la zona de estudio del presente trabajo. La vegetación de la Región Ecológica I reúne una gran diversidad de especies y de asociaciones vegetales. Según este autor, hace unos 200 años la vegetación de Nicaragua estaba poco intervenida y, la Región Ecológica I estaba cubierta por las formaciones vegetales que se indican a continuación.

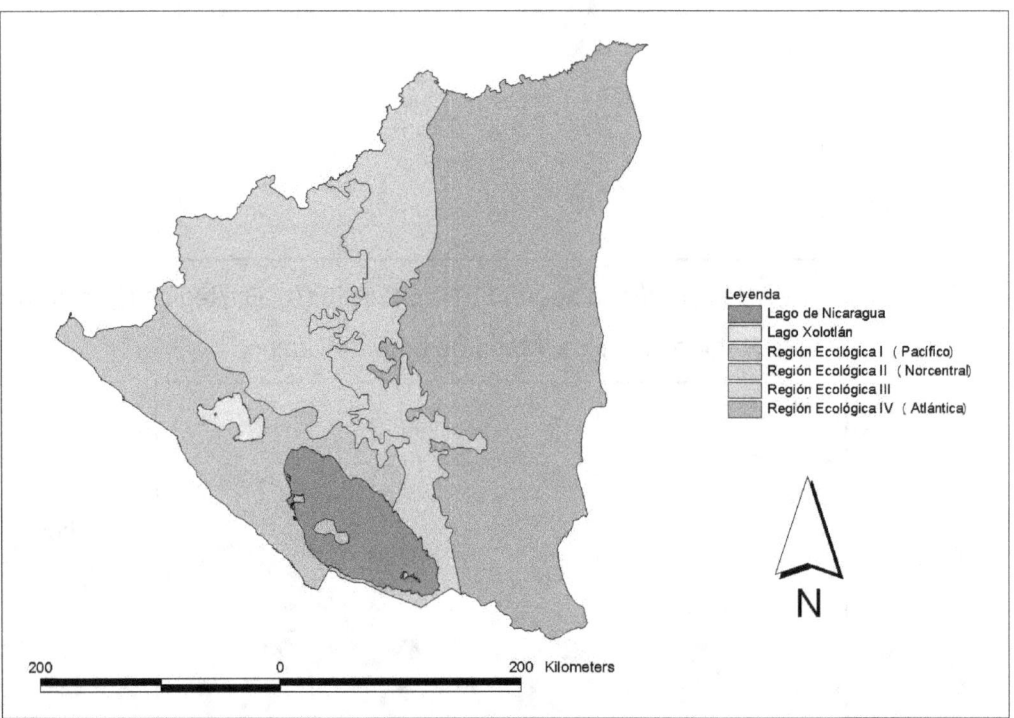

Fig. 78.- Regiones ecológicas de Nicaragua, según SALAS (1993). I: Región Ecológica I (Sector del Pacífico); II: Región Ecológica II (Sector Norcentral); III: Región Ecológica III (Sector Central); IV: Región Ecológica IV (Sector Atlántico). Mapa del autor.

**Formaciones Vegetales Zonales del Trópico:**

1. Bosques bajos o medianos caducifolios de zonas cálidas y secas. 750 a 1,250 mm, 26 a 29 °C, 0 a 500 m snm. Llueve de Mayo a Octubre.

2. Bosques bajos o medianos subcaducifolios de zonas cálidas y semihúmedas. 1,200 a 1,900 mm, 26 a 28 °C, 0 a 500 m snm. Llueve de Mayo a Noviembre.

3. Bosques medianos o altos perennifolios de zonas muy frescas y húmedas. En las prominencias de la Cordillera de los Maribios y en la Meseta de los Pueblos. 800 a 1,880 mm, 22 a 24 °C, 300 a 1,500 m snm. Llueve de Mayo a Diciembre.

4. Bosques medianos o altos perennifolios de zonas muy frescas y húmedas (Nebliselvas de altura). En las partes más altas de los volcanes San Cristóbal, Mombacho, Concepción y Maderas. 1,250 a 1,500 mm, 20 a 22 °C, 1,000 a 1,745 m snm. Llueve de Mayo a Enero.

**Formaciones Vegetales Azonales del Trópico:**

1. Bosques bajos de esteros y marismas (Manglares del litoral del Océano Pacífico). 1,200 a 1,900 mm, 26 a 28 °C, 0 a 6 m snm. Llueve de Mayo a Noviembre.

2. Bosques bajos de sitios inundados periódicamente con agua salada (Praderas salinas frente al Golfo de Fonseca). 1,900 mm, 26 a 28 °C, 0 a 6 m snm. Llueve de Mayo a Noviembre.

3. Bosques medianos a altos de sitios inundados periódicamente o permanentemente con agua dulce (Márgenes del lago de Nicaragua). 1,500 a 2,750 mm, 26 a 28 °C, 39 a 49 m snm. Llueve de Mayo a Diciembre. También se pueden incluir en este apartado los "Bosques de galería", que se encuentran en las márgenes de los ríos.

Según SALAS (1993), las Formaciones Vegetales (Formaciones Forestales) Zonales son aquellas que se han formado como resultado de las condiciones climáticas imperantes en cada zona. En cambio, las Formaciones Vegetales Azonales son aquellas cuyo surgimiento es independiente de las condiciones climáticas imperantes, como es el caso de los Bosques de Galería, cuya composición florística y expresión de crecimiento en altura no corresponde a la formación vegetal zonal dentro de la cual se encuentra inmersa.

Este autor se refiere también a otra clasificación que considera a las Formaciones Vegetales como Naturales o Artificiales. Dentro de las primeras se encuentran las anteriormente citadas Zonales y Azonales. Las Formaciones Vegetales Artificiales son todas las producidas por la actividad humana desarrollada en el uso de la tierra y en el aprovechamiento de los recursos naturales y son las siguientes:

1) Bosque tropical árido caducifolio.

2) Bosque abierto en galería.

3) Bosque bajo sabanero con matorral abundante de tipo caducifolio.

4) Matorrales espinosos.

5) Sabana herbácea.

6) Sabana semidesértica.

7) Llanos.

8) Sabanetas.

La gran mayoría de las especies arborescentes de los bosques de las Formaciones Vegetales Naturales del Pacífico nicaragüense existen actualmente solo en pequeños fragmentos relictivos y sus especies predominantes son las siguientes.

- *Astronium graveolens* (palo obero).

- *Bombacopsis quinata* (pochote).

- *Cedrela odorata* (cedro real).

- *Cordia alliodora* (laurel negro).

- *Chlorophora tinctoria* (mora).

- *Diphysa robinioides* (guachipilín).

- *Godmania aesculifolia* (cacalogüiste).

- *Mastichodendron capiri* (tempisque).

- *Sterculia apetala* (panamá).

- *Swietenia humilis* (caoba del pacífico).

Paralelamente a la reducción de las especies anteriores, otras especies, también arborescentes, han aumentado sus poblaciones. Estas especies son las siguientes:

- *Acasia farnesiana* (aromo).

- *Byrsonina crassifolia* (nancite).

- *Cordia truncatifolia* (tigüilote macho).

- *Crescentia alata* (jícaro sabanero).

- *Pithecellobium dulce* (espino de playa).

- *Rehdera trinervis* (chicharrón blanco).

- *Tecoma stans* (sardinillo).

En la región Ecológica I (Región del Pacífico) son muy notorios los grandes conglomerados de flora menor que se producen en el campo, especialmente al final de la estación lluviosa, durante los meses de Octubre y Noviembre. Algunas de estas especies son las siguientes:

- *Achirantes indica* (chilillo).
- *Aeschynomene americana* (tamarindo).
- *Amaranthus espinosus* (bledo).
- *Argemone mexicana* (cardosanto).
- *Aristida ternipes* (zacate crín de macho).
- *Baltimora recta* (flor amarilla).
- *Bromelia karatas* (piñuela).
- *Bromelia pinguin* (piñuela).
- *Byttneria aculeata* (bebechicha).
- *Capsicum frutescens* (chile montero).
- *Cenchrus brownii* (mozote).

**Endemismo, provincialismo y cosmopolitanismo.**

Las especies de acuerdo a sus áreas de distribución geográficas se pueden clasificar en:

1) **Cosmopolita:** se extiende por todo el conjunto del planeta.
2) **Circunterrestre:** ciertas áreas que se extienden alrededor del globo, pero quedando localizadas entre límites latitudinales precisos.
3) **Endémicas:** estrictamente localizadas en un territorio que puede ser de extensión muy variable.

Un indicador interesante del contenido de endemismos de diferentes tipos en una comunidad es el **Indice Biogeográfico,** este nos permite tener un dato cunatitativo que nos permita tomar desiciones en cuanto a qué comunidades priorizar de cara a su conservación.

El índice biogeográfico **IB** (PÉREZ *et al.* 1996), cuantifica la calidad de las especies que componen la comunidad. Para esto las especies se distribuyen en las siguientes categorías biogeográficas:

a. Especies endémicas (5)
b. Especies centroamericanas (4)
c. Especies antillanas (3)
d. Especies México-norteamericanas y suramericanas (2)
e. Especies de amplia distribución (1)

En las cuales el valor más alto es asignado al ámbito de distribución más estrecho, en este caso las especies endémicas. El valor del IB es un valor comunitario y matemáticamente no es más que un promedio de los valores de distribución asignados a las especies.

Si partimos de la matriz de trabajo los valores son como sigue:

| Especies | Valores de distribución |
|---|---|
| *Alcadia hispida* | 5 |
| *Farcimen tortum* | 5 |
| *Lamellaxis gracillis* | 1 |
| *Subulina octona* | 1 |
| *Gongylostoma elegans* | 5 |
| *Liguus fasciatus* | 3 |
| *Lacteoluna selenina* | 1 |
| *Zachrysia auricoma* | 5 |
| *Cysticopis exauberi* | 5 |
| **IB** | **3.44** |

**Endemismos de Nicaragua.**

Los endemismos de Nicaragua se presentan en el Cuadro 3. El número de endemismos no es elevado debido a la condición de continentalidad de la biota de Nicaragua, así como su condición de zona de tránsito entre las faunas del norte y del sur del continente. Los valores más altos se presentan en peces debido a los procesos de aislamiento.

Cuadro 3.- Cantidad de especies por taxa.

| Taxa | Cantidad de especies |
|---|---|
| Flora | 65 |
| Moluscos | 15 |
| Crustáceos | 1 |
| Peces | 19 |
| Anfibios | 6 |
| Reptiles | 4 |
| Mamíferos | 2 |
| **Total** | **110** |

Los endemismos para cada uno de los grupos antes citados se presentan en los siguientes cuadros.

Cuadro 4.- Especies de plantas endémicas de Nicaragua (1.GRIJALVA, 1999, 2.MOGOT, en línea).

| No. | Nombre científico | Localidad | Referencia |
|---|---|---|---|
| 1 | *Anthurium beltianum* Standl. & L.O. Williams (Araceae) | Dept. Jinotega: terrestre en bosque denso, mixto, húmedo, de poca altura, sierra oeste de Jinotega, vereda hacia Cerro de la Cruz, alt. 1050-1350 m. | 1, 2 |
| 2 | *Baskervilla nicaraguensis* Hamer & Garay (Orchidaceae) | Granada: Vólcan Mombacho, Plan del Flores to W rim. | 1, 2 |
| 3 | *Bletia purpurea* var. *alba* Ariza Julia & J. Jiménez (Orchidaceae) | Zelaya, Coord. 13.46N 085.03W. | 1, 2, Fig. 77 |
| 4 | *Bonamia douglasii* D.F. Austin (Convolvulaceae) | Chontales: Hacienda Veracruz, 12°11'N 85°22'W. | 1, 2 |
| 5 | *Centrosema seymourianum* Fantz (Fabaceae) | Cerca de la ciudad de Granada. | 1, 2 |
| 6 | *Chodrorhyncha helleri* Fowlie (Orchidaceae) | Matagalpa. | 1, 2 |
| 7 | *Clethra nicaraguensis* C. W. Ham (Clethraceae) | Carretera Matagalpa-Jinotega, km 133-134. | 1, 2 |
| 8 | *Coursetia apantensis* M. Sousa (Fabaceae) | Matagalpa: Cerro Apante. | 1, 2 |

| No. | Nombre científico | Localidad | Referencia |
|---|---|---|---|
| 9 | *Coursetia paucifoliolata* M. Sousa (Fabaceae) | Estelí: en el camino Condega a Yali, 16.9 km SE del Valle Santa Rosa, 13.23N 86.17W. | 1, 2 |
| 10 | *Coursetia polyphylla* var. *acutifolia* M. Sousa & Lavin (Fabaceae) | Matagalpa, El Tuma, 30 km E of Matagalpa, 350 m. | 1, 2 |
| 11 | *Coursetia subrotunda* Sleum (Fabaceae) | ? | 1, 2 |
| 12 | *Cranichis revoluta* Hamer & Garay (Orchidaceae) | ? | 1, 2 |
| 13 | *Diospyros morenoi* A. Pool (Ebenaceae) | Dept. Madriz: S of Somoto, between Valle Santa Teresa and El Rodeo, 13°27'N, 86°34'W, 800-900 m, heavily grazed oak forest on rocky slopes. | 1, 2 |
| 14 | *Echeveria quisucana* D. Brunner. (Crassulaceae) | ? | 1, 2 |
| 15 | *Epidendrum glumarum* Hamer & Garay (Orchidaceae) | Volcán Mombacho, Granada; 1200–1220 m. | 1, 2 |
| 16 | *Epidendrum hawkesii* A.H. Heller (Orchidaceae) | Zelaya: Rama (Roosevelt) Highway, beyond Río Mico bridge, frequent stilt-rooted orchid on moist grassy roadside bank, alt. about 400-600 ft. | 1, 2 |
| 17 | *Epidendrum vulcanicola* A.H. Heller (Orchidaceae) | Rivas: uncommon epiphytic herb in mossy cloud forest, Madera Volcano, Omotepe Island in Lake Nicaragua, alt. 1260 m. | 1, 2 |
| 18 | *Eurystyles boreales* A.H. Heller (Orchidaceae) | Nueva Segovia. | 1, 2 |
| 19 | *Gaultheria subrotunda* Sleum (Ericaceae) | Rivas: Ometepe at the summit. | 1, 2 |
| 20 | *Habenaria oerstedii* Rchb.f. (Orchidaceae) | Matagalpa: 1300 m, [12.55N 85.40W]. | 1, 2 |
| 21 | *Hedyosmum goudotianum* var. *mombachanum* Todzia | Común en nebliselvas, zona Pacífica; 740–1300 | 1, 2 |

| No. | Nombre científico | Localidad | Referencia |
|---|---|---|---|
|  | (Chloranthaceae) | m. |  |
| 22 | *Heliocereus aurantiacus* Kimnach (Cactaceae) | Prov. Jinotega: Potter's Folly, between Santa Maria Ostumes and Jinotega, 4500 ft alt. | 1, 2 |
| 23 | *Hoffmannia gesnerioides* (Oerst.) Kuntze (Rubiaceae) | Frecuente en bosques húmedos y premontanos, zona norcentral; 600–1700 m. | 1, 2 |
| 24 | *Hoffmannia oreophila* L.O. Williams (Rubiaceae) | Matagalpa: cloud forest near Santa María de Ostuma, Cordillera Central de Nicaragua, between Matagalpa and Jinotega, alt.1500 m. | 1, 2 |
| 25 | *Jacquinia montana* Sathl (Theophrastaceae) | Jinotega, Cerro de la Cruz and vicinity, W of Jinotega, alt. 1200-1400 m. | 1, 2 |
| 26 | *Jatropha stevensii* Webster (Euphorbiaceae) | Boaco: 1.6 km SW of Santa Cruz, low ridge of basaltic lava, 140-160 m, 12.24 N 85.50 W. | 1, 2 |
| 27 | *Kegeliella atropilosa* L.O. Williams & A.H. Heller (Orchidaceae) | Chontales: in forest on Pistacho Peak near Babilonia mine, alt. 570 m. Zelaya. | 1, 2 |
| 28 | *Lepanthes helleri* A.D. Hawkes (Orchidaceae) | Jinotega: Jinotega Rock Quarry, epiphyte on dry branchlets of small trees, common where found, alt. 4700 ft. | 1, 2 |
| 29 | *Lobelia zelayensis* Wilbur (Campanulaceae) | Zelaya: Cerro El Hormiguerro, W range, ca. 13°44'N, 85°00'W, alt. 1100-1183 m., dense virgin elfin forest. | 1, 2 |
| 30 | *Lonchocarpus bicolor* M. Sousa (Fabaceae) | Zelaya: near Lago Siempre Viva, 12 km SW of Bonanza. | 1, 2 |
| 31 | *Lonchocarpus monticolus* M. Sousa (Fabaceae) | Estelí: Cerro Tisey, a 8 km al SE de Esteli. | 1, 2 |
| 32 | *Lonchocarpus morenoi* M. | Estelí: Cerro Quiniento, | 1, 2 |

| No. | Nombre científico | Localidad | Referencia |
|---|---|---|---|
|  | Sousa (Fabaceae) | Hda. La Grecia, Mun. San Juan de Limay. |  |
| 33 | *Lonchocarpus pilosus* M. Sousa (Fabaceae) | Matagalpa: Santa Maria de Ostuma. | 1, 2 |
| 34 | *Lundellianthus herramanii* Strother (Orchidaceae) | ? | 1, 2 |
| 35 | *Macleania subracemosa* L.O. Williams (Ericaceae) | Matagalpa: cloud forest, Sta. Maria de Ostuma, Cordillera Central de Nicar., between Matagalpa and Jinotega, alt. 1300-1500 m. | 1, 2 |
| 36 | *Masdevallia nicaraguae* Luer (Orchidaceae) | Granada: epiphytic in cloud forest on Mombacho Volcano. | 1, 2 |
| 37 | *Maxillaria mombachoensis* A.H. Séller ex J.T. Atwood (Orchidaceae) | Granada: Volcán Mombacho. | **1, 2, Fig. 78** |
| 38 | *Meliosma corymbosa* A. Gentry (Sabiaceae) | Matagalpa: Cordillera Darienense near Aranjuez, 15 km N of Matagalpa, 1400 m alt. | 1, 2 |
| 39 | *Meliosma nanarum* A. Gentry (Sabiaceae) | Zelaya: Cerro El Hormiguero, west range, ca. 13.44N 85.00W, 1100-1183 m. | 1, 2 |
| 40 | *Mortiniella pittieri* Woodson | ? | 1, 2 |
| 41 | *Myrmecolaelia fuchsii* Hamer (Orchidaceae) | Esteli. | 1, 2 |
| 42 | *Nectandra mirafloris* van der Werff (Lauraceae) | Jinotega: Laguna de Miraflores, small tree at edge of swamp, 1200 m. | 1, 2 |
| 43 | *Ocotea nicaraguensis* Mez (Lauraceae) | San Juan del Norte: near San Juan. | 1, 2 |
| 44 | *Ocotea strigosa* van der Werff (Lauraceae) | Matagalpa: W slope and summit of Cerro El Picacho, cloud and elfin forest, 1350-1590 m. | 1, 2 |
| 45 | *Paragonia trunciflora* Standl | ? | 1, 2 |

| No. | Nombre científico | Localidad | Referencia |
|---|---|---|---|
| 46 | *Parmenteria trunciflora* Standley & L.O. Williams (Bignoniaceae) | ? | 1, 2 |
| 47 | *Peperomia matagalpensis* W. Buerger (Piperaceae) | In mossy forest at 1800 m., above Jinotega. | 1, 2 |
| 48 | *Phoradendron molinae* Kuijt (Viscaceae) | Madriz: cut over cloud forest area on Volcán Somoto, 10 km S of Somoto, 1400 m. | 1, 2 |
| 49 | *Phoradendron zelayanum* Kuijt (Viscaceae) | Zelaya: N of abandoned airstrip near Alamikamba, along tributary of Caño Alamikamba. | 1, 2 |
| 50 | *Pleurothalis chontalensis* A.H. Heller & A.D. Hawkes (Orchidaceae) | Chontales. | 1, 2 |
| 51 | *Pleurothalis exesilabia* A.H. Heller & A.D. Hawkes (Orchidaceae) | Jinotega. | 1, 2 |
| 52 | *Psittachanthus minor* Kuijt (Loranthaceae) | ? | 1, 2 |
| 53 | *Quararibea funebris* spp. *nicaraguensis* W. Alverson (Bombacaceae) | Matagalpa: Finca Santa María de Ostuma. Cordillera Central de Nicaragua, 1400 m. | 1, 2 |
| 54 | *Randia nicaraguensis* Lorence & Dwyer (Rubiaceae) | Estelí: 4.9-7.6 km NE of Hwy 1 at Estelí along road to Yalí, ca. 13.08-09 N, 86.19-20 W, 1100 m. | 1, 2 |
| 55 | *Rhynchospora waspamensis* Oral & W. Thomas (Cyperaceae) | Zelaya: Waspam, elev. 20 m, among small fan palms in pond. | 1, 2 |
| 56 | *Rondeletia nicaraguensis* Oerst (Rubiaceae) | Matagalpa: Segovia, in monte Pantasmo. | 1, 2 |
| 57 | *Rubus ostumensis* A. Molina (Rosaceae) | Matagalpa: edge of forest El Arenal between Aránjuez and Santa Martha, alt. 1400 m. | 1, 2 |
| 58 | *Serjania setulosa* Randlk (Sapindaceae) | San Juan del Norte. | 1, 2 |
| 59 | *Sobralia chatoensis* A.H. | Boaco: Cerro Chato, | 1, 2 |

| No. | Nombre científico | Localidad | Referencia |
|---|---|---|---|
| | Heller & A.D. Hawkes (Orchidaceae) | epiphytic, alt. 2500 ft. | |
| 60 | *Sobralia helleri* A.D. Hawkes (Orchidaceae) | Rivas: Volcán Maderas, Isla de Ometepe, Lago de Nicaragua, epiphyte in mossy rain forest, alt. 4000 ft. | 1, 2 |
| 61 | *Sobralia triandra* A.H. Séller & A.D. Hawkes (Orchidaceae) | Jinotega: Macizo de Peñas Blancas, epiphytic, alt. 2500 ft. | 1, 2 |
| 62 | *Stellilabium helleri* L.O. Williams (Orchidaceae) | Matagalpa: on fallen tree 200 m S of where Santa Cecilia Finca road branches off of Bavaria Finca road, near 14.29N 85.47W, alt. 1100 m. | 1, 2 |
| 63 | *Styphnolobium caudatum* M. Sousa & Rudd (Fabaceae) | Estelí: Salto de Estanzuela, 6 km al S de Estelí, 13°02'N, 86°22'O. | 1, 2 |
| 64 | *Swartzia somorum* A. Molina (Fabaceae) | ? | 1, 2 |
| 65 | *Vanilla helleri* A.D. Hawkes (Orchidaceae) | Chontales: 2 miles south of La Libertad on the road to Santo Tomás, growing as a vine on a wild avocado (*Persea* sp.) tree, alt. 1900 ft. | 1, 2 |

Fig. 79.- *Bletia purpurea* var. *alba* Ariza Julia & J. Jiménez (Orchidaceae) (Foto tomada de Weber, 2001).

Fig. 80.- *Maxillaria mombachoensis* A.H. Séller ex J.T. Atwood (Foto tomada de Weber, 2001).

Cuadro 5.- Especies endémicas de fauna por taxa.

A. Moluscos (PÉREZ et al. 2003).

| No. | Nombre científico | Localidad | Nombre común |
|---|---|---|---|
| 1. | *Neocyclotus dysoni nicaraguense* Bartsch & Morrison, 1942 | Pacífico de Nicaragua. | neocyclotus, Fig. 79. |
| 2. | *Aplexa nicaraguana* (Morelet, 1851) | Pacífico de Nicaragua. | aplexa. |
| 3. | *Biomphalaria* sp. | Pacífico de Nicaragua. | biomfalaria. |
| 4. | *Helisoma nicaraguanus* (Morelet, 1851) | Pacífico de Nicaragua. | helisoma |
| 5. | *Strobilops* sp. | Pacífico de Nicaragua. | estrobilo. |
| 6. | *Gastrocopta gularis* Thompson & López, 1996 | Pacífico de Nicaragua. | caracol dentado. |
| 7. | *Beckianum sinistrum* (Martens, 1898) | Pacífico de Nicaragua. | beckiano. |
| 8. | *Beckianum* sp. | Ciudad de Rivas, 5 km oeste, Pacífico de Nicaragua. | beckiano. |
| 9. | *Leptinaria* sp. | Dptos. de Chontales y Masaya, Pacífico de Nicaragua. | leptinaria. |
| 10. | *Pseudopeas* sp. | Isletas de Granada, Nicaragua. | pseudopeas. |
| 11. | *Euglandina obtusa* (Pfeiffer, 1844) | Pacífico de Nicaragua. | euglandina, Fig. 80. |
| 12. | *Spiraxis* sp. | Pacífico de Nicaragua. | espiraxis. |
| 13. | *Glyphyalinia* sp. | Pacífico de Nicaragua. | glyfialinia. |
| 14. | *Radiodiscus* sp. | Pacífico de Nicaragua. | radiodiscus. |
| 15. | *Miradiscops opal* (Pilsbry, 1919) | Pacífico de Nicaragua. | miradisco. |

Fig. 81.- *Neocyclotus dysoni nicaraguense* Bartsch & Morrison, 1942. Foto de Imanol Gaztambide.

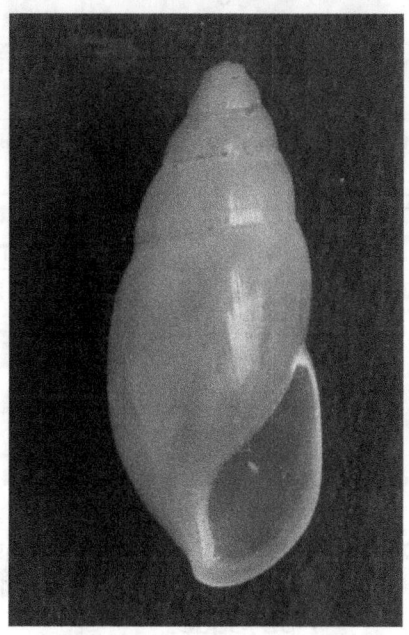

Fig. 82.- *Euglandina obtusa* (Pfeiffer, 1844). Foto de Imanol Gaztambide.

**B. Crustáceos** (MATLOCK, D.B. y L.A. WILLIAMS, 2005).

| No. | Nombre científico | Localidad | Nombre común |
|---|---|---|---|
| 1 | *Potamocarcinus* sp. | Rio San Juan, Dpto de RSJ. | cangrejo de rio. |

## C. Peces (1.MARTÍNEZ-SANCHEZ *et al.* 2001; 2.STAUFFER y MCKAYE, 2002; 3.VILLA, 1982).

| No. | Nombre científico | Localidad | Nombre común | Referencia |
|---|---|---|---|---|
| 1. | *Dorosoma chavesi* Meek, 1907 | Grandes lagos y Laguna de Xiloá. | sabalete de Cháves. | 3,1 |
| 2. | *Rhamdia barbata* Meek, 1907 | Grandes lagos. | barbudo. | 3,1 |
| 3. | *Rhamdia luigiana* Villa, 1977 | ¿? | chulín de fondo. | 3,1 |
| 4. | *Rhamdia managuense* (Gunther) | Lago de Nicaragua. | chulín de Managua. | 3,1 |
| 5. | *Rhamdia nicararaguense* (Gunther, 1964) | Grandes lagos y Laguna de Xiloá. | chulín de Nicaragua. | 3,1 |
| 6. | *Poecilia* sp. | Laguna de Apoyo. | poecilia | 3,1 |
| 7. | *Melaniris jiloaensis* Bussing, 1980 | Laguna de Xiloá. | sardina de Xiloá. | 3,1 |
| 8. | *Melaniris milleri* Bussing, 1980 | Laguna de Xiloá. | sardina de Miller. | 3,1 |
| 9. | *Melaniris sardina* Meek, 1907) | Lago de Nicaragua, Lagunas de Masaya, Xiloá y Rio Sapoá. | sardina nica. | 3,1 |
| 10. | *Pomadasys grandis* Meek, 1907 | Lago de Nicaragua. | tronador. | 3,1 |
| 11. | *Amphilophus labiatus* (Gunther, 1864) | Grandes lagos, Laguna de Apoyeque, Masaya y Xiloá. | mojarra picuda. | 3,2,1 |
| 12. | *Amphilophus zaliosus* (Barlow, 1976) | Laguna de Apoyo. | mojarra flecha. | 3,2,1 |
| 13. | *Amphilophus amarillo* Stauffer & McKaye, 2002 | Laguna de Xiloá. | mojarra amarilla. | 3, 2, 1, Fig. 81 |
| 14. | *Amphilophus sagittae* Stauffer & McKaye, 2002 | Laguna de Xiloá. | mojarra sagitada. | 3, 2, 1, Fig. 82 |
| 15. | *Amphilophus xiloaensis* Stauffer & McKaye, 2002 | Laguna de Xiloá. | mojarra de Xiloá. | 3, 2, 1 |
| 16. | *Amphilophus astorquii* | Laguna de | ? | 3 |

| No. | Nombre científico | Localidad | Nombre común | Referencia |
|-----|-------------------|-----------|--------------|------------|
|     | Stauffer *et al.* 2008 | Apoyo |  |  |
| 17. | *Amphilophus chancho* Stauffer *et al.* 2008 | Laguna de Apoyo | ? | 3 |
| 18. | *Amphilophus flaveolus* Stauffer *et al.* 2008 | Laguna de Apoyo | ? | 3 |
| 19. | *Bathygobius* sp. | Poneloya y Rio Tamarindo. | ? | 3 |

Fig. 83.- *Amphilophus amarillo* (Stauffer & McKaye, 2002) (Foto Stauffer & McKaye, 2002).

# Biogeografía aplicada

Fig. 84.- *Amphilophus sagittae* (Stauffer & McKaye, 2002) (Foto de Stauffer & McKaye, 2002).

## D. Anfibios (KOHLER, 2001, KOHLER Y SUNYER).

| No. | Nombre científico | Localidad | Nombre común | Referencia |
|---|---|---|---|---|
| 1 | *Bolitoglossa mombachoensis* Köhler y McCranie, 1999 | Volcán Mombacho. | salamandra del Mombacho. | 1,2, Fig. 83. |
| 2 | *Nototriton saslaya* Köhler, 2002 | Cerro Saslaya. |  | 1,2 |
| 3 | *Lithobates miadis* (Barbour & Loveridge, 1929) | Little Corn Island. | rana leopardo isleña. | 1,2 |
| 4 | *Bolitoglossa insularis* Sunyer et al. 2008 | Isla de Ometepe | salamandra de Ometepe. | 1,2 |
| 5 | *Bolitoglossa indio* Sunyer et al. 2008 | Refugio de Vida Silvestre Río San Juan |  | 1,2 |
| 6 | *Craugastor chingopetaca* Köhler & Sunyer, 2006 | Bosques de Río San Juan |  | 1,2 |

Fig. 85.- *Bolitoglossa mombachoensis* Kohler y McCranie, 1999 (Foto de Fundación Cocibolca cortesía de José Zolotoff).

**E. Reptiles** (KOHLER, 2001; KOHLER, 2003).

| No. | Nombre científico | Localidad | Nombre común | Referencia |
|---|---|---|---|---|
| 1 | *Anolis villai* (Fitch y Hendeson, 1976) | Corn Island. | anolis isleño. | 1,2 |
| 2 | *Anolis wermuthi* (Köhler y Obermeier, 1998) | Carr. Matagalpa-Jinotega, km 146) | anolis del bosque nuboso | 1,2 |
| 3 | *Rhadinaea rogerromani* Köhler y McCranie, 1999 | Cerro Saslaya. | hojarasquera colorada. | 1,2 |
| 4 | *Geophis dunni* Kohler, 2003 | Montañas de Matagalpa. | culebrita de tierra. | 1,2 |

**F. Aves.**

No hay especies endémicas para el país (ZÚNIGA, 1999, MARTÍNEZ-SÁNCHEZ 2000a, Com. Pers.). Hay tres subespecies endémicas pendientes de confirmación.

**G. Mamíferos** (1. ZÚÑIGA, 1999; 2. MARTÍNEZ-SÁNCHEZ, 2000b).

| No. | Nombre científico | Localidad | Nombre común | Referencia |
|---|---|---|---|---|
| 1 | Sciurus richmondi | Dptos de Chontales, Matagalpa y Región del Atlántico central. | ardilla del Rama. | 1,2 |
| 2 | Oryzomys dimidiatus | Ríos Escondido y Mico, | rata arrocera del Rama. | 1,2 |

**Cálculo de la similaridad entre biotas. Indices de clasificación (Sorensen).**

El empleo de métodos de clasificación numérica en los estudios ecológicos ha cobrado particular auge en los últimos años, debido a su probada utilidad para sintetizar en grupos la información contenida en grandes matrices de datos, lo cual facilita su posterior interpretación en relación con variables físicas o químicas del medio.

Las citas que pudieran señalarse al respecto son numerosas, por lo tanto es preferible mencionar el trabajo de BOESCH (1977) que resume la información más importante sobre el tema, además de brindar una didáctica discusión sobre sus aspectos teóricos y prácticos.

Según HERRERA *et al.* (1987) se pueden reconocer un grupo de pasos para la aplicación de estos métodos, los cuales son los siguientes:

1) Muestreo y obtención de los datos

2) Confección de la matriz original de los datos

3) Selección de la medida de similitud

4) Confección de las matrices de similitud

5) Empleo de técnicas de agrupamiento

6) Interpretación de las clasificaciones

7) Determinación de patrones ecológicos o taxonómicos.

PASOS.-

1) Muestreo y obtención de los datos.

2) Confección de la matriz original de datos.

Para la confección de la matriz original se emplean los datos de los muestreos realizados en el campo, los cuales pueden ser binarios (Presencia/ ausencia) en caso de tratarse de un estudio biogeográfico o cuantitativos en caso de tratarse de un estudio ecológico o taxonómico.

Se plantea que las comparaciones realizadas partiendo de datos cuantitativos arrojan resultados mucho más exactos de las relaciones entre las entidades estudiadas (CRISCI & LÓPEZ, 1983), ya que ponderan en su justa medida las especies raras, generalmente muy escasas y las especies abundantes.

No obstante el uso de índices con valores cualitativos o de presencia/ausencia es también muy útil en algunos casos, principalmente cuando algunas de las especies que componen la comunidad presentan dificultades para su estudio, como es el caso de las especies de vida esencialmente subterránea. El tratamiento de las especies raras es también muy útil con este tipo de índices, ya que con frecuencia aparecen muertas y no se pueden usar como datos de abundancia.

Dichos datos se pueden representar en una tabla como la siguiente, ya utilizada, donde se reflejan datos de presencia/ asusencia.

| Especies | Ecosistemas Vegetales | | | |
|---|---|---|---|---|
| | BG | Mco | P | Bseco |
| *Alcadia hispida* | 0 | 1 | 0 | 1 |
| *Farcimen tortum* | 1 | 0 | 0 | 1 |
| *Lamellaxis gracillis* | 0 | 1 | 1 | 1 |
| *Subulina octona* | 1 | 1 | 1 | 1 |
| *Gongylostoma elegans* | 0 | 1 | 0 | 1 |
| *Liguus fasciatus* | 0 | 0 | 0 | 1 |
| *Lacteoluna selenina* | 1 | 0 | 0 | 1 |
| *Zachrysia auricoma* | 1 | 1 | 1 | 1 |
| *Cysticopis exauberi* | 0 | 0 | 0 | 1 |

Los datos de abundancia constituyen un reflejo de como asimila la comunidad animal de estudio el conjunto de factores bióticos y abióticos del ecosistema vegetal sobre el que vive.

HERRERA *et al.* (1987) en un estudio ecológico de determinación de patrones de zonación del litoral rocoso de acuerdo a la fauna de moluscos presente, planteó que una vez obtenidos los patrones de agrupamiento según datos binarios, se usaron datos cuantitativos para corregir las posibles impresiones cometidas.

3) Selección de la medida de similitud/disimilitud.

El paso siguiente a la confección de la matriz de datos originales, es la elección de una medida de similitud o disimilitud, la cual estará en dependencia del tipo de datos obtenidos.

Antes de continuar analizando la secuencia de pasos para la realización del análisis de clasificación vamos a estudiar algunos aspectos generales necesarios para la comprensión del método.

### Índices de comparación de comunidades:

Según CRISCI & LÓPEZ (1983) existen tres tipos de índices para la comparación entre entidades biológicas, índices de asociación, índices de distancia e índices de correlación.

Los índices de asociación consisten en expresiones matemáticas sencillas pero que exigen en general el trabajo con datos de doble estado (0-1). Existen numerosos índices de todos estos tipos.

Hay que destacar que los índices de distancia y correlación trabajan con variables cuantitativas y los índices de asociación trabajan con variables de doble estado.

### Índices de asociación:

Se aplican esencialmente sobre matrices con datos de doble estado, es decir, de presencia-ausencia, por tanto pueden asumir valores de 1 cuando existe máxima similitud y valores de 0 cuando la similitud es mínima.

1) Coeficiente de JACCARD (1901).

CJ = c/ c+a+b

Dónde:

c = número de especies comunes para las dos muestras

a = número de especies de la muestra A

b = número de especies de la muestra B

2) El índice de Sorensen, que se define por la expresión:

S = 2c/ a+b    donde:

a = número de especies de la muestra A

b = número de especies de la muestra B

c = número de especies comunes a las dos muestras.

En el caso de emplear datos binarios se puede obviar el paso correspondiente a la transformación, el cual resulta muchas veces imprescindible cuando se emplean datos cuantitativos (BOESCH, 1977).

**Índices de distancia:**

Se aplican sobre matrices básicas que presentan datos de doble-estado o multiestado o en las que poseen ambos tipos de datos (datos mixtos).

1) MCD (Mean Character Difference) (Cain y Harrison, 1958).

$$MCD = \frac{1}{n} \sum_{i=1}^{n} |(X_{ij} - X_{ik})|$$    donde:

$X_{ij}$ : valor de las abundancias de la especie i en la UM J.

$X_{ik}$ : valor de las abundancias de la especie i en la UM K.

n : número total de especies en las dos UM comparadas.

2) Distancia de Crovello

$$CD = \sum_{i=1}^{n} \sqrt{(\overline{X_{ij}} - \overline{X_{ik}})^2 + (S_{ij} - S_{ik})^2} \quad \text{donde:}$$

$\overline{X_{ij}}$ : Valor medio de las abundancias de la especie i para la UM J

$\overline{X_{ik}}$ : Valor medio de las abundancias de las especie i para la UM k.

$S_{ij}$: Desviación estándar de las abundancias de la especie i para la UM J.

$S_{ik}$: Desviación estándar de las abundancias de la especie i para la UM K.

Los valores obtenidos a partir de la aplicación de los coeficientes de distancia varían de 0 a infinito, siendo 0 la máxima similitud, puesto que es el menor valor de distancia posible.

4) Confección de las matrices de similitud.

Los datos contenidos en la matriz original pueden ser particionados por filas o por columnas según el interés del investigador. Si se quiere realizar el análisis entre las unidades de muestreo se llevará a cabo el análisis directo o análisis Q.

Si por el contrario se quiere estudiar el agrupamiento de las especies en relación con los ecosistemas de donde procedan tendremos que realizar el análisis R o análisis inverso. Este se denota con la letra R porque su uso se comenzó a popularizar posteriormente al análisis Q, que es la letra que le antecede en el alfabeto.

Retomando el ejemplo trabajado podríamos ejemplificar todo lo anterior calculando un índice de similitud, p. ej. el de Sorensen para los datos de presencia/ausencia y un índice de disimilitud o distancia entre los datos de abundancia

En el caso del índice de Sorensen, dado por la expresión $S=2c/a+b$, durante la confección de la matriz del análisis normal (similitud entre ecosistemas), las letras **a** y **b** indican número total de especies en cada uno de los ecosistemas que se comparan y **c** indica el número de especies compartidas.

Cuando se trata de la matriz de similitud inversa (similitud entre especies) las letras indican: **a** y **b** número de ocurrencias de cada una de las dos especies que se comparan, **c** número de ocurrencias comunes.

5) Selección del método de agrupamiento.

El análisis de agrupamientos comprende técnicas que, siguiendo reglas más o menos arbitrarias, forman grupos de Unidades de Muestreo que se asocian por su grado de similitud.

Esta definición es poco precisa y ello se debe a dos factores: primero, el escaso acuerdo entre los investigadores acerca de como reconocer los límites entre grupos, y segundo, la enorme cantidad de técnicas propuestas.

De todas las alternativas existentes las más utilizadas son las exclusivas, jerárquicas, aglomerativas y secuenciales, las cuales se combinan caracterizando a las técnicas de agrupamientos que utilizaremos. Dentro de las mismas hemos elegido, por ser las más sencillas, las del llamado grupo par (pair group) en las cuales solamente puede ser admitida una unidad de muestreo o un grupo de unidades de muestreo por nivel. Esto significa que los grupos formados en cualquier etapa de los agrupamientos contienen solo dos miembros.

A continuación describiremos la técnica operativa, con sus variantes:

I. Paso.- Se examina la matriz de similitud para localizar el mayor valor de similitud existente en ella, descartando lógicamente, la diagonal principal. Se identifica así a las dos Unidades de Muestreo que formarán el denominado núcleo del primer grupo. Núcleo es todo conjunto formado por dos unidades de muestreo y grupo es todo conjunto formado por más de dos unidades de muestreo. En algunos casos puede haber más de un valor máximo de similitud, es decir otro par o pares de unidades de muestreo presentan igual valor que el anterior; en ese caso se construyen a ese nivel dos o más núcleos separados.

2. paso.- Se busca en la matriz de similitud el próximo valor de mayor similitud. En las primeras etapas del proceso de agrupamiento, el hallazgo de este nuevo valor puede llevar a:

- la formación de nuevos núcleos.

- la incorporación de una unidad de muestreo a un núcleo ya existente para formar un grupo y,
- la fusión de los niveles existentes.

3. Paso.- Se repite la segunda etapa del proceso hasta que todos los núcleos y grupos estén unidos y en ellos se incluya la totalidad de las unidades de muestreo.

El primer paso es común a todas las técnicas, el segundo (incorporación de nuevas unidades de muestreo a núcleos y grupos existentes) puede realizarse por tres caminos diferentes denominados:

a) ligamiento simple

b) ligamiento completo

c) ligamiento promedio

**Ligamiento simple:** Las Unidades de Muestreo se incorporan a grupos o núcleos ya formados tomando en cuenta que el valor de similitud entre la UM candidato a incorporarse y el grupo o núcleo es el de mayor valor de similitud.

Si el candidato a incorporarse es un grupo o núcleo en sí mismo, el valor de similitud será igual a la máxima similitud hallada una proveniente de cada grupo o núcleo.

**Ligamiento completo:** En este caso se considera que el valor de similitud entre la UM candidato a incorporarse y el grupo o núcleo es igual a la similitud entre el candidato y el grupo o núcleo menos parecido a él, en otras palabras, el de menor valor de similitud.

Si el candidato a incorporarse es un grupo o núcleo en sí mismo, el valor de la similitud será igual a la mínima similitud hallada entre dos UM provenientes una de cada grupo o núcleo.

**Ligamiento Promedio:** En este caso se considera que el valor de similitud entre la UM candidato a incorporarse y el grupo o núcleo es igual a una similitud promedio resultante de los valores de similitud entre el candidato y cada uno de los integrantes del grupo o núcleo.

Como existen varios tipos de medias, es posible contar con más de una técnica de ligamiento promedio. La más utilizada es la media aritmética no ponderada (UPGMA, unweighted pair-group method using aritmethic averages). Si el candidato a incorporarse es un grupo o núcleo en sí mismo, el valor de similitud será un promedio de los valores de similitud entre los pares posibles de UM provenientes uno de cada grupo o núcleo.

El reconocimiento al que se formarán nuevos núcleos o grupos, o se incorporarán nuevas UM, o al que se fusionarán los núcleos o grupos existentes, se ve facilitado por la obtención de **matrices derivadas**.

En el presente curso vamos a estudiar el primer método, es decir, el método de ligamiento simple.

6) Interpretación de las clasificaciones.

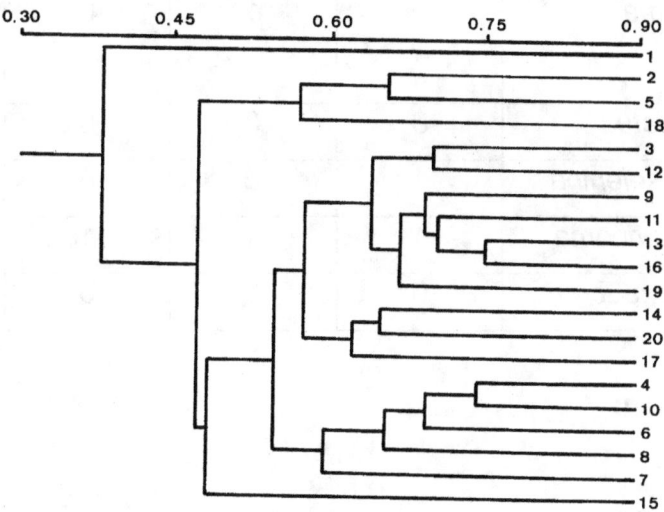

Fig. 86.- Dendrograma de PÉREZ (2002) que muestra la relación entre las cuadrículas usadas para el análisis de la zonación biogeográfica de los moluscos del Pacífico. Figura del Autor.

7) Determinación de patrones ecológicos o taxonómicos.

Ejemplo. Clasificación de las cuatro comunidades estudiadas en este capítulo utilizando el índice de Sorensen para datos binarios o de presenica/ ausencia y la estraegia de ligamiento simple.

**Matriz original** (Según PEREZ *et al.* 1996):

| Especies | Ecosistemas Vegetales | | | |
|---|---|---|---|---|
| | BG | Mco | P | Bseco |
| *Alcadia hispida* | 0 | 1 | 0 | 1 |
| *Farcimen tortum* | 1 | 0 | 0 | 1 |
| *Lamellaxis gracillis* | 0 | 1 | 1 | 1 |
| *Subulina octona* | 1 | 1 | 1 | 1 |
| *Gongylostoma elegans* | 0 | 1 | 0 | 1 |
| *Liguus fasciatus* | 0 | 0 | 0 | 1 |
| *Lacteoluna selenina* | 1 | 0 | 0 | 1 |
| *Zachrysia auricoma* | 1 | 1 | 1 | 1 |
| *Cysticopis exauberi* | 0 | 0 | 0 | 1 |

**Índice de Sorensen:**

$$S = \frac{2C}{a + b}$$ donde:

a: cantidad de especies de la entidad A.

b: cantidad de especies de la entidad B.

C: cantidad de especies compartidas.

**Matriz de similitud:**

|  | BG | MCo | P | BS |
|---|---|---|---|---|
| BG | 1 | | | |
| Mco | 0.44 | 1 | | |
| P | 0.57 | **0.75** | 1 | |
| BS | ~~0.61~~ | 0.71 | ~~0.5~~ | 1 |

**Cálculos:**

**Primera matriz derivada:**

|        | Mco-P | BG   | BS |
|--------|-------|------|----|
| Mco-P  | --    |      |    |
| BG     | 0.44  | --   |    |
| BS     | **0.71** | 0.61 | -- |

**Segunda matriz derivada:**

|          | Mco-P-BS | BG |
|----------|----------|----|
| Mco-P-BS | --       |    |
| BG       | **0.61** | -- |

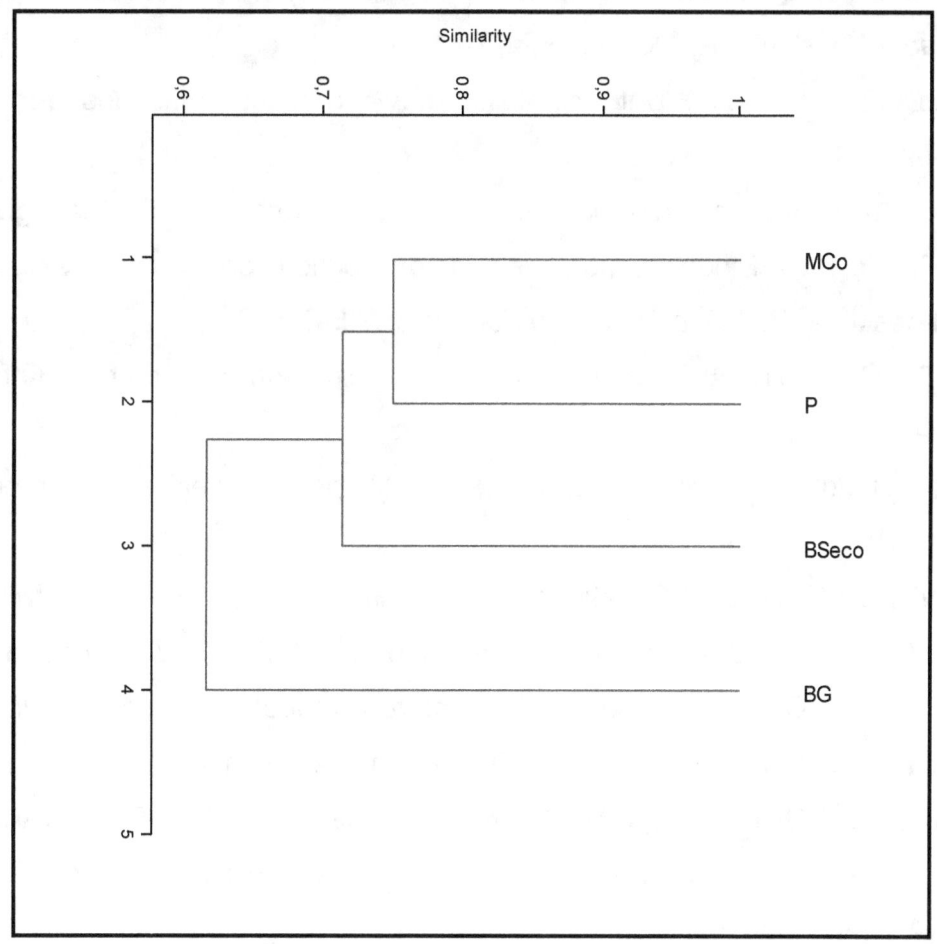

Fig.- 87.- Dendrograma de clasificación entre los ecosistemas vegetales. Figura del autor.

**Bibliografía.**

BOESCH, D.F. 1977. Applications of numerical classification in ecological investigations of water polution. *Ecol. Res. Ser.* EPA- 600/3-77-033, 115 p.

CABRERA, A.L. & A. WILLINK. 1973. *Biogeografía de América Latina*. Secretaría General de la OEA, Washington D.C. 122 p.

CRISCI, J.V. & M.F. LÓPEZ. 1983. *Introducción a la teoría y la práctica de la taxonomía numérica*. Secretaría General de la OEA, Washington, D.C. 132 p.

FENZL, N. 1989. *Geografía, clima, geología y Hidrometeorología*. UFPA. INETER, INAN, Belem. 62 p. + suppl.

GRIJALVA, A. 1999. Diversidad de especies: flora. *En*: Biodiversidad en Nicaragua. Un estudio de país. MARENA-PANIF, Managua. pp. 237-276.

HERRERA, A., R. del VALLE & N. CASTILLO. 1987. Aplicación de métodos de clasificación numérica en el estudio ecológico del litoral rocoso. *Reporte de Investigación.*, Instituto de Oceanología, 70:1-17.

HOLDRIDGE, L.R. 1947. Determinations of world plant formations from simple climatic data. *Science*, 105:367-368.

INCER, J. 1973. *Geografía ilustrada de Nicaragua*. Editorial Recalde, Managua.

JACCARD, P. 1901. Etude comparative de la distribution florale dans une portion des Alpes et des Jura. *Bull. Soc. Vaudoise Sci. Nat.*, 37:547-579.

KÖHLER, G. 2001. *Anfibios y Reptiles de Nicaragua*. Herpeton, Offenbach, Alemania.

KÖHLER, G. 2003. *Reptiles de Centroamérica*. Herpeton, Offenbach, Alemania. 367 p.

MARTÍNEZ-SÁNCHEZ, J.C. 2000a. *Lista patrón de las aves de Nicaragua*. National Fish and Wildlife Foundation-Fundación Cocibolca-GTZ, Managua. 59 p.

MARTÍNEZ-SÁNCHEZ, J.C. 2000b. *Lista patrón de los mamíferos de Nicaragua*. National Fish and Wildlife Foundation-Fundación Cocibolca, Managua. 35 p.

MARTÍNEZ-SÁNCHEZ, J.C., J.M. MAES, E. van den BERGHE, S. MORALES & E. CASTAÑEDA. 2001. *Biodiversidad zoológica en Nicaragua*. PNUD, GEF, MARENA, Managua. 144 p.

MATLOCK, D.B. Y L.A. WILLIAMS. 2005. Investigaciones de la variabilidad genética en camarones de rio (*Macrobrachium*) en Nicaragua. Presentación de power point, UCA, Managua.

MARENA. 2001. Estado de conservación de los ecosistemas de Nicaragua. *En:* Estrategia Nacional de Biodiversidad. Imprimatur, Managua.189 p.

MARENA. 2010. *Estudio de Ecosistemas y Biodiversidad de Nicaragua y su representatividad en el SINAP.* 1ra. Edición. Managua Nicaragua. 133 p.

MOGOT (En línea). www.mobot.org

OVIEDO, E. 1993. *Atlas Básico Ilustrado de Nicaragua y el Mundo* (ABINM). EPADISA-SALMA, Madrid. 66 p.

PÉREZ, A.M., A. LÓPEZ, J. URCUYO & M. SOTELO. 2003. Sinopsis cuantitativa de la malacofauna de Nicaragua. *En:* Malacologia Latinoamerica, 401-404.

PONSOL, B. 1958. *Zonas biogeográficas de la flora y fauna nicaragüense y factores asociados.* Academia Nicaragüense de la Lengua. 113 p.

PRIETO, C.E. & M. SEVILLANO. 1994. Sectorización biogeográfica del País Vasco y regiones vecinas basada en la superfamilia Helicoidea (Gastropoda: Pulmonata). *Cuad. Invest. Biol. Bilbao*, 18:21-36.

PÉREZ, A.M. 2002. Malacogeographic regionalization, diversity and endemism in the pacific of Nicaragua. *Biogeographica*, 78(3)81-94.

PEREZ, A.M. 2004. *Introducción a la medición de la biodiversidad.* Editorial Ampe, Managua. 161 p.

PÉREZ, A.M., J.C. VILASECA & N. ZIONE. 1996. Sinecología básica de moluscos terrestres en cuatro formaciones vegetales de Cuba. *Rev. Biol. Trop.*, 44(1):133-146.

PEREZ, A.M. & I. SIRIA. 2006. *Biodiversidad y medio ambiente en el contexto local. Municipios Pantasma, La Concordia, Yalí y San Rafael del Norte, Dpto de Jinotega, Nicaragua.* SNV, Managua. 52 p. http://snv-la.org/publicacion/Nicaragua/49 .

REMANE, A., S. VOLKER & U. WELSCH. 1980. *Zoología sistemática: Clasificación del reino animal.* Barcelona, Omega.

SALAS, J.B. 1993. *Arboles de Nicaragua.* Editoral Hspamer, Managua. 388 p.

STAUFFER, J.R. K.R.McKAYE. 2002. Descriptions of three new species of cichlid fishes (Teleostei: Cichlidae) from Lake Xiloá, Nicaragua. *Cuadernos de Investigación* (UCA), 12:1-18.

UNESCO (1973). *International mapping and classification of vegetation.* UNESCO Ecology and Conservation Series 6. 93 p.

VILLA, J. 1982. *Peces nicaragüenses de agua dulce.* Banco de América, Managua. 253 p.

WAID, R., R.L. RAESLY, K.R. McKAYE & J.K. McCRARY. 1999. Zoogeografía íctica de lagunas cratéricas de Nicaragua. *Encuentro*, 65-80.

WALSH, B. 1999. Diversidad de ecosistemas. *En*: Biodiversidad en Nicaragua. Un estudio de país. MARENA-PANIF, Managua. pp. 237-276.

WENER, P.S. 2001. *An introduction to Nicaraguan orchids.* Impresión comercial La Prensa, Managua. 108 p.

ZÚNIGA, T. 1999. Diversidad de especies: fauna. *En*: Biodiversidad en Nicaragua. Un estudio de país. MARENA-PANIF, Managua. pp. 237-276.

## V. Cambiante tierra.

### Escala del tiempo geológico.

Según LEAKEY (1981) la tierra se formó hace unos 4,600 millones de años y las primeras formas de vida surgen hace 3,500. En este contexto, los primeros invertebrados aparecen en el periodo Cámbrico de la era Paleozoica, hace unos 570 millones de años (Cuadro 6).

En este marco cronológico, los homínidos surgen hace 1,000,000 de años y el *Homo sapiens* hace sólo 100,000.

Cuadro 6.- La cronología clásica citada por REMANE *et al.* (1980), se presenta a continuación.

| Era | Periodo | Empezado hace (en Millones de años) | Época | Mundo vegetal y animal |
|---|---|---|---|---|
| CENOZOICA (Duración, ca. 65 millones de años) | Cuaternario | 2 | Holoceno (Época actual) | Especies animales actuales, supremacía del hombre. |
| | | | Pleistoceno (Época glacial) | Extinción de muchos de los grandes mamíferos, glaciación periódica de muchas regiones |
| | Terciario | 65 | Plioceno | Aparición de los géneros actuales de mamíferos, primeros homínidos |
| | | | Mioceno | Florecimiento de los neo-gastrópodos, erizos de mar, moluscos modernos, etc. Aparición de las praderas |

| Era | Periodo | Empezado hace (en Millones de años) | Época | Mundo vegetal y animal |
|---|---|---|---|---|
| | | | Oligoceno | Primeros antropomorfos y aparición de las actuales familias de mamíferos |
| | | | Eoceno | Florecimiento de los nummutiles. Aparición de los ordenes actuales de mamíferos |
| | | | Paleoceno | Desarrollo de los mamíferos |
| MESOZOICA (Duración, 165 millones de años) | Cretácico | 135 | Cretácico Superior / Cretácico Inferior | Extinción de los dinosaurios, pterosaurios, ammonites, etc. Principio del desarrollo de las angiospermas y de los mamíferos primitivos |
| | Jurásico | 180 | Malm Dogger Liásico | Los reptiles dominan el agua, la tierra y el aire; primeros dípteros, aves, himenópteros, cangrejos |
| | Triásico | 230 | Keuper Muschelkalk Buntsandstein | Primeros mamíferos, dinosaurios, ictiosaurios, rinocéfalos, mariposas, muchas gimnospermas |

| Era | Periodo | Empezado hace (en Millones de años) | Época | Mundo vegetal y animal |
|---|---|---|---|---|
| PALEOZIOCA (Duración, 340 millones de años | Pérmico | 280 | Zechstein Rotliegendes | Expansión de los reptiles, primeros terápsidos, extinción de los trilobites, muchos equinodermos y cefalópodos |
| | Carbonífero | 350 | Misisipiense Pensilvaniense | Grandes bosques, numerosos anfibios, primeros reptiles, primeros caracoles de tierra, muchos insectos primitivos |
| | Devónico | 400 | Devónico superior Devónico medio Devónico inferior | Primeros anfibios, primeros insectos alados, numerosos peces de agua dulce |
| | Silùrico | 500 | Gotlandiense | Primeros placodermos; las plantas y los artrópodos(escorpiones) conquistan la tierra firme |
| | | | Ordoviciense | Primeros vertebrados (ostracodermos) |

| Era | Periodo | Empezado hace (en Millones de años) | Época | Mundo vegetal y animal |
|---|---|---|---|---|
| | Cámbrico | 570 | Cámbrico superior   Cámbrico medio   Cámbrico inferior | Todos los grandes tipos de animales invertebrados; trilobites y braquiópodos muy desarrollados |
| PRECÁMBRICA | | | | |

La cronología porpuesta por BROWN & LOMOLINO (1998) parte de la premisa que es muy difícil aportar datos precisos cuando se habla de millones de años por lo que se proponen algunos ajustes en las escalas del tiempo. Sobre todo en la relacionado con la era Cenozoica.

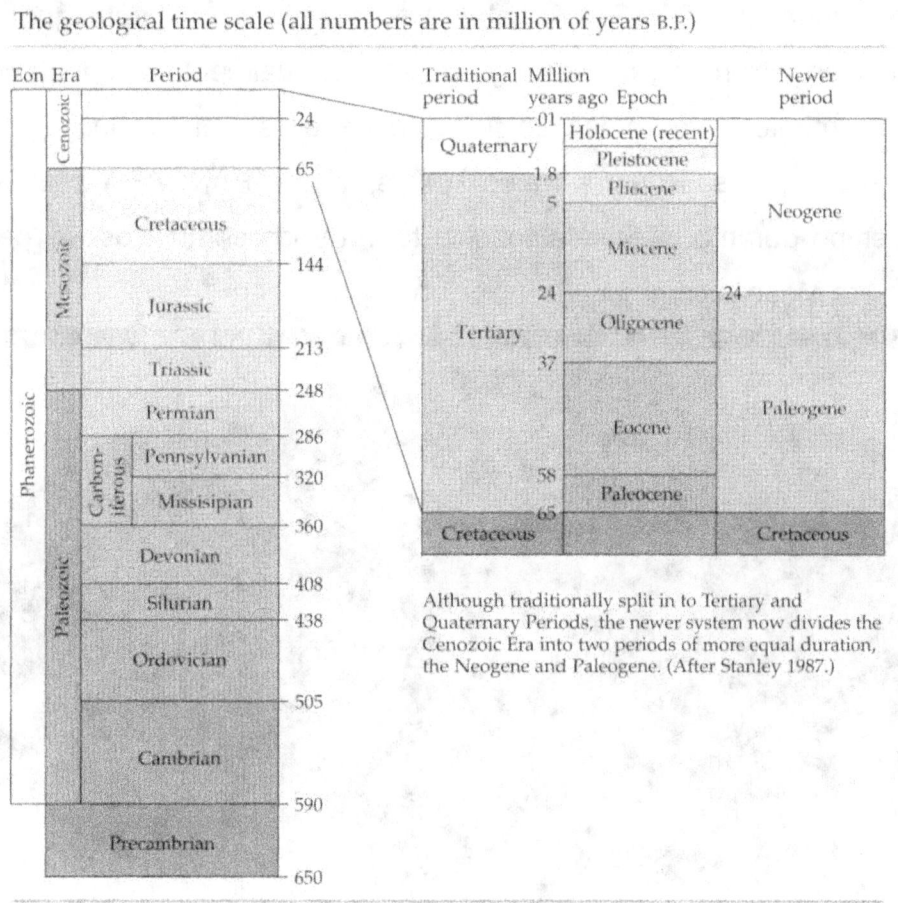

Fig. 88.- La escala geológica del tiempo. Las cifras son millones de años (Tomado de SPELLERBERGER & SAWYER, 1988).

**Teoría de la deriva de los continentes.**

La Teoría de la deriva de los continentes fue propuesta por ALFRED L. WEGENER primeramente en 1910 y posteriormente retocada por el mismo en 1920. Wegener propuso esta teoría analizando en un mapa de la tierra la congruencia de las líneas de costa de los grandes continentes a ambos lados del Océano Atlántico.

**Historia tectónica. Gondwana, Laurasia y la formación de Pangaea.**

La historia tectónica de la tierra tiene varios momentos relevantes que se enumeran a continuación (Según ANDERSON, 1999).

Hace años se creía que PANGAEA había sido un supercontinente que había antecedido a la formación de Gondwana y Laurasia. Actualmente es aceptado que existieron previamente varias masa de tierra, entre ellas Gondwana, separadas por los Oceanos Iapetus, Rheic y Paleo-Tethys, y que PANGAEA solo existió durante un tiempo durante la era Paleozoica tardía y los comienzos del período Triásico de la era Mesozoica.

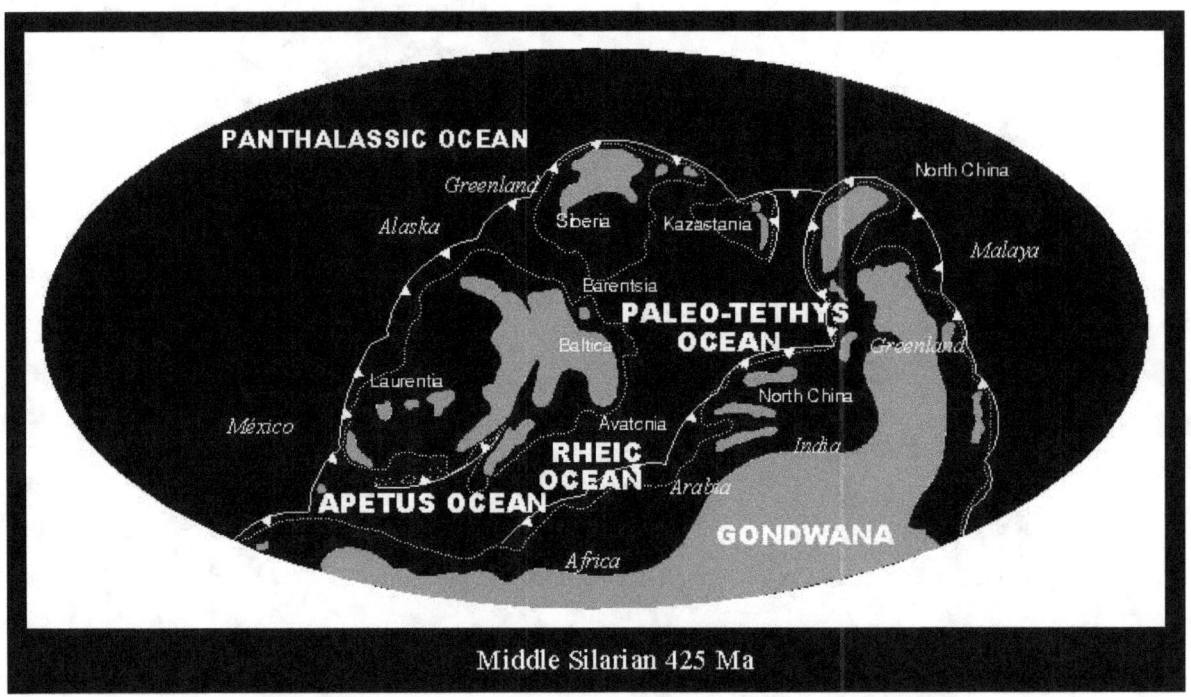

Fig. 89A.- **Masas de tierra** [Figuras redibujadas de ANDERSON (1999), por Arawi Hernández].

## Conformación de Pangaea:

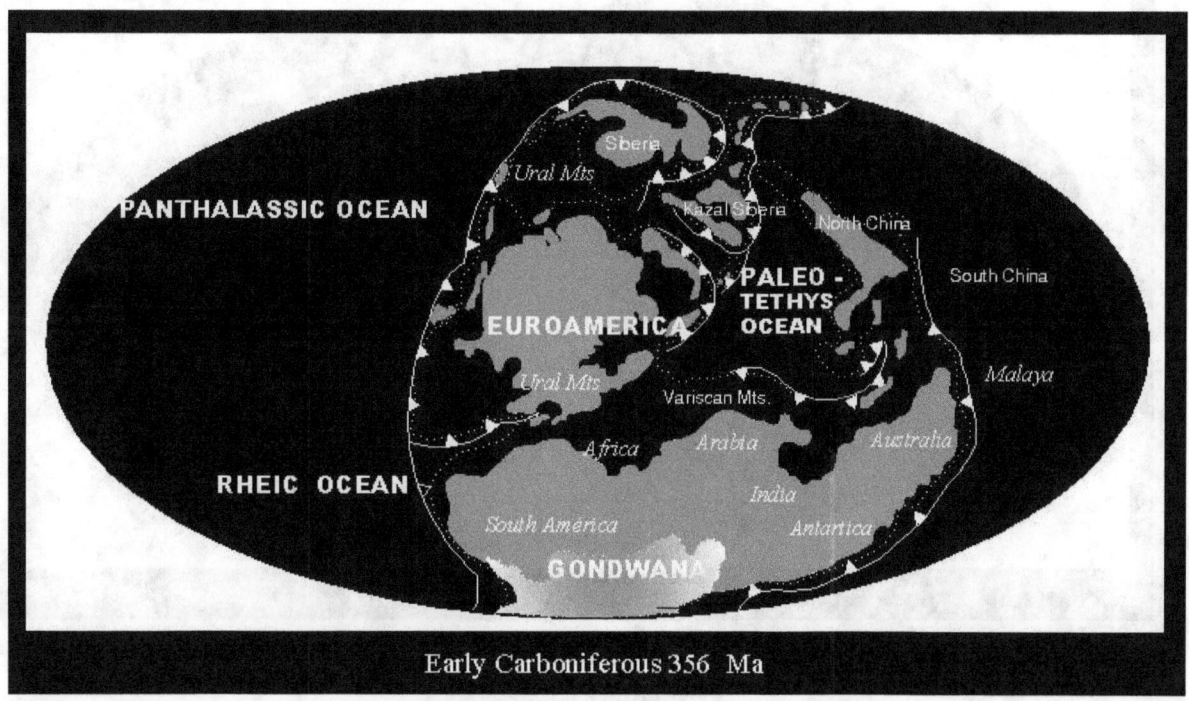

Early Carboniferous 356 Ma

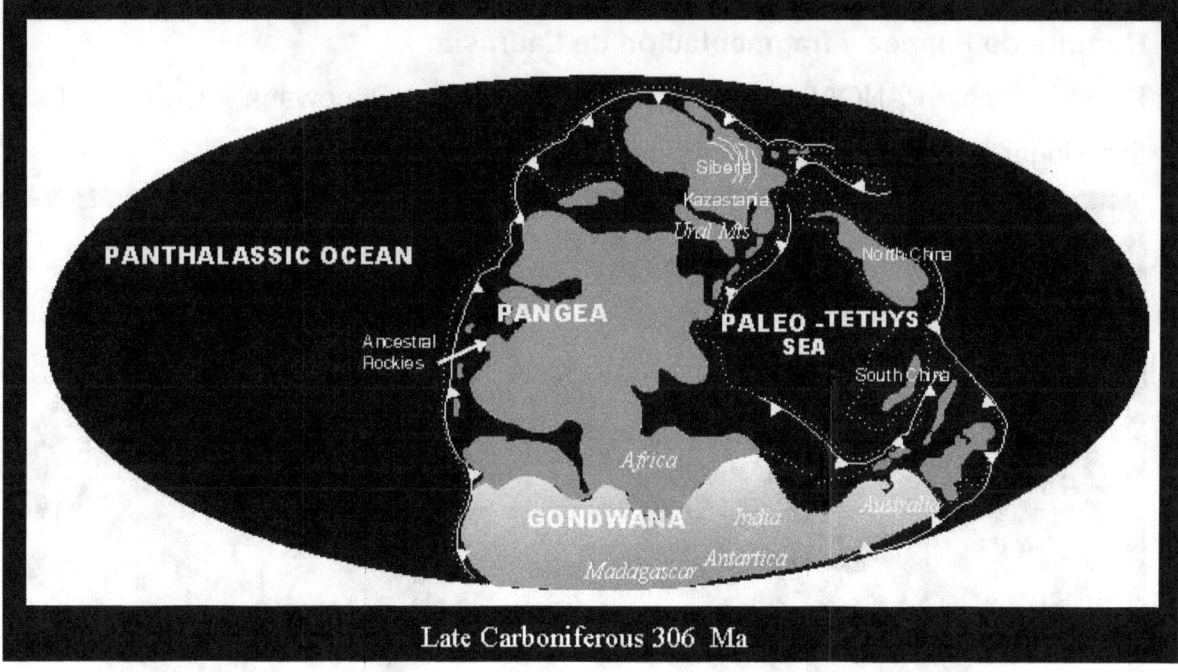

Late Carboniferous 306 Ma

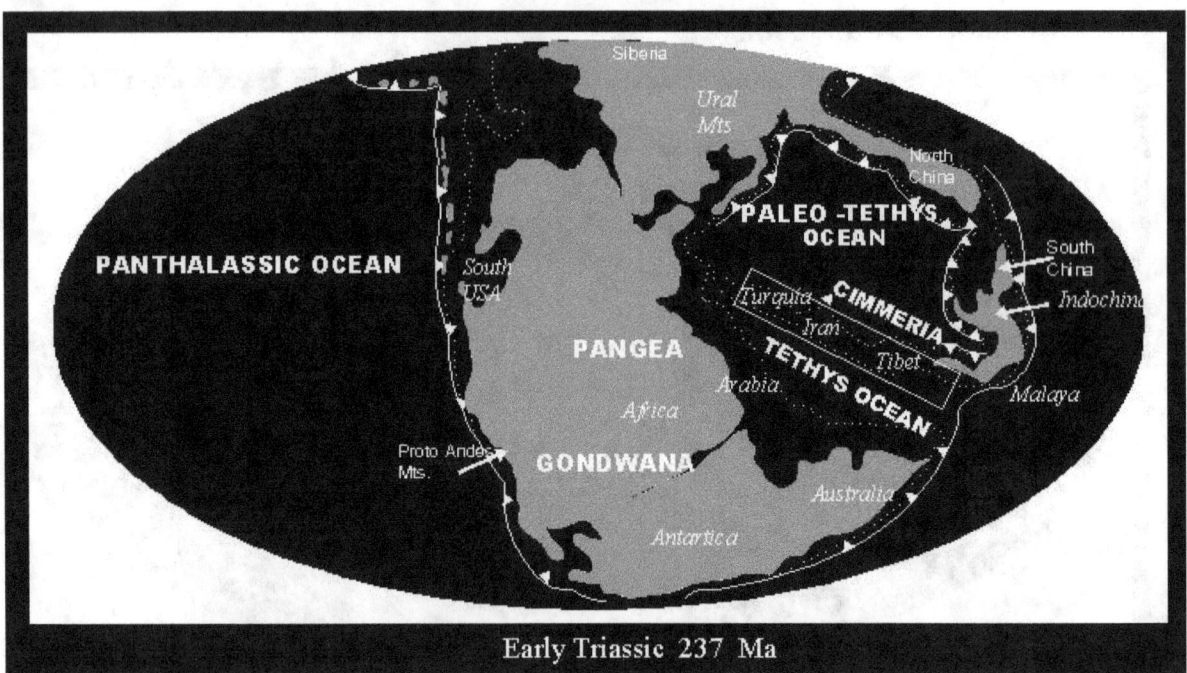

Fig. 89B.- **Masas de tierra** [Figuras redibujadas de ANDERSON (1999), por Arawi Hernández].

**Ruptura de Pangea y fragmentación de Laurasia:**

Posteriormente PANGAEA se fragmente y se forman Gondwana y Laurasia. Esto tiene lugar en el periodo Jurásic tardío de la era Mesozoica.

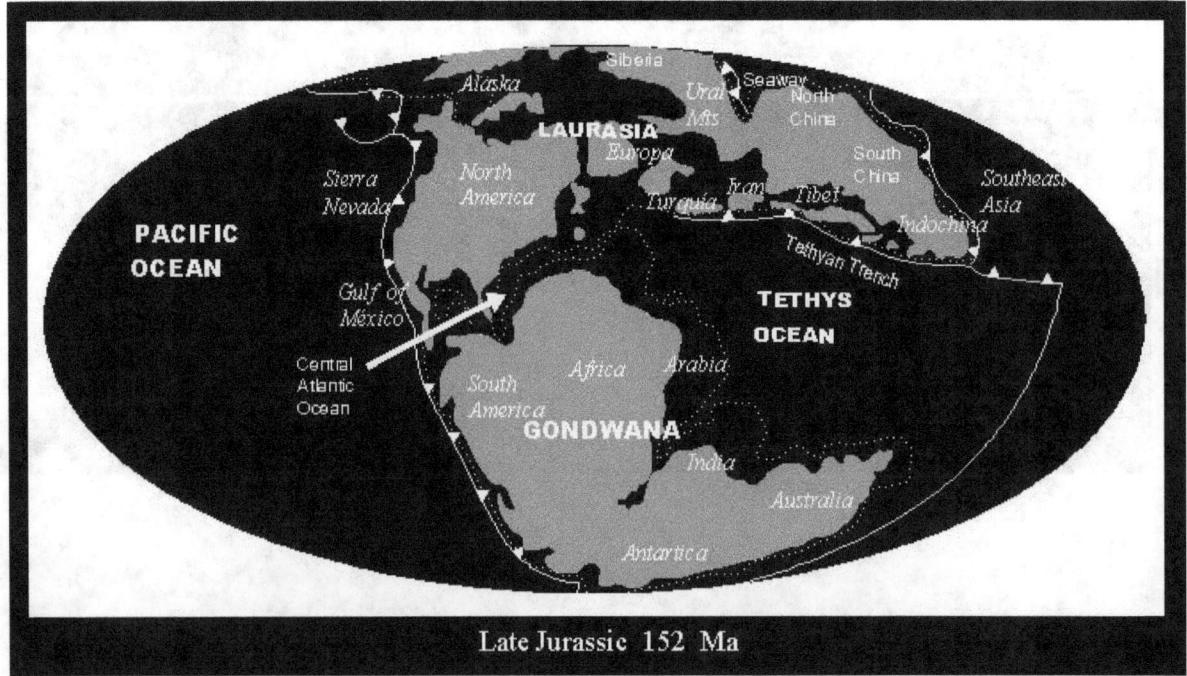

Fig. 89C.- **Masas de tierra** [Figuras redibujadas de ANDERSON (1999), por Arawi Hernández].

**Ruptura de Gondwana:**

El siguiente acontecimiento de gran magnitud es la ruptura de Godwana y la formación de dos grandes masas continentales: América del sur y Africa.

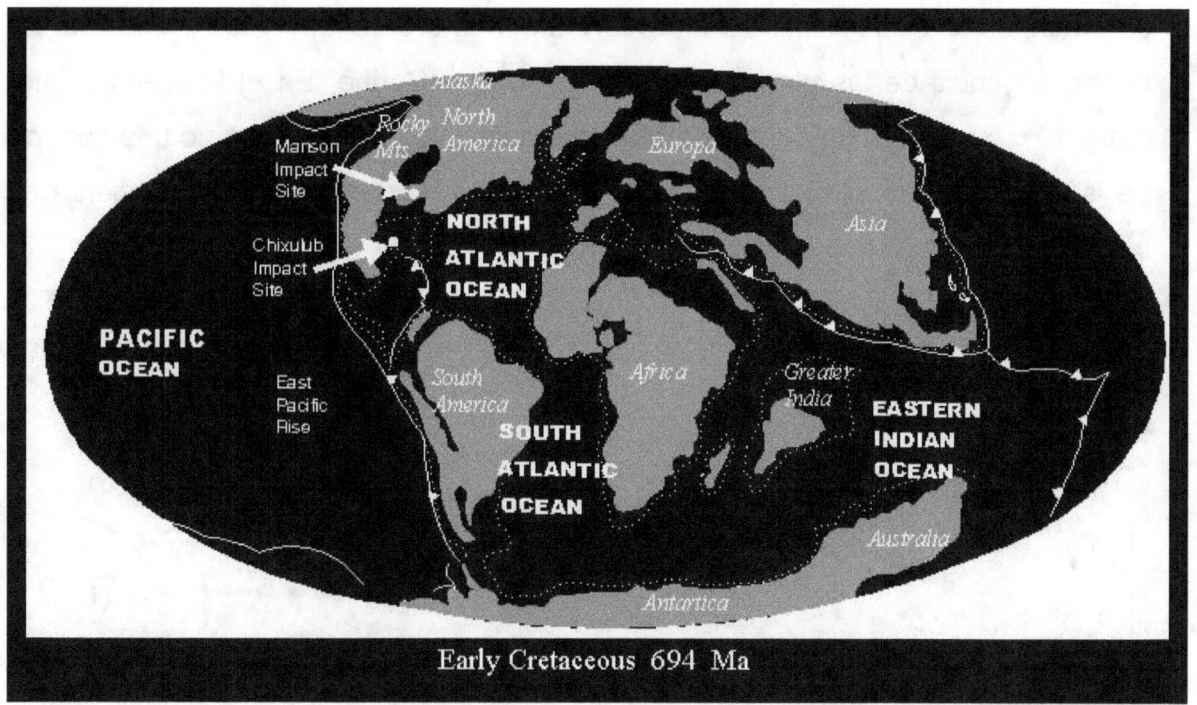

Fig. 89D.- **Masas de tierra** [Figuras redibujadas de ANDERSON (1999), por Arawi Hernández].

**Historia de Centroamerica y el Caribe.**

Según BROWN & LOMOLINO (1998) la formación de Centroamerica y El Caribe es un complejo e intrigante caso de estudio. De una manera sintética estos autores plantean que la conexión entre México y América del Sur se rompió hace unos 150 millones de años en el Jurásico tardío. Posteriormente, hace entre 140 y 120 millones de años, en el Cretácico temprano, una cadena de islas volcánicas comenzó a emerger a lo largo del borde este de la Placa Caribe, estas islas constituyeron las Proto Antillas y conmenzaron su deriva hacia el este hasta conformas las Antillas acuales en el Eoceno, hace unos 58 millones de años.

De acuerdo a estos autores, durante el Cretácico tardío, hace entre 80 y 65 millones de años, otra cadena de islas debe haber emergido y posteriormente haberse desplazado hacia el este con el borde entre las Placas de Cocos y las del Caribe. LA final del Cretácico, hace unos 65 millones de años, el nivel del mar descendió para exponer un estrecho puente terrestre, este escenario es aún hipotético pero es congruente con la evidencia biogeográfica de que se dispone. Este puente terrestre, si realmente existió como una masa de tierra continua, se sumergió producto a la elevación del nivel de las aguas en el Paleoceno tardío.

La emersión final de América Central tuvo lugar en el Neógeno y fue producida por la convergencia de las placas de Cocos, Nazca y Caribe. En el Mioceno tardío, entre 10 y 5 millones de años, comenzó a emerger nuevamente como una cadena de islas, hasta que hace ca. 3.5 millones de años, el archipiélago finalmente se fusionó para formar el puente centroamericano.

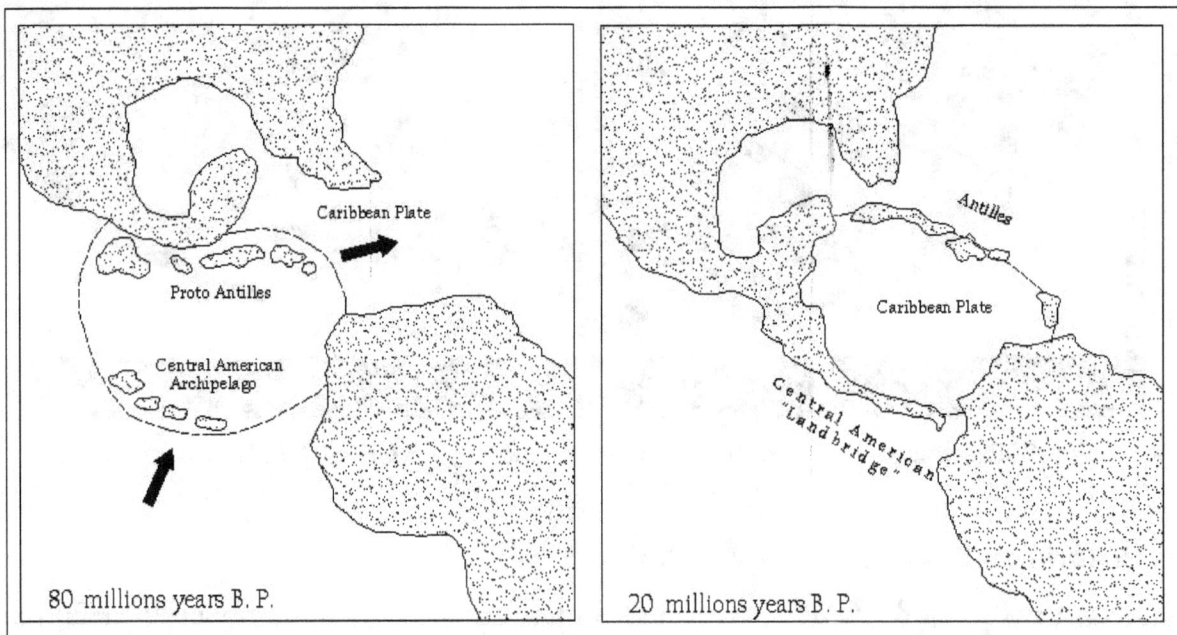

Fig. 90.- Formación de Centroamerica. Figura redibujada de BROWN & LOMOLINO (1998), por Arawi Hernández.

**Bibliografía.**

ANDERSON, J.M. 1999. *Towards Gondwana alive. A Gondwana alive society book*, Pretoria. 139 p.

BROWN, J.H. & M.V. LOMOLINO. 1998. *Biogeografía*. $2^{nd}$ edition. Sinauer associates, inc. Sunderland, Massachussets. 691 p.

LEAKEY, R. 1981. *La formación de la humanidad.* RBA editores, Barcelona. 269 p.

REMANE, A., S. VOLKER & U. WELSCH. 1980. *Zoología sistemática: Clasificación del reino animal*. Barcelona, Omega.

## VI. Especiación.

### Concepto de especie.

El concepto de especie ha sido, y es actualmente, un tema de debate entre los biólogos y evolucionistas. Como no es el objetivo del libro entrar en estos detalles sólo daremos el concepto de especie en el sentido de MAYR & ASHLOCK (1993), que nos permita un homogeneizar la terminología de trabajo:

**Especie:** Es un grupo de poblaciones que se entrecruzan entre sí y que están aisladas reproductivamente de otras.

### Clasificaciones superiores de los taxa.

De todos es conocido que actualmente es aceptado que los seres vivos se dividen en cinco reinos. Esta propuesta fue introducida por WHITTAKER en los años 70. Estos reinos son (Fig. 91).

1. PLANTAE (Plantas).
2. ANIMALIA (Animales).
3. FUNGI (Hongos).
4. MONERA (Bacterias).
5. PROTISTA (Protozoos).

Actualmente el sistema de los cinco reinos ha venido siendo desplazado por uno que propone algunos cambios dentro de los cuáles está la organización en tres grandes dominios y dentro de ellos se presentan cuatro reinos, en lugar de cinco como en el caso anterior. La versión que se presenta de ese sistema fue tomada de KROGH (2011). En esta hay cuatro reinos que pertenecen a un Dominio y existen dos Dominios más adicionales.

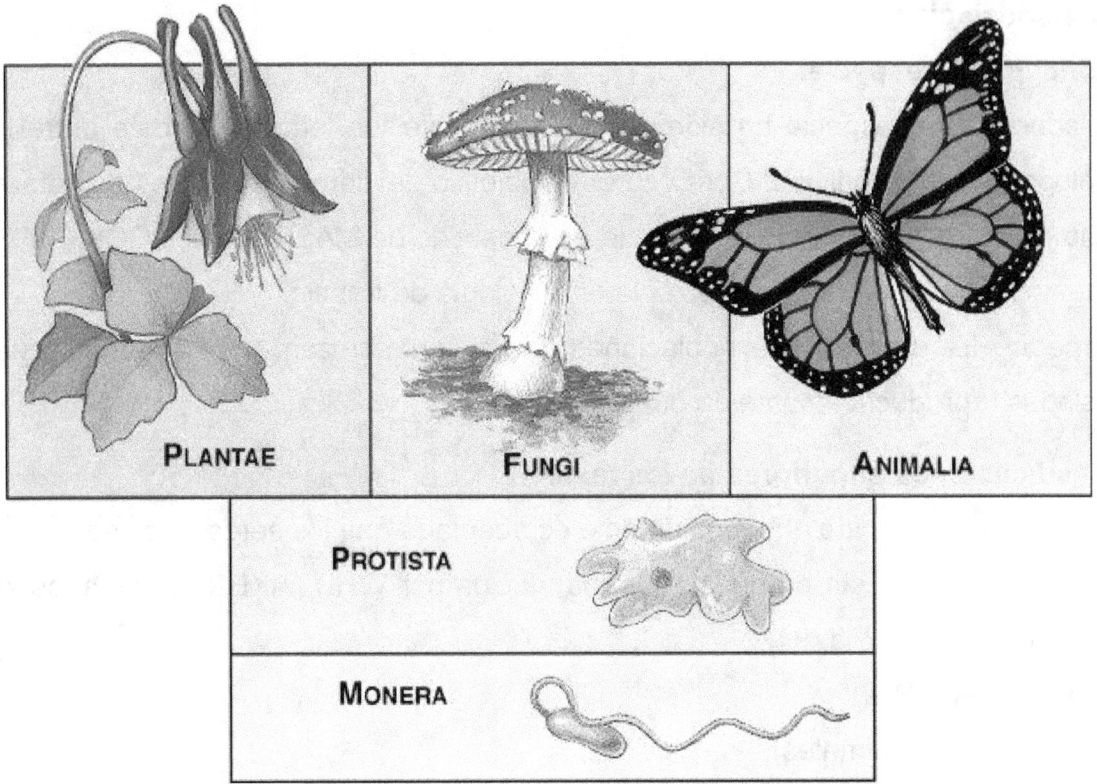

Fig. 91.- Los cinco reinos de WHITTAKER (Tomado de http://www.mun.ca/biology/scarr/Five_Kingdoms.htm).

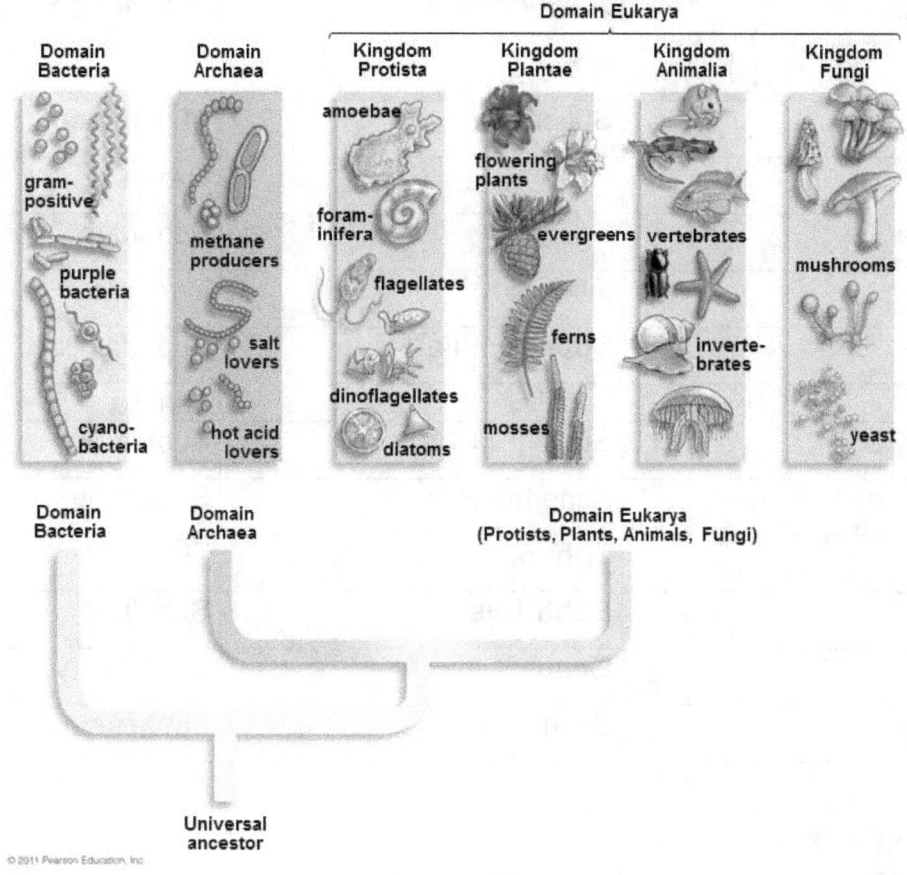

Fig. 92.- Los tres dominios y cuatro reinos, tomado de KROGH (2011).

De los cinco o siete reinos, los que son habitualmente de mayor interés por su biomasa, son los reinos Plantae (Pantas) y Animalia (Animales). Las categorías taxonómicas superiores en estos dos reinos se presentan en el siguiente cuadro.

Cuadro 7.- Categorías taxonómicas superiores en Plantas y Animales.

| BOTÁNICA | ZOOLOGÍA | TÉRMINO EN ESPAÑOL |
|---|---|---|
| **Regnum** | **Regnum** | **Reino** |
| Divisio | **Phyllum** | **División/ Tronco** |
|  | Superclassis | Superclase |
| **Classis** | **Classis** | **Clase** |
| Subclassis | Subclassis | Subclase |
|  | Infraclassis | Infraclase |

| BOTÁNICA | ZOOLOGÍA | TÉRMINO EN ESPAÑOL |
|---|---|---|
| Superordo | Superordo | Superorden |
| **Ordo** | **Ordo** | **Orden** |
| Subordo | Subordo | Suborden |
|  | Infraordo | Infraordo |
|  | **Superfamilia** | Superfamilia |
| **Familia** | Familia | Familia |
| Subfamilia | Subfamilia | Subfamilia |
|  | Supertribus | Supertribu |
| **Tribus** | **Tribus** | **Tribu** |
| Subtribus | **Subtribus** | Subtribu |
| **Genus** | **Genus** | **Género** |
| Subgenus | Subgenus | Subgénero |

**Rangos y terminaciones:**

| Categoría | Botánica | Zoología |
|---|---|---|
| Familia | -aceae | -idea |
| Subfamilia | -oideae | -inae |
| Tribus | -eae | -ini |
| Género | us-a-um-es-on, etc | us-a-um-es-on, etc |

**Cantidad de especies por grandes taxa para Nicaragua.**

Como se puede ver en los cuadros que se presentan a continuación Nicaragua no es sólo diversidad en términos de especies sino también en términos de familias y géneros, esto es lo que se llama una alta diversidad taxonómica, y es producto de un rico proceso de radiación adaptativa que ha permitido la formación de numerosos taxa en diferentes niveles (Cuadro 8).

Cuadro 8.- Cantidad de especies por táxones de Nicaragua.

## Mamíferos (SEGÚN MARTÍNEZ-SÁNCHEZ, 2000B):

| Orden | Familias | No. de géneros | No. de especies |
|---|---|---|---|
| Didelphimophia | Didelphidae | 7 | 8 |
| Xenarthra | Myrmecophagidae | 3 | 3 |
|  | Bradypodidae | 2 | 2 |
|  | Dasypodidae | 2 | 2 |
|  | Soricidae | 1 | 1 |
| Chiróptera | Emballonuridae | 6 | 10 |
|  | Noctilionidaae | 1 | 2 |
|  | Mormoopidae | 1 | 4 |
|  | Phyllostomidae | 31 | 51 |
|  | Natalidae | 1 | 1 |
|  | Thyropteridae | 1 | 1 |
|  | Vespertilionidae | 4 | 8 |
|  | Molossidae | 3 | 10 |
| Primates | Cebidae | 3 | 3 |
| Rodentia | Sciuridae | 2 | 4 |
|  | Geomyidae | 1 | 1 |
|  | Heteromyidae | 2 | 2 |
|  | Muridae | 15 | 27 |
|  | Erethizontidae | 1 | 1 |
|  | Dasyproctidae | 1 | 1 |
|  | Agoutidae | 1 | 1 |
|  | Echimyidae | 2 | 2 |
|  | Leporidae | 1 | 2 |
| Carnívora | Canidae | 2 | 2 |
|  | Procyonidae | 4 | 4 |
|  | Mustelidae | 8 | 8 |
|  | Felidae | 4 | 5 |

| Orden | Familias | No. de géneros | No. de especies |
|---|---|---|---|
| Sirenia | Trichechidae | 1 | 1 |
| Perissodactyla | Tapiridae | 1 | 1 |
| Artiodactyla | Tayassuidae | 2 | 2 |
| | Cervidae | 2 | 2 |
| Cetacea | Delphinidae | 2 | 2 |
| Cetacea | Balaenopteridae | 2 | 2 |
| Total | | 120 | 176 |

Aves (MARTÍNEZ-SÁNCHEZ 2000ª, STILES & SKUTCH, 1998):

| Orden | Familia | No. de géneros | No. de especies |
|---|---|---|---|
| Tinamiformes | Tinamidae | 2 | 4 |
| Podicipediformes | Podicipedidae | 2 | 2 |
| Pelecaniformes | Sulidae | 1 | 2 |
| | Pelecanidae | 1 | 2 |
| | Phalacrocoracidae | 1 | 1 |
| | Anhingidae | 1 | 1 |
| | Fregatidae | 1 | 1 |
| Ciconiiformes | Ardeidae | 11 | 16 |
| | Threskiornithidae | 4 | 4 |
| | Ciconidae | 2 | 2 |
| Falconiformes | Cathartidae | 3 | 4 |
| | Accipitridae | 20 | 33 |
| | Falconidae | 5 | 11 |
| Anseriformes | Anatidae | 4 | 14 |
| Galliformes | Cracidae | 4 | 4 |
| | Odontophoridae | 5 | 7 |
| Gruiformes | Rallidae | 7 | 11 |
| | Heliornithidae | 1 | 1 |

| Orden | Familia | No. de géneros | No. de especies |
|---|---|---|---|
| | Eurypygidae | 1 | 1 |
| | Aramidae | 1 | 1 |
| Charadriiformes | Burhinidae | 1 | 1 |
| | Charadriidae | 2 | 5 |
| | Haematopodidae | 1 | 1 |
| | Recurvirostridae | 1 | 1 |
| | Scolopacidae | 13 | 24 |
| | Laridae | 4 | 16 |
| Columbiformes | Columbidae | 6 | 20 |
| Psittaciformes | Psittacidae | 7 | 15 |
| Cuculiformes | Cuculidae | 8 | 11 |
| Strigiformes | Tytonidae | 1 | 1 |
| | Strigidae | 8 | 11 |
| Caprimulgiformes | Caprimulgidae | 4 | 10 |
| | Nyctibidae | 1 | 3 |
| Apodiformes | Apodidae | 4 | 8 |
| | Trochilidae | 24 | 35 |
| Trogoniformes | Trogonidae | 2 | 7 |
| Coraciiformes | Momotidae | 5 | 6 |
| | Alcedinidae | 2 | 6 |
| Piciformes | Bucconidae | 3 | 3 |
| | Galbulidae | 1 | 1 |
| | Ramphastidae | 4 | 5 |
| | Picidae | 10 | 16 |
| Passeriformes | Furnariidae | 5 | 7 |
| | Dendrocolaptidae | 7 | 13 |
| | Thamnophilidae | 14 | 18 |
| | Formicariidae | 2 | 3 |
| | Tyrannidae | 40 | 65 |
| | Cotingidae | 4 | 4 |

| Orden | Familia | No. de géneros | No. de especies |
|---|---|---|---|
| | Pipridae | 4 | 4 |
| | Vireonidae | 4 | 13 |
| | Corvidae | 4 | 5 |
| | Hirundinidae | 7 | 9 |
| | Certhiidae | 1 | 1 |
| | Troglodytidae | 8 | 18 |
| | Cinclidae | 1 | 1 |
| | Sylviidae | 3 | 4 |
| | Turdidae | 5 | 11 |
| | Mimidae | 1 | 1 |
| | Bombycillidae | 1 | 1 |
| | Peucedramidae | 1 | 1 |
| | Parulidae | 16 | 45 |
| | Coerebidae | 1 | 1 |
| | Thraupidae | 14 | 33 |
| | Emberizidae | 16 | 22 |
| | Cardinalidae | 7 | 12 |
| | Icteridae | 13 | 22 |
| | Fringillidae | 1 | 2 |
| | Passeridae | 1 | 1 |
| **Total** | | **370** | **645** |

**Anfibios** (KOHLER, 2001):

| Orden | Familia | No. de géneros | No. de especies |
|---|---|---|---|
| Gymnophiona | Caeciliidae | 2 | 2 |
| Caudata | Plethodontidae | 3 | 6 |
| Anura | Bufonidae | 1 | 6 |
|  | Centrolenidae | 3 | 5 |
|  | Dendrobatidae | 3 | 4 |
|  | Hylidae | 5 | 19 |
|  | Leptodactylidae | 3 | 16 |
|  | Microhylidae | 2 | 2 |
|  | Ranidae | 1 | 7 |
|  | Rhinophrynidae | 1 | 1 |
|  |  | 24 | 68 |

**Reptiles** (KOHLER, 2001; KOHLER, 2003):

| Orden | Familia | No. De géneros | No. De especies |
|---|---|---|---|
| Crocodylia | Alligatoridae | 1 | 1 |
|  | Crocodylidae | 1 | 1 |
| Testudines | Cheloniidae | 4 | 4 |
|  | Chelydridae | 1 | 1 |
|  | Dermochelyidae | 1 | 1 |
|  | Emydidae | 2 | 4 |
|  | Kinosternidae | 1 | 3 |
| Sauria | Anguidae | 3 | 4 |
|  | Gekkonidae | 7 | 10 |
|  | Iguanidae | 8 | 26 |
|  | Scincidae | 3 | 3 |
|  | Teiidae | 3 | 5 |
|  | Xanthusiidae | 1 | 1 |

| Orden | Familia | No. De géneros | No. De especies |
|---|---|---|---|
| Serpentes | Boidae | 4 | 5 |
| | Culubridae | 42 | 77 |
| | Elapidae | 2 | 4 |
| | Leptotyphlopidae | 1 | 2 |
| | Thyphlopidae | 1 | 1 |
| | Viperidae | 8 | 9 |
| | | **94** | **162** |

**Peces** (MARTÍNEZ-SANCHEZ *et al.* 2001; STAUFFER Y MCKAYE, 2002; VILLA, 1982):

| Orden | Familia | No. de géneros | No. de especies |
|---|---|---|---|
| Squaliformes | Carcharhinidae | 1 | 1 |
| Rajiformes | Pristidae | 1 | 2 |
| lepisosteiformes | Lepisosteidae | 1 | 2 |
| Elopiformes | Elopidae | 1 | 2 |
| Elopiformes | Megalopidae | 1 | 1 |
| Anguilliformes | Anguillidae | 1 | 1 |
| Anguilliformes | Ophicthiidae | 1 | 2 |
| Clupeiformes | Cupleidae | 3 | 4 |
| Clupeiformes | Engraulidae | 3 | 12 |
| Cypriniformes | Characinidae | 2 | 8 |
| Cypriniformes | Gymnotidae | 1 | 1 |
| Cypriniformes | Cyprinidae | 1 | 1 |
| Siluriformes | Ariidae | 3 | 8 |
| Siluriformes | Pimelodidae | 1 | 6 |
| Siluriformes | Poeciliidae | 9 | 15 |
| Siluriformes | atherinidae | 1 | 5 |
| Siluriformes | Cyprinodontidae | 2 | 2 |
| Siluriformes | Anablepidae | 1 | 1 |
| Gasterosteiformes | Syngnathidae | 2 | 4 |

| Orden | Familia | No. de géneros | No. de especies |
|---|---|---|---|
| Synbranchiformes | Synbranchidae | 2 | 2 |
| Perciformes | Centopomidae | 1 | 7 |
| Perciformes | Carangidae | 2 | 6 |
| Perciformes | Lutjanidae | 1 | 8 |
| Perciformes | Gerreidae | 3 | 12 |
| Perciformes | Pomadasyidae | 1 | 6 |
| Perciformes | Cichlidae | 4 | 18 |
| Perciformes | Mugilidae | 3 | 6 |
| Perciformes | Polynemidae | 1 | 3 |
| Perciformes | Dactyloscopidae | 1 | 1 |
| Perciformes | Eleotridae | 5 | 10 |
| Perciformes | Gobiidae | 5 | 13 |
| Pleuronectiformes | Bothidae | 1 | 3 |
| Pleuronectiformes | Soleidae | 2 | 4 |
| Tetraodontiformes | Tetraodontidae | 2 | 4 |
| **Total** | | **70** | **181** |

**Moluscos** (PÉREZ *et al.* 2003):

| Hábitat | Gasterópodos | Bivalvos | Poliplacóforos | Dentálidos | TOTAL |
|---|---|---|---|---|---|
| Moluscos Marinos del Pacífico | 929 | 294 | 20 | 8 | 1,251 |
| Moluscos Marinos del Caribe | 280 | 118 | 0 | 2 | 400 |
| Moluscos Continentales | 227 | 30 | 0 | 0 | 257 |
| **TOTAL** | **1,436** | **442** | **20** | **10** | **1,908** |

**Megaevolución y macroevolución.**

Según BEROVIDES & BORGES (1984) la **megaevolución** es el origen de nuevos patrones de organización biológica (los phyla y las clases), es un evento raro, en el que ocurren procesos macroevolutivos y microevolutivos.

Mediante procesos megaevolutivos surgieron los grandes grupos como insectos, moluscos, vertebrados, etc. La megaevolución supone que, en estos intentos, los nuevos taxa ocupan nuevas zonas ecológicas.

La **macroevolución** implica divergencia evolutiva, pues a partir de un tronco común generalizado surgen líneas que van divergiendo al irse adaptando a nuevas subzonas ecológicas.

Un ejemplo de macroevolución es que a partir de los mamíferos insectívoros (forma generalizada de mamíferos placentarios) irradian líneas especializadas de mamíferos como los quirópteros, cetáceos y perisodáctilos, cada uno de ellos adaptados a diferentes condiciones evolutivas.

En los procesos de microevolución y especiación, están involucradas las diferentes fuerzas evolutivas como la selección natural, mutaciones, migraciones y recombinación genética.

**Tipos de especiación.**

La especiación, en síntesis, es el proceso evolutivo por el cual se producen especies nuevas.

**Tipos de especiación:**

**I. En cuanto al proceso en sí mismo:**

1. Filética:

SP A ⟶ SP B

No aumenta el número de especies.

2. Divergente:

A. Patrón dicótomo:

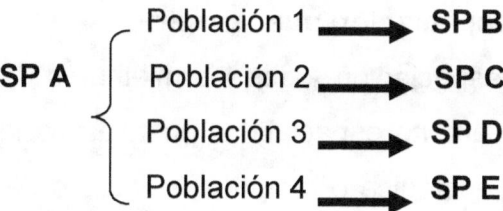

La especie A desaparece.

B. Patrón escurrente:

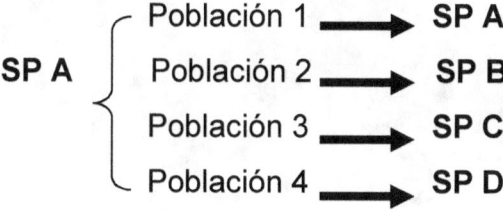

Lo mismo pero la especie A no desaparece.

3. Especiación convergente o híbrida:

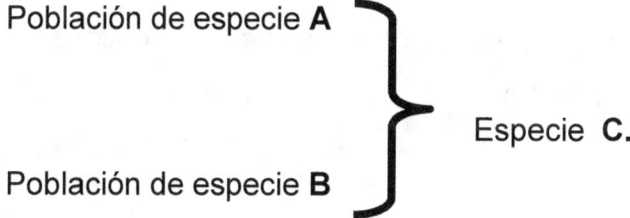

**Características de la especiación:**

1) Es un fenómeno complejo.

2) Varía de especie a especie.

3) No se observa, debe ser deducido de observaciones incompletas.

4) El proceso básico consta de dos partes:

a. Aislamiento reproductivo.

b. Divergencia genética.

**II. En términos espaciales los procesos de especiación pueden ser:**

1. **Especiación simpátrica:** En este tipo de especiación todos los miembros de las especies en formación están en el mismo ámbito espacial. Se postula que la especiación tiene lugar mediante segregación ecológica o temporal, selección del hábitat, etc.

A. Por poliploidías: principalmente en plantas. Se formas nuevas especies que mantienen el doble o el cuadrúple de su número de cromosomas.

B. Por selección disruptiva: hay una segregación de nicho entre los individuos del segmento A y el B de la población.

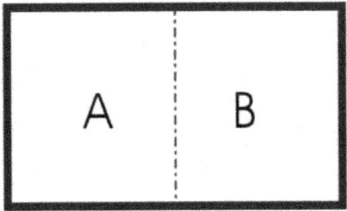

2. **Especiación alopátrica:**

En este caso se parte de la existencia de patrones disyuntos en las poblaciones, por lo que la segregación espacial inician el proceso de especiación y conllevan a la evolución de los mecanismos de aislamiento.

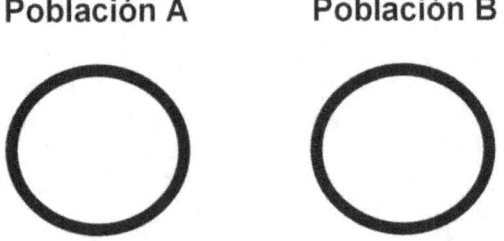

## 3. Especiación parapátrica.

Se presenta en poblaciones que tienen zonas de contacto en sus límites de distribución. Si se produce entrecruzamiento es sólo en una fracción muy pequeña de la población.

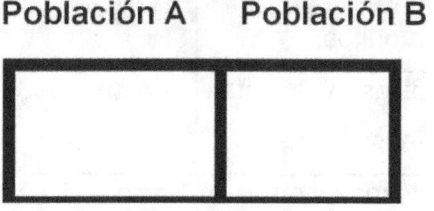

**Diversificación. Diferenciación ecológica.**

**Ecotipos:** Son diferentes poblaciones de la misma especie que se han diferenciado debido a factores ecológicos, como ocupar hábitats diferentes, como prades y bosques adyacentes, zonas altitudinales, tipos de suelos dentro de un hábitat, etc.

Fig. 93.- Ecotipos. Dibujo del Autor.

**Extinción. Extinciones recientes.**

Las extinciones constituyen un fenómeno biológico natural, aunque a lo largo de la historia de la vida en la tierra han acontecido varios fenómenos llamados EXTINCIONES MASIVAS, que son de otros orígenes. La más importante de ellas, conocida como la SEXTA EXTINCIÓN (ANDERSON, 1999) está teniendo lugar actualmente y está siendo ocasionada por manejo inadecuado del hombre por el resto de los seres vivos y otros recursos naturales del planeta (Cuadro 9).

Cuadro 9.- Extinciones masivas. Tomado de ANDERSON (1999).

| No. | Evento | Causa | Víctimas clave | Referencia |
|---|---|---|---|---|
| 6 | Fin del cuaternario | Sobreexplotación humana | Mamíferos y aves. | Leakey & Levins, 1997 |
| 5 | Fin del cretácico | Impacto de asteroide | Dinosaurios y ammonites. | Grady, 1997 |
| 4 | Triásico avanzado | Impacto de asteroide | Reptiles y plantas gimnospermas | Benton, 1993 |
| 3 | Fin del pérmico | Envenenamiento masivo por $CO_2$ | Protozoos y otros | Erwin, 1993; Bowring & Martin, 1999 |
| 2 | Devónico avanzado | Impacto de asteroide | Invertebrados marinos | McGhee, 1994 |
| 1 | Silúrico | Cambio climático | Invertebrados marinos | Scotese et al., 1990 |

**Bibliografía.**

ANDERSON, J.M. 1999. *Towards Gondwana alive. A Gondwana alive society book*, Pretoria. 139 p.

BEROVIDES, V. & T. BORGES. 1984. *Evolución.* Editorial Pueblo y educación, La Habana. 283 p.

GRIJALVA, A. 1999. Diversidad de especies: flora. *En*: Biodiversidad en Nicaragua. Un estudio de país. MARENA-PANIF, Managua. pp. 237-276.

KÖHLER, G. 2001. *Anfibios y Reptiles de Nicaragua.* Herpeton, Offenbach, Alemania.

KÖHLER, G. 2003. *Reptiles de Centroamérica.* Herpeton, Offenbach, Alemania. 367 p.

KROGH, D. 2011. *Biology. A Guide to the Natural World.* Pearson Education, Inc. 5$^{th}$ edition. 725 p. + Apéndices.

MAYR, E. & P.D. ASHLOCK. 1993. *Principles of systematic zoology.* McGraw Hill, New York, 475 p.

MARTÍNEZ-SÁNCHEZ, J.C. 2000a. *Lista patrón de las aves de Nicaragua.* National Fish and Wildlife Foundation-Fundación Cocibolca-GTZ, Managua. 59 p.

MARTÍNEZ-SÁNCHEZ, J.C. 2000b. *Lista patrón de los mamíferos de Nicaragua.* National Fish and Wildlife Foundation-Fundación Cocibolca, Managua. 35 p.

MARTÍNEZ-SÁNCHEZ, J.C., J.M. MAES, E. van den BERGHE, S. MORALES & E. CASTAÑEDA. 2001. *Biodiversidad zoológica en Nicaragua.* PNUD, GEF, MARENA, Managua. 144 p.

MATLOCK, D.B. Y L.A. WILLIAMS. 2005. Investigaciones de la variabilidad genética en camarones de rio (*Macrobrachium*) en Nicaragua. Presentación de power point, UCA, Managua.

MEYRAT, A. 2001. Estado de conservación de los ecosistemas de Nicaragua. *En:* Estrategia Nacional de Biodiversidad. Imprimatur, Managua.189 p.

REGOS, J. 1989. *Introducción a la ecología tropical.* Editorial UCA, Managua. 252 p.

REID, F.A. 1997. *Mammals from Central America and Southeast Mexico.* New York, Oxford. Oxford University Press. 334 p.

PEREZ, A.M. 2004. *Aspectos conceptuales, análisis numérico, monitoreo y publicación de datos sobre biodiversidad.* Araucaria-Marena, Managua. 300 p.

PÉREZ, A.M., A. LÓPEZ, J. URCUYO & M. SOTELO. 2003. Sinopsis cuantitativa de la malacofauna de Nicaragua. *En:* Malacologia Latinoamerica, 401-404.

STAUFFER, J.R. K.R.McKAYE. 2002. Descriptions of three new species of cichlid fishes (Teleostei: Cichlidae) from Lake Xiloá, Nicaragua. *Cuadernos de Investigación* (UCA), 12:1-18.

STILES, F.G. & A. SKUTCH. 1998. *Guía de Aves de Costa Rica.* 2ª ed. INBIO, Heredia, Costa Rica. 702 p.

VILLA, J. 1982. *Peces nicaragüenses de agua dulce.* Banco de América, Managua. 253 p.

WHITTAKER, R.H. 1975. *Communities and ecosystems.* 2nd. Edition. New York, MacMillan.

## VII. Clasificando la biodiversidad.
### Escuelas de pensamiento.

Según CRISCI & LÓPEZ (1983) a pesar de la variedad de opiniones existentes sobre el enfoque y los fundamentos de la clasificación en biología, se puede considerar que existen cuatro doctrinas o corrientes de pensamiento que han realizado aproximaciones a este proceso.

De acuerdo a estos autores, estas corrientes son: **Esencialismo**, **Cladismo**, **Evolucionismo** y **Feneticismo**. La primera de estas corrientes, el **Esencialismo**, plantea que la variación dentro de un mismo taxón es desechable, por ser el producto de la desviación de los arquetipos básicos. Esta escuela se ha denominado también "Tipológica", porque postula la existencia de tipos básicos.

Las otras escuelas de pensamiento sí reconocen la existencia de la variabilidad y enfrentan el proceso de clasificación de acuerdo a esta premisa pero de manera diferente en lo relacionado con el estudio y valoración de los caracteres.

**Escuela esencialista:** Thompson (1952, 1962); Blackwelder & Boyden (1952) y Borgmeier (1957).

Aunque esta escuela fue en sus orígenes esencialista y es por concepto tipológica, ha sentado la pauta de la sistemática clásica que aún se lleva a cabo en nuestros días. Por ejemplo, en la actualidad para describir una especie, aún aceptando que existe la variación, esta especie se describe de un "tipo", que es un espécimen elegido de entre una serie por su buen estado de conservación y representatividad.

**Escuela cladista:** Brundin (1968); Hennig (1968); Schlee (1969); Janvier *et al.* (1980) y Wiley (1981).

El cladismo es la más reciente y compleja de las escuelas de la sistemática, acepta de algún modo los datos y conocimientos de la sistemática clásica y busca un método objetivo para inferir filogenias. Se propone, por tanto, la construcción de redes de ramificación filogenética que reflejen relaciones de parentesco ancestro-descendiente.

Las relaciones de parentesco establecidas por este método se representan en clasificaciones jerárquicas, dicotómicas casi en todos los casos, que se denominan **cladogramas**.

Plantea que los ancestros son hipotéticos y no pueden ser reconocidos e identificados.

De modo general se carece de la información requerida para realizar éstos análisis (v.g. selección de los **outgroups o grupos hermanos**).

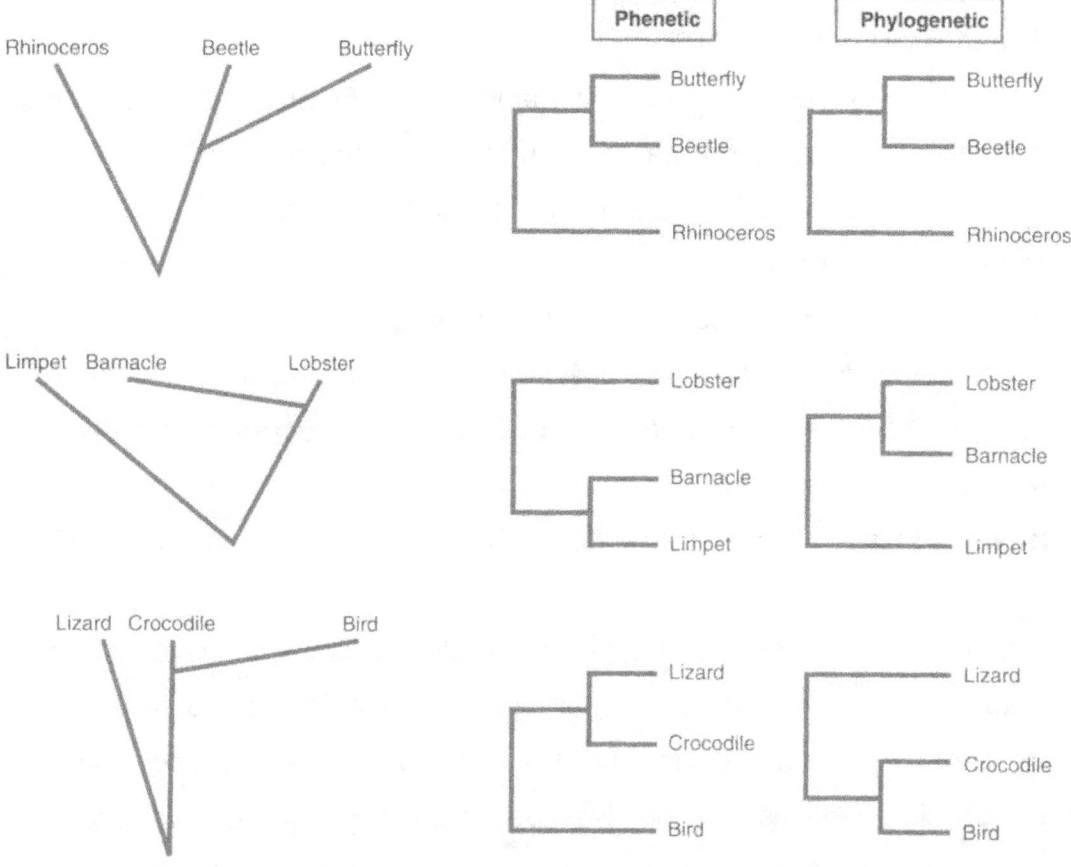

Fig. 94.- Tipos de dendrogramas de las escuelas de pensamiento (Tomado de RIDLEY, 1996).

**Escuela feneticista:** Guédes (1967) y Sneath & Sokal (1973).

En esta escuela se persigue la evaluación numérica de la afinidad o semejanza entre unidades taxonómicas y la clasificación de estas unidades en táxones de orden superior según su afinidad. Es decir, busca la construcción de clasificaciones objetivas y reproducibles, por métodos de análisis estadístico.

Para los **feneticistas** no existen **a priori** caracteres más importantes que otros, y si así fuera sería imposible reconocerlos. Sin embargo Sokal y Sneath (1973) establecen que los complejos de caracteres tienen valores diferenciales en proporción a su complejidad o contenido de información, lo cual está expresado por el número de caracteres que lo compone.

Según Cain (1959), Heywood (1968) y Mayr (1969) para entender la posición del feneticismo se debe distinguir significación o peso **a priori** de significación o peso a **a posteriori**. La primera consiste en otorgar mayor valor taxonómico a uno o más caracteres antes de realizar el proceso de clasificación.

Esos caracteres se reconocen usando algún criterio establecido. Por ejemplo, porque son estables genéticamente, porque se comportan como caracteres diagnósticos en otros grupos, porque exhiben escasa plasticidad fenotípica, o bien por sospechar que son indicadores de relaciones filogenéticas (Mayr, 1969).

La significacióm *a posteriori* es el resultado de la clasificación y consiste en reconocer él o los caracteres que mejor discriminan o diagnostican los grupos formados.

**Escuela evolucionista:** Simpson (1961) y Bock (1973).

Los evolucionistas proponen una cladística numérica o cuantitativa que viene a revisar y comprobar las sistemáticas realizadas por el método tradicional, y a aclarar los casos dudosos. Es una escuela que propone métodos de reconstrucción filogenética al modo usual en paleontología, y que acepta, en contra del cladismo, que los ancestros pueden ser reconocidos e identificados.

El método de tratamiento de datos para hacer sistemática incluye dos procesos:

1. Análisis cladístico según Hennig, que proporciona cladogramas que deben ser sometidos a comprobación.

Análisis de divergencias taxonómicas entre elementos a clasificar, según la taxonomía numérica.

**Variables biológicas o Caracteres diagnósticos.**

Son aquellos que usa el taxónomo para identificar un taxón determinado, aunque todos los caracteres están sometidos al fenómeno de la variación.

La utilidad que tenga cada uno para la clasificación va a depender del grado de variación que presente. Un carácter con alta variabilidad individual, es pobre indicador de relaciones entre grupos y por consiguiente, no es útil como carácter diagnóstico.

Un taxónomo sin embargo, debe precisar a que nivel de las categorías taxonómicas en estudio, se analiza la variación. Un carácter puede ser muy variable en el nivel de una población y no de otra, y como un todo ser poco variable a nievel de la especie, al compararla con otras especies en el nivel de género.

Existen caracteres especiales en su variación, es decir, casi invariables, pero éstos no son frecuentes.

Es imposible contar con una lista exhaustiva y única de los tipos de caracteres que pueden ser estudiados en cada grupo de organismos, por cuanto ésto es sumamente variable. Solo los especialistas de cada grupo están en condiciones de definirlos y describirlos.

Según CRISCI & LÓPEZ (1983) una clasificación general de los tipos de caracteres podría ser la siguiente:

1.- Morfológicos.
a) externos
b) internos
c) embriológicos
d) palinológicos
e) citológicos
f) ultraestructurales

2.- Fisiológicos

3.- Químicos

4.- Etológicos

5.- Ecológicos
a) habitat
b) parásitos
c) alimentos
d) variaciones estacionales

6.- Geográficos
a) distribución
b) relación entre poblaciones (simpatría, alopatría, etc)

7.- Genéticos

**Variables morfológicas.**

Una de las problemáticas de los estudios taxonómicos morfológicos es la consecusión de las variables diagnósticas de interés, lo cual está disperso en la bibliografía y no siempre es de fácil acceso. Debido a ello se presenta a continuación una síntesis de variables claves en varios taxa representativos (según PÉREZ, 2004).

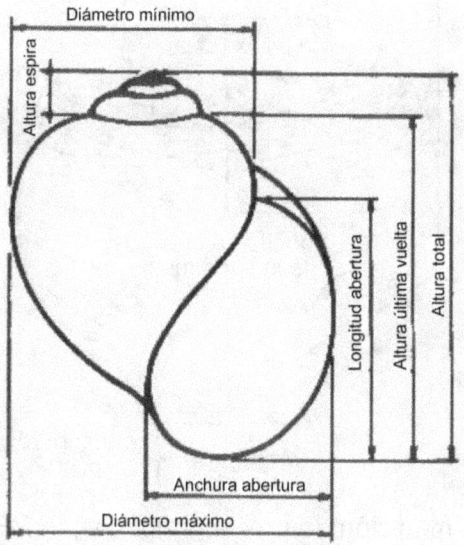

Fig. 95.- Protocolo de medición de un caracol (DAVILA, 2002).

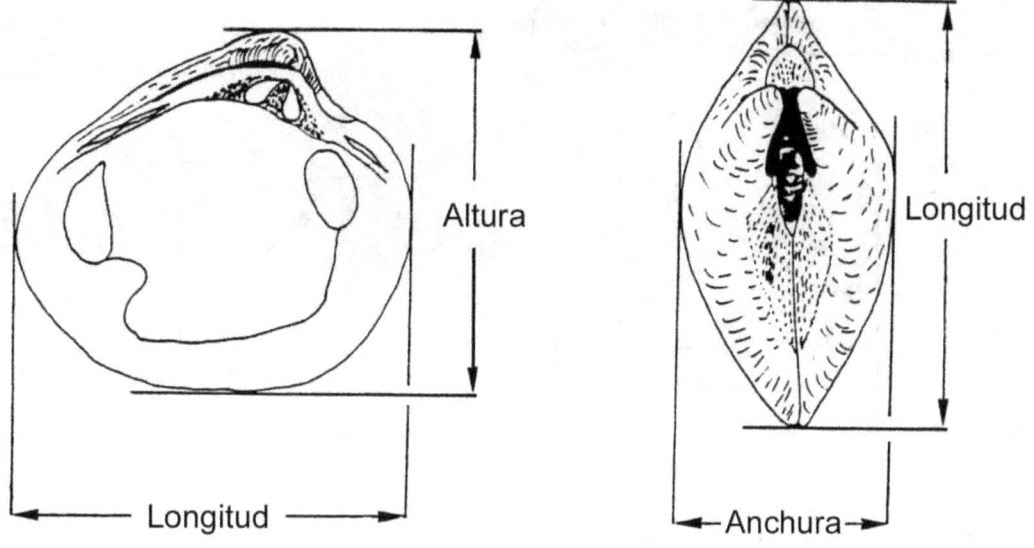

Fig. 96.- Protocolo de medición de un bivalvo (PEREZ *et al.* 2002)

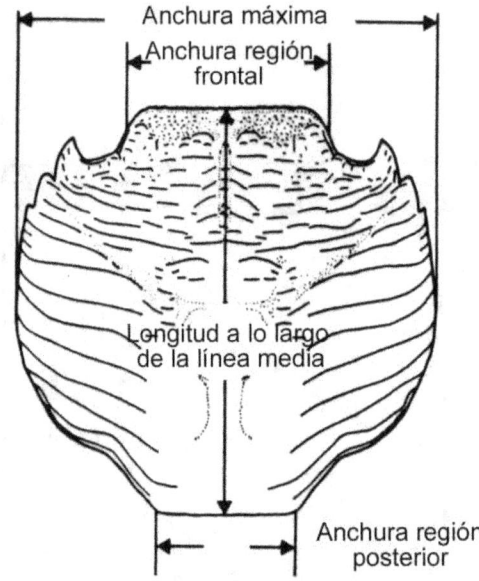

Fig. 97.- Protocolo de medición de un cangrejo (Según REYMENT *et al.* 1984).

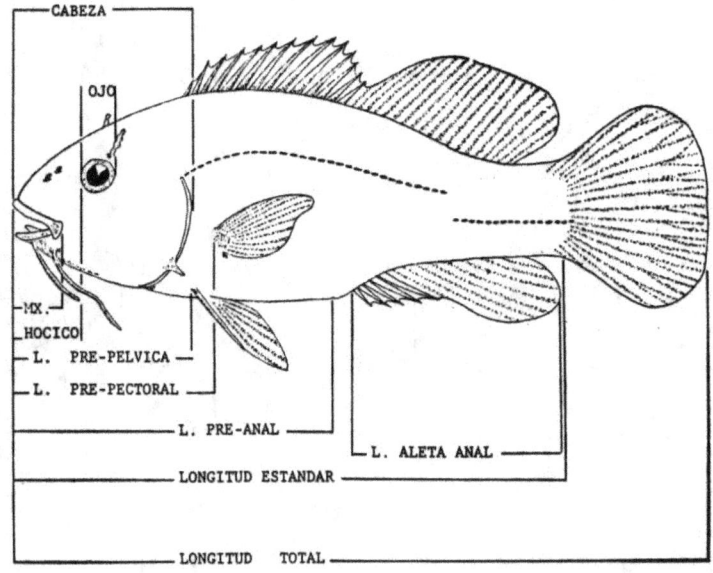

Fig. 98.- Protocolo de medición de un pez (Según VILLA, 1982).

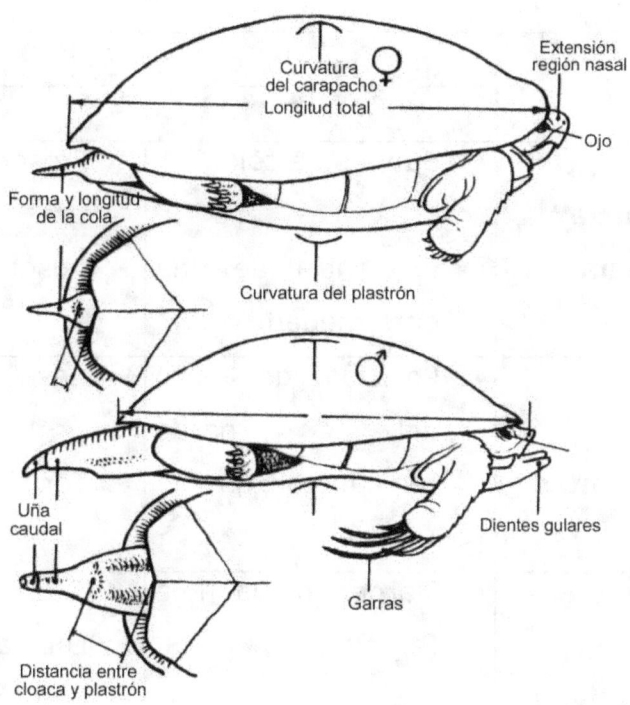

Fig. 99.- Protocolo de medición de un quelonio (Según OBST, 1986).

**Selección de variables. Análisis numérico (Varianza, Análisis de clasificación, Análisis de Componentes Principales).**

Las variables con mucha variabilidad o varianza no son muy deseables de cara a construir clasificaciones. Para detectar estas variables hay que aplicar diferentes técnicas estadísticas, dentro de las cuáles lo más sencillo es es el cálculo de la varianza, es muy deseable aplicar análisis de componentes principales y analizar cuánto aportan las variables consideradas en un determinado estudio a la variabilidad total.

Lo más importante es tener claro, ante todo, los tipos de variables que podemos encontrarnos. Para ello recomendamos la síntesis que se presenta en el Cuadro 10. En el caso de un estudio de poblaciones la mayor parte de las variables serán variables morfológicas, en sentido amplio, es decir, externas e internas. En el caso de las externas una gran parte de ellas se presentan en las figuras antes vistas.

Cuadro 10.- Tipos de variables (Según CRISCI & LÓPEZ, 1983).

| Tipos de variables | | Ejemplos | |
|---|---|---|---|
| | | Carácter | Estados |
| Doble estado | Presencia/ Ausencia | • Bandas de color<br><br>• Existencia de una enfermedad | ➢ Presencia<br><br>➢ Ausencia |
| | Estados Excluyentes | • Posición del saco del dardo (en caracoles) | ➢ Basal<br><br>➢ Terminal |
| Multiestado | Cualitativos | • Margen de la hoja (en plantas)<br><br><br>• Color de la piel | ➢ Aserrado<br>➢ Lobulado<br>➢ Entero, etc.<br><br>➢ Blanco<br>➢ Negro<br>➢ Cobrizo, etc. |
| | Cuantitativos | Continuos | ➢ Longitudes<br>➢ Alturas<br>➢ Pesos |
| | | Discretos | ➢ Cantidad de dientes de un mamífero<br><br>➢ Cantidad de huevos de un ave |

Para el estudio de la variación hay algunos estadísticos descriptivos que son sencillos de calcular y de gran importancia, es tos son: la Varianza, la Desviación estándar y el Coeficiente de variación.

**Varianza**: se puede definir como el cuadrado de la media de las desviaciones de los elementos respecto a la media poblacional y se representa como Sigma$^2$

Pero en general la expresión de trabajo es la siguiente:

$$S^2 = \frac{\Sigma X^2 - (\Sigma X)^2/n}{n - 1}$$

**Desviación estándar:**

La varianza es de gran importancia en muchas aplicaciones de la estadística, pero puesto que no es una función lineal, su sentido numérico no se aprecia fácilmente. Su raíz cuadrada tiene las mismas dimensiones que la variable y se aprecia mejor como medida de dispersión. la raíz cuadrada de la varianza se conoce como desviación estándar.

Se representa como Sigma, la poblacional y S la muestral

La expresión de trabajo es la siguiente:

$$S^2 = \sqrt{\left\{\frac{\Sigma X^2 - (\Sigma X)^2/n}{n - 1}\right\}}$$

**Coeficiente de variación**: Es la desviación estándar expresada como porcentaje de la media aritmética, se representa como:

$$C.V. = \frac{S}{\bar{X}} \cdot 100$$

Su utilidad principal consiste en poner de manifiesto el grado de dispersión en función de la media.

Utilizando el C.V. es posible comparar las dispersiones de dos o más grupos de datos que son dados en unidades distintas, independientemente de los valores de las medias.

La comparación de valores de C.V. derivados de distribuciones diferentes es casi invariablemente válida si las variables son homólogas. De lo contrario, la experiencia sugiere que la comparación es todavía válida si las variables son análogas y pertenecen a la misma categoría. El hecho de que los elefantes pueden tener una desviación estándar de 50 mm para una dimensión lineal y los ratones una de 0.5 mm para la misma dimensión, no significa necesariamente que los elefantes sean más variables que los ratones.

Los elefantes son cientos de veces mayores y la variación absoluta deberá ser cientos de veces mayor. La solución es relacionar la medida de variación absoluta a unamedida de tamaño absoluto: la desviación estándar y la media, y como esta proporción es muy pequeña se multiplican los valores por 100.

Si queremos cuantificar si la varianza encontrada en nuestras variables apunta a que estamos en presencia de sub especies, especies o géneros diferentes podemos hacer uso de uan serie de técnicas estadísticas como el Análisis de la Varianza (ANOVA), Análisis de la Varianza Multivariado (MANOVA), Análisis de Componentes Principales (PCA), Análisis de Discriminante (DA) o el Análisis de Clasificación (CA) también utilizado para estudiar la diversidad beta. A continuación se presentan algunos de ejemplos de usos de estas técnicas multivariadas.

**Ejemplo.** Se realizó un estudio en *Bulimulus corneus*, una especie de caracol terrestre con el objetivo de detectar variaciones morfológicas en las poblaciones del país. Se estudiaron ocho variables de la concha en individuos de 11 poblaciones de todo el país (PÉREZ & LÓPEZ, 1997).

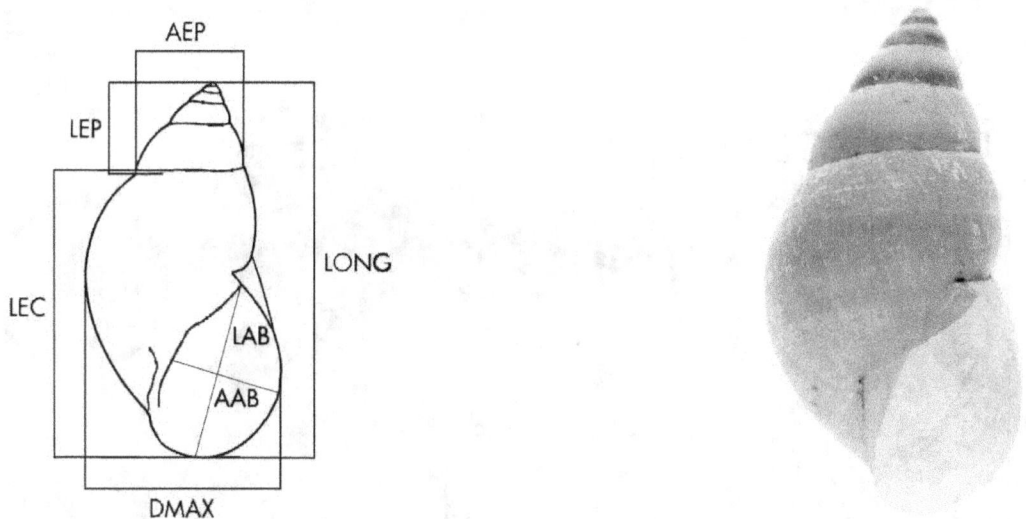

Fig. 100.- *Bulimulus corneus*. Foto y mediciones. Fotos del Centro de Malacología y Diversidad Animal, UCA.

Se aplicó un Análisis de Componentes Principales a las variables medidas. Los resultados gráficos obtenidos son los siguientes. En el gráfico se muestran las especies según los dos componentes principales que reunen el mayor porcentaje de variación. Como este análisis es de ordenación, lo que se obtiene son agrupamientos espaciales que suponen una mayor relación en la medida que las entidades (en este caso las especies) se encuentran más cercanas.

De tal suerte, en este caso podemos observar tres grupos, uno formado por la mayoría de los individuos de todas las poblaciones, otro conformado por los individuos de la población nueve (Ocotal), y otro por los individuos de las poblaciones 1, 2 y 3, todas del Pacífico.

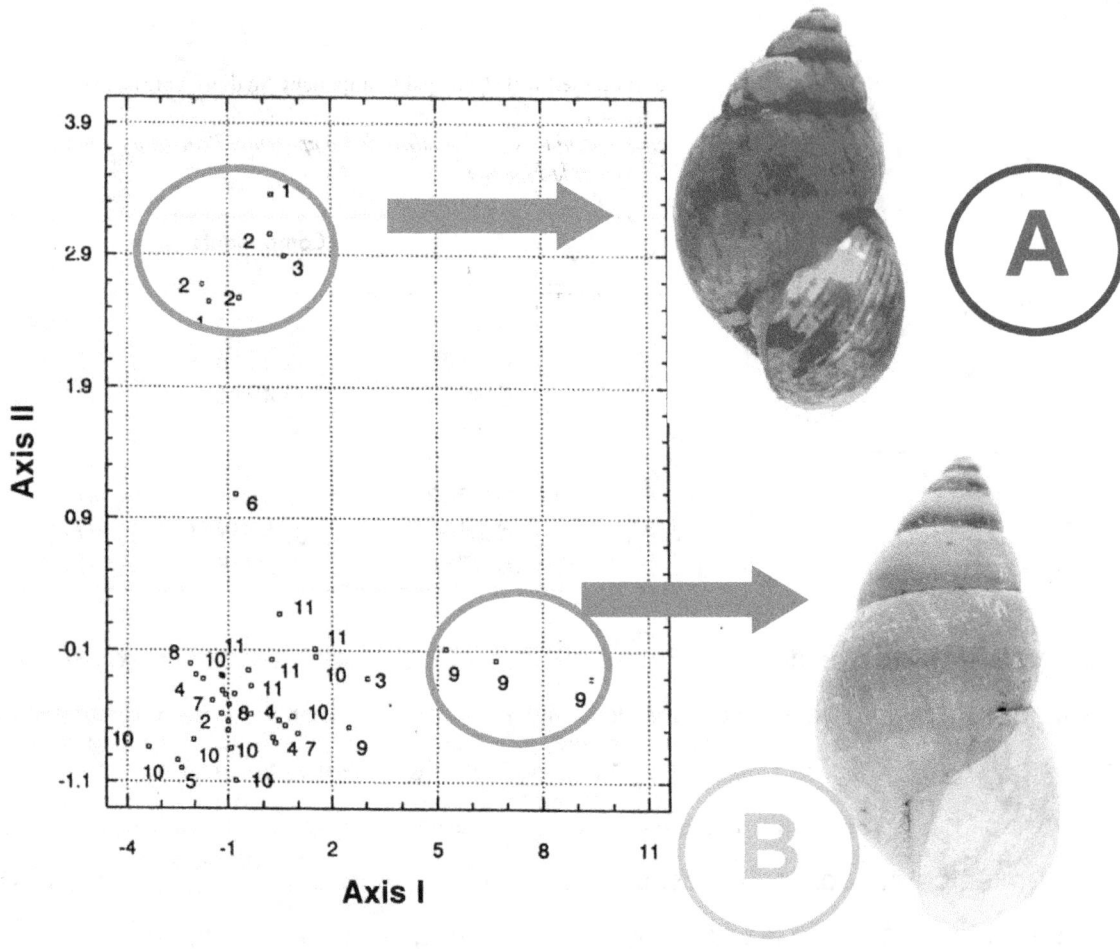

Fig. 101.- Análisis de Componentes Principales en poblaciones de *Bulimulus corneus* de varias localidades de Nicaragua. Fotos del Centro de Malacología y Diversidad Animal, UCA.

**Ejemplo 2.** Existen dos especies con las que tenemos algunos problemas de identificación ya que algunos especímenes presentan caracteres intermedios entre ambas. Para solucionar esta situación de tomaron algunas medidas de la concha y se consideraron algunas variables como la coloración y patrón de manchas.

Fig. 102.- *Cypraea cervinetta* y *Cypraea zebra*. Fotos de Adolfo López, SJ.

Posteriormente se realizó un Análisis Discriminante basado en las variables medidas. De los 31 ejemplares medidos, 22 fueron previamente asignados por nosotros a *Cypraea zebra*, 7 fueron asignados por nosotros a *Cypraea cervinetta* y 2 fueron ejemplares dudosos.

|  |  | Species | Predicted Group Membership | | | Total |
|---|---|---|---|---|---|---|
|  |  |  | 1.00 | 2.00 | 3.00 |  |
| Original | Count | 1.00 | 20 | 0 | 2 | 22 |
|  |  | 2.00 | 0 | 2 | 0 | 2 |
|  |  | 3.00 | 0 | 2 | 5 | 7 |
|  | % | 1.00 | 90.9 | .0 | 9.1 | 100.0 |
|  |  | 2.00 | .0 | 100.0 | .0 | 100.0 |
|  |  | 3.00 | .0 | 28.6 | 71.4 | 100.0 |

a. 87.1% of original grouped cases correctly classified.

Los resultados fueron los siguientes. El programa clasificó 20 de los 22 individuos asignados por nosotros como *Cyparea zebra* a *Cypraea zebra*, los otros dos restantes a *Cypraea cervinetta*. Asimismo, 5 de los 7 ejemplares clasificados por nosotros como cervinetta fueron correctamente clasificados por nosotros y otros dos fueron asignados por el programa a la especie dudosa. Los dos ejemplares clasificados como dudosos por nosotros fueron correctamente clasificados por el programa como una especie diferente.

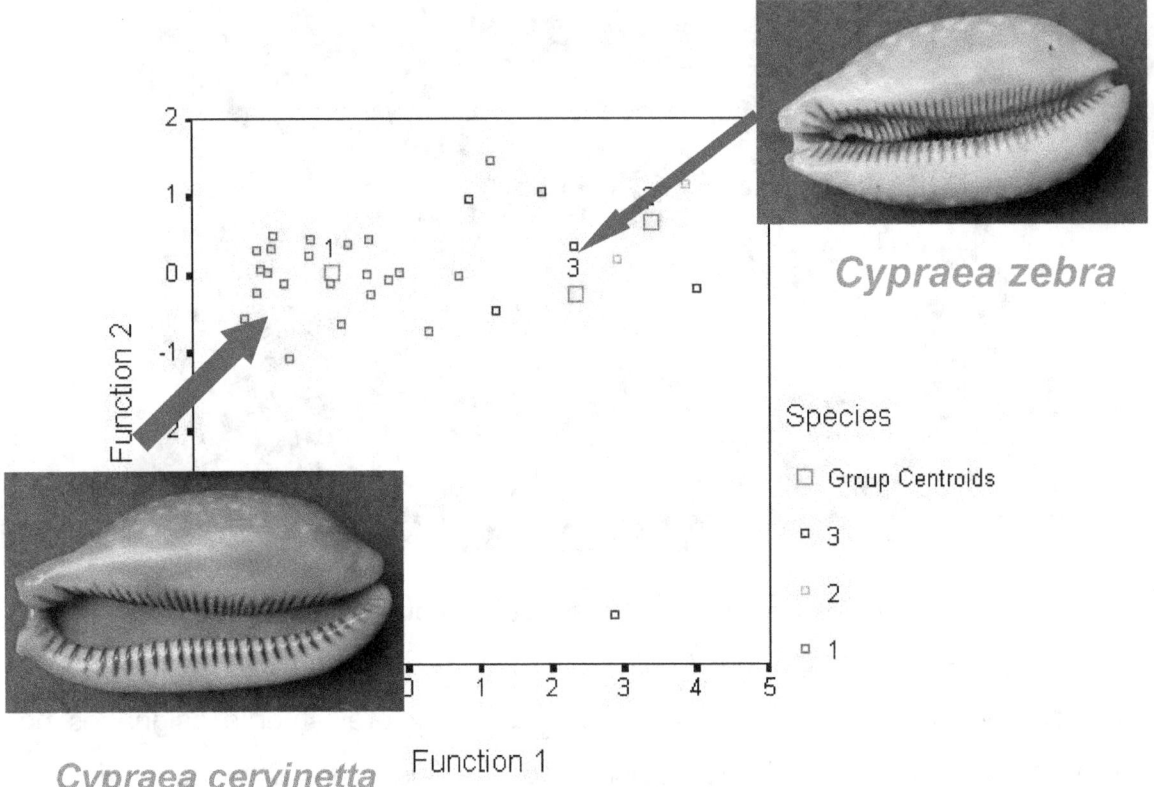

Fig. 103.- Análisis discriminante en *Cypraea cervinetta* y *Cypraea zebra*. Fotos de Adolfo López, SJ y Gráfico del Autor.

**Ejemplo 3.** El objetivo del presente trabajo es acometer la sectorización malacogeográfica de la región del Pacífico de Nicaragua basada en el análisis numérico de las distribuciones de los moluscos gasterópodos continentales presentes en el área.

En la región del Pacífico se presentan 316 cuadrículas UTM de 10 x 10 km, de las cuales 239 son cuadrículas completas y 77 cuadrículas fragmentadas. Por tanto, se dispuso de 316 cuadrículas muestrables, muestreándose finalmente en 221. En algunas de las cuadrículas enteras no se muestreó debido a la inexistencia de caminos, a que los ecosistemas que se presentan son estuarios o la existencia de minas antipersonales que aun quedan desde la última guerra en que estuvo sumido el país.

A partir de los mapas de distribución de las especies, se ha efectuado un análisis de semejanza entre las diferentes zonas atendiendo a la presencia o ausencia de las distintas especies en las mismas. Para el análisis se ha dividido la zona de estudio en 20 cuadrículas de aproximadamente 40 x 40 km.

Para realizar esta nueva fusión se han seguido los criterios antes explicados. Este sistema se ha seguido con vistas a evitar la formación de agrupaciones poco coherentes, producto a la escasa cantidad de especies presentes en algunas cuadrículas. La nueva matriz obtenida comprende 20 cuadrículas (columnas), y 57 especies (filas).

Se elabó un diagrama de mínima expansión (mínimun spanning tree), que es la conexión de todos los elementos (cuadrículas) por la línea que representa la máxima similaridad existente entre ellos. Aunque esta técnica exigiría una representación tridimensional, la ubicación de los elementos analizados en sus coordenadas geográficas permite representar en dos dimensiones las conexiones de máxima similaridad omitiendo la magnitud de las mismas; el diagrama facilita un análisis más preciso del dendrograma y la identificación de distorsiones locales (p. ej., cuadrículas no agrupadas pero con elevada similaridad entre ellas, etc) (PEREZ, 2002).

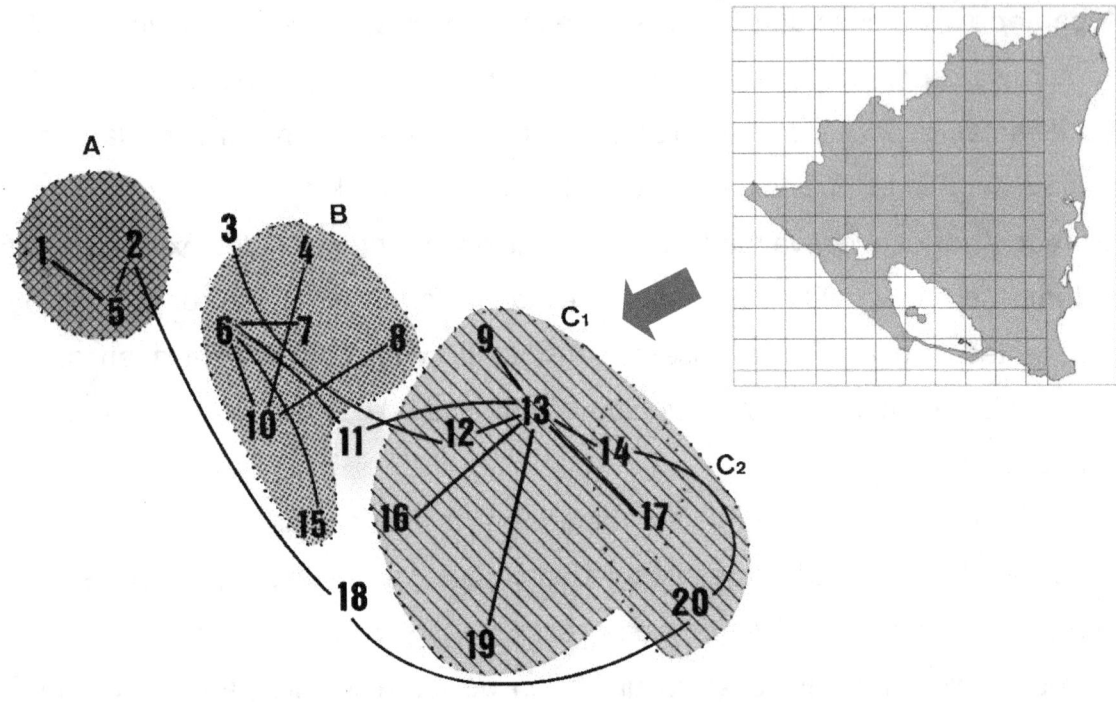

Fig. 104.- Zonación del Pacífico de Nicaragua obtenida mediante al aplicación de un Arbol de Mínima Expansión a los datos de presencia y ausencia de gastrópodos terrestres.

**Bibliografía.**

CRISCI, J.V. & M.F. LÓPEZ. 1983. *Introducción a la teoría y la práctica de la taxonomía numérica*. Secretaría General de la OEA, Washington, D.C. 132 p.

DAVILA, L. 2002. *Taxonomía, contenido nutricional y autoecología de Pomacea flagellata (Say, 1827) (Mollusa: Gastropoda: Ampullariidae) en Nicaragua*. Tesis de Licenciatura, Universidad Nacional Autónoma de Nicaragua. 45 p + Anexos.

LOPEZ, A. & A.M. PEREZ. 2004. *Cypraea cervinetta* (Pacific) and *Cyparea zebra* (Atlantic) a vicarious pair. *Off sea and shore*, 26(1):54-57.

OBST, F.J. 1986. *Turtles, tortoises and terrapins*. Edition Leipzig, Germany. 231 p.

PEREZ, A.M. & A. LOPEZ. 1997. New data on the morphology and the distribution of *Bulimulus corneus* Sowerby, 1833 (Gastropoda: Pulmonata: Othalicidae) in Nicaragua. *Iberus*, 15(2):13-24.

PÉREZ, A.M. 2002. Malacogeographic regionalization, diversity and endemism in the pacific of Nicaragua. *Biogeographica*, 78(3)81-94.

PEREZ, A.M. 2004. *Aspectos conceptuales, análisis numérico, monitoreo y publicación de datos sobre biodiversidad*. Araucaria-Marena, Managua. 300 p.

PÉREZ, A.M., I. SIRIA, M. SOTELO & E. VARGAS. 2002. *Aprovechamiento del recurso Concha Negra en el Pacífico de Nicaragua*. Informe Final, Managua, Nicaragua. 68 p.

REYMENT, R.A., R.E. BLACKITH & N.A. CAMPBELL. 1984. *Multivariate morphometrics*. Academic Press, London. 233 p.

RIDLEY, M. 1996. *Evolution*. Blackwell Science, USA. 719 p.

VILLA, J. 1982. *Peces nicaragüenses de agua dulce*. Banco de América, Managua. 253 p.

## VIII. Dispersión y vicarianza.

### Conceptos.

Según BROWN & LOMOLINO (1998) la Dispersión y la Vicarianza son las dos ramas clásicas de la **Biogeografía Histórica,** esta última se ocupa del estudio de las relaciones entre las distribuciones presentes y pasadas de los organismos con la historia física de la tierra.

**Vicarianza biogeográfica:** es la rama de la biogeografía histórica que trata de reconstruir los eventos históricos que condujeron a los patrones de distribución observados, basados sobre todo en la asunción de que estos patrones resultaron de la división (vicarianza) de áreas y no de procesos de dispersión.

**Dispersión biogeográfica:** es la rama de la biogeografía histórica que trata de reconstruir los eventos históricos que condujeron a los patrones de distribución observados, basados sobre todo en la asunción de que estos patrones resultaron de las abilidades diferenciales de los diferentes linajes para dispersarse en el espacio.

### Mecanismos de dispersión.

La dispersión se puede dar por diversas vías: el viento (anemocoria), el agua (hidocoria) y los animales (zoocoria), en este último caso hay varias posibilidades.

En los bosques tropicales húmedos, en cuyo interior ya se sabe que hay poco viento, y donde los ejemplares únicos de muchas especies pueden frecuentemente situarse distantes, la anemofilia tiene poca posibilidad. Conforme a eso, aquí casi todos los árboles son polinizados por animales. En América Central, p.ej., aprox. 90 % de los árboles son polinizados por insectos (entomofilia), y el resto por aves (ornitofilia), murciélagos (chiropterofilia) y ocasionalmente por el viento (REGOS, 1989).

Las fuerzas que impulsan a un animal a visitar una flor y libar el polen sobre su cuerpo, son los nutrientes los cuales la planta ofrece para el animal como recompensa por sus servicios en la fertilización. El nutriente principal de la flor es el néctar, que es una solución acuática compuesta de sacarosa. El néctar puede poseer, de vez en cuando, sobre la sacarosa también ciertos aminoácidos, pero en la mayoría de los casos le se puede ver como un suministrador de energía. El néctar es consumido por casi todo visitante de las flores, pero le puede servir como un único nutriente solamente para unos animales en la fase última de sus vidas (mariposas, p.ej.). En contraposición al néctar, el polen contiene todos de nutrientes vitales (también proteínas) y así ofrece para muchos visitantes de las flores una base del alimento para toda la vida (p.ej. abejas).

Si un visitante de flores consume solamente néctar o también una parte de polen, o aún lo lleva consigo para alimentar a sus proles, su cuerpo es cargado de todas maneras por una cantidad de polen adicional. A la visita de la próxima flor, le pone el polen automáticamente sobre el estigma y así garantiza una fertilización ajena. En la anemofilia, la planta debe producir, por regla general, una cantidad múltiple de polen para lograr el mismo éxito que en la zoofilia.

Desde el punto de vista de la evolución, para la planta es más ventajoso tener un único polinizador especializado, ya que entonces recibe solamente el polen de su propia especie. Por el contrario, para el polinizador es mejor si visita a más de una especie de plantas, porque así tiene un espectro de alimentos más amplio y más seguro.

### Panbiogeografía.

Es una subrrama de la **Vicarianza** biogeográfica desarrollada por CROIZAT que trata de reconstruir los eventos que conducen a las distribuciones actuales de los grupos, para lo cual dibuja líneas llamadas "tracks" que conectan las distribuciones conocidas de las táxones relacionados.

Este método tiene muchos detractores porque descarta completamente el papel de la dispersión y porque algunos de los tracks conectan grupos con relaciones bastante inverosímiles como grupos distribuidos en Canadá o Estados Unidos con grupos de las islas del Atlántico sur.

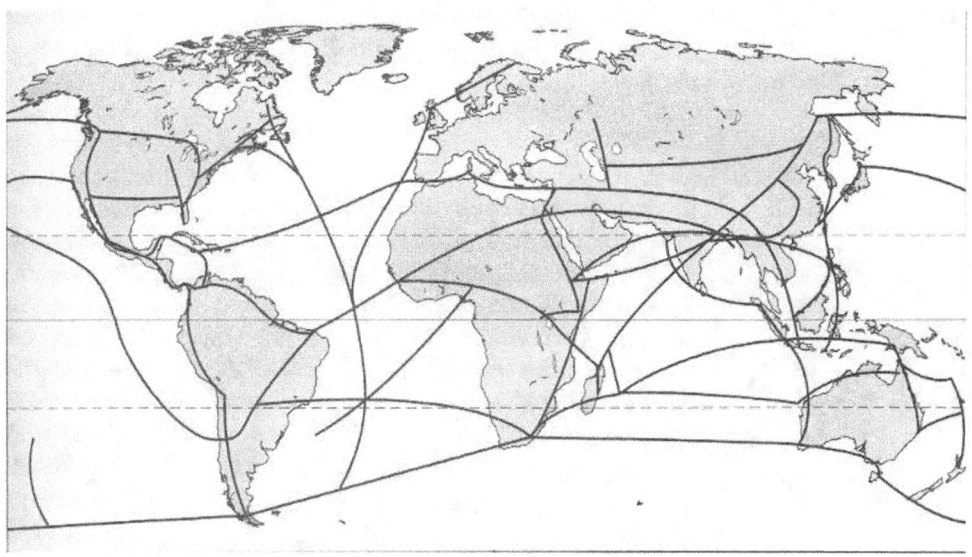

Fig. 105.- Ejemplo de "tracks" según CROIZAT (1958).

**Bibliografía.**

BROWN, J.H. & M.V. LOMOLINO. 1998. *Biogeografía*. 2nd edition. Sinauer associates, inc. Sunderland, Massachussets. 691 p.

CROIZAT, L. 1958. *Panbiogeografía*. Published by the author. Caracas. 1018 p.

REGOS, J. 1989. *Introducción a la ecología tropical*. Editorial UCA, Managua. 252 p.

## IX. Diversidad.

### Escalas de la diversidad.

Según HALFFTER (1992) la medida o apreciación de la diversidad depende, entre otras cosas, de la escala a la cual se define el problema. Existen una serie de conceptos que BROWN & LOMOLINO (1998) reúnen dentro del término "diversidad espacial", esta diversidad comprende otras diversidades que, según los autores citados, siempre consisten en cantidades de especies, por consiguiente se puede subdividir en las siguientes categorías:

- Diversidad puntual o de hábitat.
- Diversidad alfa, o de especies presentes en un sitio.
- Diversidad beta o heterogeneidad espacial.
- Diversidad gamma o de áreas grandes.
- Diversidad epsilon o de regiones biogeográficas, p.ej. a nivel del Pacífico de Nicaragua.

La diversidad alfa también suele ser tratada también como diversidad ecológica, y es el componente más importante y más comúnmente citado de cualquier ecosistema, como las selvas tropicales o los arrecifes de coral, entre otros. La diversidad beta, es una expresión del grado de partición del ambiente en parches o mosaicos biológicos. Las medidas de la diversidad ecológica constituyen herramientas importantes para evaluar o predecir impactos potenciales de las prácticas alternativas de uso de la tierra en la estructura y función de las comunidades silvestres.

Uno de los problemas en la determinación de la diversidad ecológica es que esta tiene dos componentes: la riqueza de especies o número de especies presentes en una comunidad, y la abundancia o cantidad de individuos por los que está representada cada una de estas especies (WHITTAKER, 1975; MAGURRAN, 1987).

### Gradiente de diversidad latitudinal.

Es una ley general de la biogeografía que la diversidad aumenta hacia los trópicos. Esto tiene que ver con el efecto ya explicado del aumento de la radiación sola r en esta región del planeta.

Otro aspecto relacionado con la latitud es la Ley de RAPOPORT, la que plantea que "los ámbitos de distribución de las especies se reducen en la medida que nos acercamos al Ecuador". También plantea que los ámbitos altitudinales de distribución de las especies se reducen hacia el Ecuador.

Otro aspecto importante relacionado con la latitud es la Ley de ALLEN, la que plantea que las extremidades de las especies endotérmicas se reducen en las regiones más frías del planeta.

Otra ley relacionada con el gradiente latitudinal es la LEY DE BERGMANN, que plantea que en las poblaciones de latitudes frías de animales homeotermos existe la tendencia a desarrollar cuerpos más grandes y por consiguiente tener una razón de volumen corporal a superficie del cuerpo más pequeña. Esto tiene lugar con el objetivo de que la pérdida de calor sea menor.

### Gradiente de diversidad altitudinal.

Se plantea que la diversidad y el tamaño de algunos grupos de animales y plantas se reduce en la medida que la altura aumenta. En este sentido existen datos importantes de TERBORGH, KIKAWA Y WILLIAMS, GILLESPIE, PÉREZ *et al.*, etc.

Este gradiente de diversidad altitudinal, como se explicó anteriormente, está inclucienciado por el efecto de los vientos y precipitaciones en las laderas de barlovento y sotavento.

### Biogeografía de islas.

La teoría del equilibrio de la biogeografía de islas fue planteada formalmente por MACARTHUR Y WILSON en 1963 y 1967 aunque tiene importantes antecedentes en los trabajos de Candolle en el siglo XIX, así como de HUTCHINSON y otros autores en el siglo XX.

Esta propone tres aspectos principales:

1. La relación especies-area: Esta plantea básicamente que en la medida que una isla es mayor el número de especies esperable es mayor. La relación no es lineal sino exponencial porque en las islas más grandes el aumento

en el número de especies se produce más lentamente. La fórmula que describe esto es:

$S = cA^z$, donde:

S: número de especies.

A: área de la isla.

C: constante (intercepto de la curva de regresión).

Z: pendiente.

Como puede apreciarse tiene la forma de una curva exponencial.

Esa ecuación también se puede escribir como:

$\text{Log } S = \text{Log } c + z \text{ Log } A$, lo que ya es una ecuación de trabajo.

2. La relación especies-aislamiento: Se plantea que las islas que están más cerca del continente deben tener una mayor cantidad de especies que las islas aisladas de los continentes.
3. El recambio de especies o turnover. En la medida que los ecosistemas vegetales cambian hacia bosques, en las islas se produce un recambio de especies animales, van desapareciendo las especies de áreas abiertas para ser sustituidas por especies de ecositemas cerrados.

Según ODUM (1986), varios autores han sugerido que la teoría de la biogeografía de las islas representa una base para el diseño de reservas naturales cuya función sea la conservación de la diversidad natural, especies en peligro o ambas cosas. Así es preferible una reserva grande a un grupo de reservas pequeñas con la misma área equivalente. Si debe recurrirse a parches pequeños, deben estar muy próximos entre sí o conectados por medio de corredores que faciliten la migración. Es preferible una forma circular, que eleva al máximo la proporción entre área y perímetro, que una reserva alargada.

Puesto que las reservas o parques que se establecen en dentro de las áreas continentales casi nunca están aislados en el mismo grado que las islas oceánicas, no se sabe a ciencia cierta si el modelo de MACARTHUR y WILSON es aplicable.

**Ejercicio:**

La teoría biogeográfica de islas nos dice que el número de especies presentes en las islas aumenta con el tamaño de la isla, aunque no de forma rectilínea. En el Cuadro 11 aparecen los resultados de un estudio sobre las especies de aves nidificantes *(S)* en 11 islotes de superficie determinada *(A)* del archipiélago de las Shetland (Escocia, Reino Unido). En la tabla se han incluido los logaritmos neperianos del número de especies, ln(S), y de las superficies, ln(A). Puesto que el numero de especies es claramente dependiente de la superficie del islote, asignamos S al eje **y** y A al eje **x**. (Ejemplo tomado de FOWLER. & COHEN, 1999).

Cuadro 11.- Número de especies de aves nidificantes en islotes de diferente superficie.

| Islote | (A) Superficie x (ha) | ln superficie x' | (S) N° de especies y | ln(n°de especie)y |
|---|---|---|---|---|
| Hascosay | 270 | 5.60 | 24 | 3.18 |
| Bigga | 76 | 4.33 | 22 | 3.09 |
| Samphrey | 72 | 4.28 | 21 | 3.04 |
| Linga | 40 | 3.69 | 13 | 2.56 |
| Brother isle | 34 | 3.53 | 15 | 2.71 |
| Uynarey | 21 | 3.04 | 16 | 2.77 |
| Orfasay | 10 | 2.30 | 9 | 2.20 |
| Wether Holm | 4 | 1.39 | 6 | 1.79 |
| Kay Holm | 2 | 0.69 | 7 | 1.95 |
| Little Hola | 0.75 | -0.29 | 3 | 1.10 |
| Sinna Skerry | 0.25 | -1.39 | 3 | 1.10 |

La transformación logarítmica de uno o ambos ejes conseguirá en la mayor parte de los casos convertir una relación curvilínea en una rectilínea. Pero ¿como decidimos cual de ellos, o acaso ambos, debemos transformar? La respuesta podría ser: par ensayo y error. Si un diagrama de dispersión de puntos de datos bivariantes sin transformar presenta una relación curva, construiremos los diagramas con el primer eje transformado, luego con el otro y luego con los dos para ver cual es el que, de forma visual, mejor se ajusta. Si, aun así, los puntos siguen estando muy dispersos y seguimos dudando, echaremos mano de un método más objetivo que es calculando el coeficiente de determinación $r^2$ para cada transformación. Aquella que nos ofrezca el mayor valor de $r^2$ es la que utilizaremos para la regresión.

En la figura 106 (A-D) se representan los diagramas de:

A: numero de especies *versus* superficie del islote.

B: ln (no de especies) *v.* superficie del islote.

C: n° de especies *v.* ln (superficie del islote.

D: ln(n° de especies) *v.* ln (superficie del islote).

En cada caso, la línea representada ha sido ajustada "a ojo".

Queda claro en la figura 106 que la doble transformación logarítmica produce un resultado rectilíneo adecuado, par lo que el análisis de regresión debe ser efectuado sobre los logaritmos de ambas variables.

La regresión de *y'* (lnS) sobre *x'* (lnA) permitirá predecir el numero de especies que se espera que estén presentes en un islote de una determinada superficie. Puesto que en muchos ámbitos conservacionistas se consideran las reservas naturales coma "islas" en el sentido biogeográfico, este tipo de predicciones son útiles a la hora de catalogar espacios para conservación. Aquellas "islas" cuyos censos demuestren que tienen un numero mayor de especies de las esperadas se pueden considerar coma mas importantes.

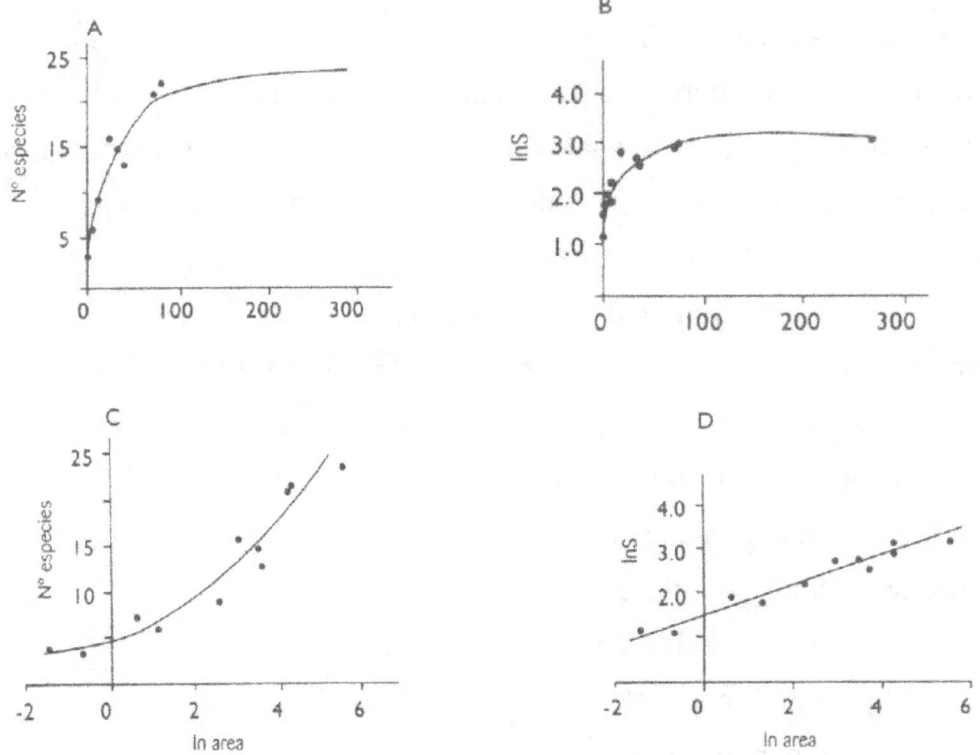

Fig. 106.- Varias transformaciones de n° de especies vs. superficie del islote.

Procediendo con la regresión lineal sobre las observaciones transformadas, los datos básicos se resumen a continuación (recuérdese que estamos designando lnx como x' y lny como y'):

$$N= 11$$

$\sum x'=27.17$ $\qquad\qquad\qquad\qquad\qquad$ $\sum y'= 25,5$
$(\sum x')^2=738$ $\qquad\qquad\qquad\qquad\qquad$ $(\sum y')^2= 113,5$

$x'=2.47$ $\qquad\qquad\qquad\qquad\qquad\qquad$ $y'=2,32$

$$\sum x'y'=78,68$$

Obtenemos b según el procedimiento clásico del método de los mínimos cuadrados:

$$b= \frac{(11 \times 78.68) - (27.17 \times 25.5)}{(11 \times 113.5) - (738)} = 0.338$$

Obtenemos también a': a' = (y - by') = 2.32 - (0.338 × 2.47) = 1.49

Por tanto, y' = 1.49 + 0.338x'

Así, ln (n° de especies) = 1.49 + [0.338 x ln (superficie de la isla)]

Para estimar el número de especies 5 en una isla de 120 ha: ln (5) = 1.49 + (0.338 x ln120) = 3.11

El número estimado de especies será aquel cuyo logaritmo es 3.11 (o sea, antilog de 3.11), que es 22.4. Puesto que el número de especies solo puede ser entero, redondeamos a 22.

Una ecuación de estas características (ln y' = ln a' + blnx') puede ser retransformada utilizando los antilogaritmos a cada lado del signo igual de la siguiente forma:

y = a x $X^b$, donde a es el antilog a' = 4.44

Así, el número de especies esperadas en una isla de 120 ha es:

S = 4.44 X $120^{0.388}$ = 4.44 x 5.04 = 22.4

**Indices para la cuantificación de la diversidad alfa (Shannon) y Beta.**
(MAGURRAN, 1987)

**Diversidad alfa:**

Índice de Simpson (1949):

$$D = \sum_{i=1}^{S} p_i^2 \quad \text{donde:}$$

$p_i$ = es la abundancia proporcional de la ith especie, la cual está dada por la fórmula:

$p_i = n_i/N$, $i = 1, 2, 3, ... S$, donde:

$n_i$ = no. de individuos de la ith especie

$N$ = no. total de individuos conocidos para todas las especies en la población.

El índice de Simpson varía entre 0 y 1, da la probabilidad de que dos individuos extraídos al azar de una población pertenezcan a la misma especie. Si la probabilidad de que ambos individuos pertenezcan a la misma especie es alta o se aproxima a 1, entonces la diversidad de la muestra de la comunidad es baja. Recientemente se ha propuesto en la bibliografía en algunos paquetes Open Source una nueva versión del índice de Simpson que se calcula como 1 menos el valor, es decir, $1 - D$, lo cual hace su interprestación lineal y por consiguiente más sencilla.

Índice de Shannon-Weaver (1949):

$$H' = - \sum_{i=1}^{S} [(n_i/n) \ln (n_i/n)] \quad \text{donde:}$$

$n_i$ = no. de individuos que pertenecen a la ith de las especies en la muestra.

$n$ = no. total de individuos en la muestra.

El índice de Shannon ha sido probablemente el índice más ampliamente utilizado en ecología comunitaria. Este se basa en la teoría de la información y es una medida del grado promedio de "incertidumbre" al predecir a que especie pertenece un individuo escogido al azar de una colección de S especies y N individuos. Esa incertidumbre promedio aumenta en la medida que aumenta el número de especies y la distribución de individuos entre las especies se torna aproximadamente igual. Así H' tiene dos propiedades que la han hecho una popular medida de diversidad:

(1) H' = 0 si y solo si hay solo una especie en la muestra.

(2) H' es máxima, solo cuando las S especies están representadas por el mismo número de individuos.

| Especies | Ecosistemas Vegetales | | | | Total |
|---|---|---|---|---|---|
| | BG | Mco | P | Bseco | |
| *Alcadia hispida* | 0 | 5 | 0 | 13 | 18 |
| *Farcimen tortum* | 34 | 0 | 0 | 4 | 38 |
| *Lamellaxis gracillis* | 0 | 7 | 11 | 23 | 41 |
| *Subulina octona* | 12 | 8 | 15 | 45 | 80 |
| *Gongylostoma elegans* | 0 | 43 | 0 | 12 | 55 |
| *Liguus fasciatus* | 0 | 0 | 0 | 17 | 17 |
| *Lacteoluna selenina* | 4 | 0 | 0 | 8 | 12 |
| *Zachrysia auricoma* | 3 | 5 | 4 | 8 | 20 |
| *Cysticopis exauberi* | 0 | 0 | 0 | 15 | 15 |
| N | 53 | 68 | 30 | 145 | 296 |
| H' | 0.98 | 1.16 | 0.98 | 1.98 | |
| D | 0.46 | 0.43 | 0.38 | 0.16 | |

**Diversidad beta:**

Los índices de diversidad beta brindan una medida cuantitativa del reemplazo de la diversidad a lo largo de un gradiente ecológico, de tal suerte sus valores adquieren sentido en su comparación con otros valores calculados en condiciones similares, ya que al igual que en el caso de los índices de diversidad alfa, no existen tablas estadísticas que permitan su medición.

Donde:

S: número total de especies registradas en el sistema.

$\propto$: Diversidad muestral promedio donde cada muestra es de tamaño estándar y la diversidad es medida como riqueza de especies.

**Ejemplo:** El ejemplo a continuación ilustra la aplicación de los índices anteriores partiendo del trabajo de PÉREZ *et al.* (2004) en el que se estudio la variación de la diversidad a lo largo de un transecto altitudinal ubicado en el Cerro Maderas, Isla de Ometepe, en Nicaragua. Se realizaron dos réplicas del transecto, una en la vertiente norte del Cerro Maderas (Balgüe) y otra en la vertiente sur (San Ramón) (Fig. 107). Los resultados obtenidos son los siguientes:

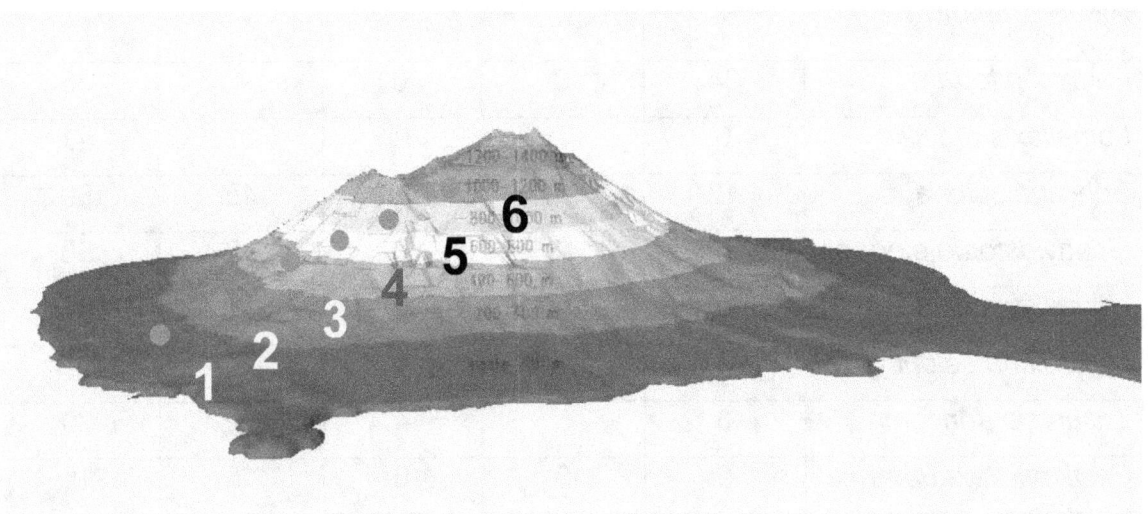

Fig. 107.- Estudio de la variación altitudinal de la diversidad en el Cerro Maderas..

Los índices obtenidos mediante el estudio realizado en el Cerro Maderas muestran resultados algo contradictorios. El índice $\beta c=7.5$, para Balgüe y 6 para San Ramón; apunta hacia una diversidad beta más alta en el transecto Balgüe, el índice $\beta i=1.05$, en Balgüe y $\beta i=1.04$, fueron matemáticamente casi idénticos.

De tal suerte, y para tomar una desición final conclusiva sobre este tema se calculó el índice $\beta w$, que dio 2.82 para Balgüe, y 3.75 para San Ramón, evidenciando una diversidad beta más alta para San Ramón. En este punto se debe recordar a MAGURRAN (1987) quien planteó que "el índice $\beta w$ es la primera y mejor medida de la diversidad beta", lo que significa que este índice cuantifica mejor el reemplazamiento de especies en los transectos estudiados.

Otro de los resultados esperados era la aportación de elementos para el diseño de una estrategia de muestreo en zonas altas a solicitud del Ministerio del Ambiente y los Recursos Naturales (MARENA). En este sentido, con base en los datos estudiados, se llegó a la conclusión de que existe un punto de inflexión a la altura de los 500-600 m que permite la separación de una fauna de zonas bajas a medias y otra zona de zonas medias a altas. Todo lo anterior permite recomendar que en los proyectos de país que se desarrollen por parte del ministerio en zonas montañosas de Nicaragua se realicen dos estaciones de muestreo en zonas montañosas en lugar de realizar mayor esfuerzo de muestreo y con ello mayor cantidad de gastos.

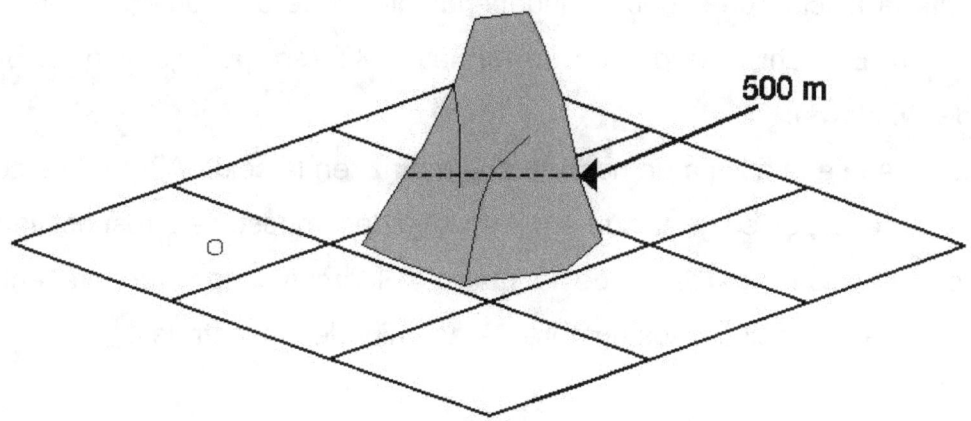

Fig. 108.- Punto de inflexión en la zonación altitudinal de la diversidad.

En este contexto merece la pena mencionar que la regla anterior se cumple también para vegetación, aves y otros grupos de fauna.

**Cuántas especies hay. Modelos de predicción.**
Según COLWELL & CODDINGTON (1994) los retos urgentes del cambio climático global, transformaciones masivas de hábitats y la amenza de las extinciones han convertido en herramientas cruciales las predicciones y extrapolaciones un componente crucial de muchas agendas de investigación. En la caso de la biodiversidad terrestre (incluyendo fauna de agua dulce), se obtiene un panorama bastante acertado para muchos grupos como animales vertebrados, la mayoría de las plantas. Este cuerpo de conocimientos se ha acumulado parrtiendo de los aportes de miles de fuentes independientes.

En contraste, nuestro estado actual de conocimiento para la mayoría de los otros grupos es sumamente escasa, en particular para los grupos hiperdiversos como los insectos, algunos arácnidos y los microorganismos.

**Para ilustrar el proceso de construcción de una curva de acumulación de especies se deben seguir los siguientes pasos:**

1. Primeramente debemos construir la matriz de datos, una matriz en la que las filas representan las especies y las columnas las unidades de esfuerzo de muestreo. Esta matriz puede contener datos de abundancia o, simplemente, presencias (1) y ausencias (0), ya que la curva de acumulación únicamente representa la adición de especies, independientemente del número de individuos que aporten. El archivo se guarda en formato TXT (en, por ejemplo, el Bloc de Notas de Windows).

En la celda A1 se le asigna un nombre a la matriz, en la celda A2 y B2 se colocan el número de especies y el número de unidades muestrales respectivamente. Seguido se colocan los datos de la matriz. El archivo no debe presentar los nombres de las especies ni los nombre de las unidades muestrales.

| Aves | | | | |
|---|---|---|---|---|
| 12 | 5 | | | |
| 1 | | 5 | | |
| | | 7 | | 2 |
| 2 | 3 | 3 | 2 | |
| | 8 | | | |
| | | | | 1 |
| | 15 | | | 7 |
| 20 | | | 13 | |
| | | 2 | | |
| | 12 | | 57 | |
| | | 2 | | 5 |
| 25 | 67 | | 32 | |
| | 24 | 54 | | 1 |

2. El archivo se carga en el programa EstimateS, para ello debe dar clic a **File** y luego escoger **Load Input File**. Luego debe buscar el archivo de tipo texto (txt) que hemos creado dando clic al comando **Abrir**.

El programa muestra una pantalla indicando la lectura de los datos. Una forma de saber si todo anda bien es corroborando que el número de especies y columnas (samples) que aparece en la pantalla coincida con el que existe en el archivo.

Al dar Ok a la pantalla se despliega una pantalla que indica el tipo de formato que presenta el archivo. En nuestro caso se debe escoger el formato 1, que indica que el archivo está estructurado de modo que las especies se presentan en líneas y las unidades muestrales (Samples) en columnas. Al dar Ok el programa regresa al menú principal.

Una vez cargado el archivo, y desde el menú principal se selecciona **Diversity**, y se da clic a la opción **Diversity Setting...**

A continuación se muestra una pantalla para definir el número de aleatorizaciones que queremos se dé en el cálculo de los índices de diversidad (se recomiendan un mínimo de 100). También se debe dar click a **Compute Fisher´s alpha, Shannon, & Simpson index** si se quiere que se calcules estos índices.

Al dar aceptar el programa regresa al menú principal, donde debe seleccionarse Diversity, y dar un clic a Compute Diversity Stats. Esto genera un cuadro de salida con los cálculos.

Para salir de la pantalla e ir al menú principal se debe dar un clic en **Done**.

Por último, si se quiere grabar los cálculos se debe dar desde el menú principal la opción **Diversity**, y ahí seleccionar la opción **Export Diversity Stat**. Esta opción nos permite poner un nombre al archivo con los cálculos de EstimateS. Este archivo se guarda como txt y luego se copia y pega en una hoja de Excell desde donde podremos construir las curvas.

3. De la tabla de resultados nos interesan las dos primeras columnas: el número de muestras, el número de especies promedio acumuladas, el índice de Chao1 y el índice de Chao2.

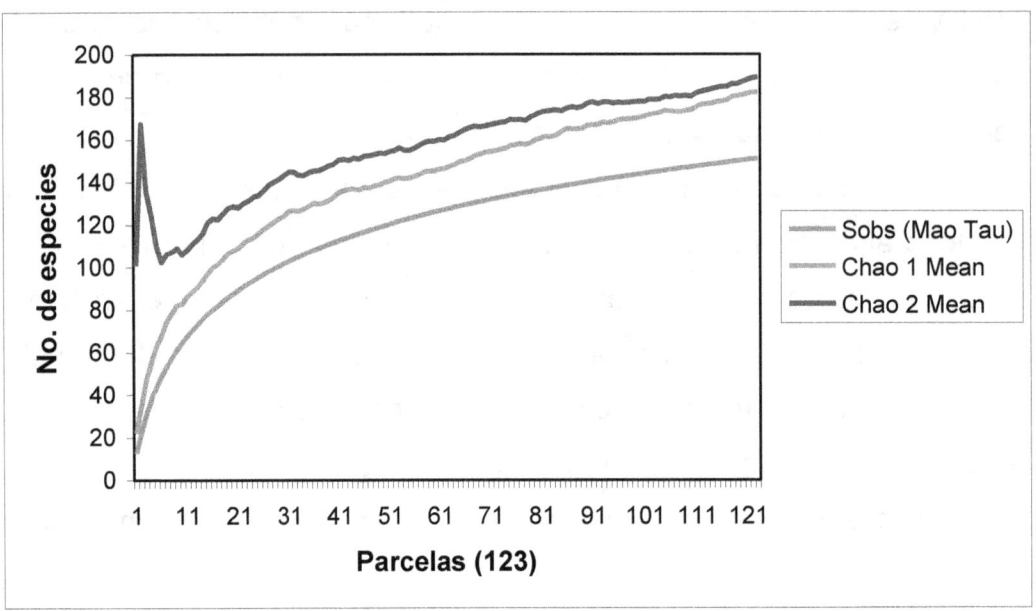

Fig. 109.- Curvas de saturación de especies de aves.

En la Fig. 109 se muestra la curva de saturación de especies de aves registradas por PÉREZ *et al.* (2006) según los índices de Chao 1 y Chao 2. Los mismos muestran un comportamiento que todavía no es asintótico, lo que significa que existen nuevas especies a encontrar en la zona. De acuerdo al índice de Chao1 la cantidad de especies previstas es de 182 y de acuerdo al índice de Chao2 de 189. Este aspecto es muy interesante ya que aunque la cantidad de especies registradas en los puntos de conteo fue de 151, la cantidad total de especies registradas en el área de estudio fue de 180.

**Bibliografía.**

BROWN, J.H. & M.V. LOMOLINO. 1998. *Biogeografía*. 2$^{nd}$ edition. Sinauer associates, inc. Sunderland, Massachussets. 691 p.

COLWELL, R.K. & J.A. CODDINGTON. 1994. Estimating terrestrial diversity through extrapolation. *Phil. Trans. R. Soc. Lond.* B 345:101-118.

MAGURRAN, A.E. 1987. *Ecological diversity and its measurement*. Princeton University Press, Princeton. 177 p.

McARTHUR, R.H. & E.O. WILSON. 1967. *The theory of island biogeography*. Princeton University Press, Princeton, New Jersey.

FOWLER, J. & L. COHEN. 1999. Estadística básica en ornitología. SEO/Birdlife, Madrid. 144 p.

PÉREZ, A.M. 2004. *Introducción a la medición de la biodiversidad*. Editorial Ampe, Managua. 161 p.

PÉREZ, A.M., I. ARANA, M. SOTELO & B. BONILLA. 2004. Altitudinal variation of diversity on landsnail communities from Maderas Volcano, Ometepe, Nicaragua *Iberus,* 22(1).

PÉREZ, A.M., M. SOTELO, F. RAMÍREZ, I. RAMÍREZ, A. LÓPEZ E I. SIRIA. 2006. Conservación de la biodiversidad en sistemas silvopastoriles de Matiguás y Rio Blanco, Dpto de Matagalpa, Nicaragua. *Ecosistemas,* 2006/3.

SIMPSON, G.G. 1961. *Principles of Animal Taxonomy*. Columbia Univ. Press, Nueva York, N.Y., 247 pp.

WHITTAKER, R.H. 1975. *Communities and ecosystems*. 2nd. Edition. New York, MacMillan.

## X. Estado de la biodiversidad.

### Puntos calientes globales.

Otro de los aspectos que nos suele interesar es en qué regiones del planeta se encuentran las áreas con mayor diversidad. Según MITTERMEIER *et al.* (2000), los mencionados centros en el nivel global son los siguientes:

1. Mesoamérica.
2. Los Andes Tropicales.
3. Cuenca Mediterránea.
4. Islas Oceánicas de India y Madagascar.
5. Islas del Caribe.
6. Indo-Burma (Norte de Birmania y extremo noroeste de la India).
7. Bosque Tropical Húmedo del Brasil.
8. Filipinas.
9. Región del Cabo en Surafrica.
10. Montañas de China Sur-Central.
11. Sundaland (= Sumatra, Borneo y Java)
12. El Cerrado Brasileño.
13. Suroeste de Australia.
14. Polinesia y Micronesia.
15. Nueva Caledonia.
16. Choco/ Darién/ Oeste del Ecuador.
17. Ghats Oeste (Cordillera del suroeste de la India) y Ceilán.
18. Provincia Florística de California.
19. El Karoo Suculento (Sudafrica, en la zona de El Cabo).
20. Nueva Zelanda.
21. Chile Central.
22. Bosques guineanos del oeste de Africa.
23. Caucaso.
24. Arco montañoso del este y los bosques costeros de Kenia y Tanzania.
25. Wallacea (islas pequeñas de Indonesia entre Sundanaland y Nueva Guinea).

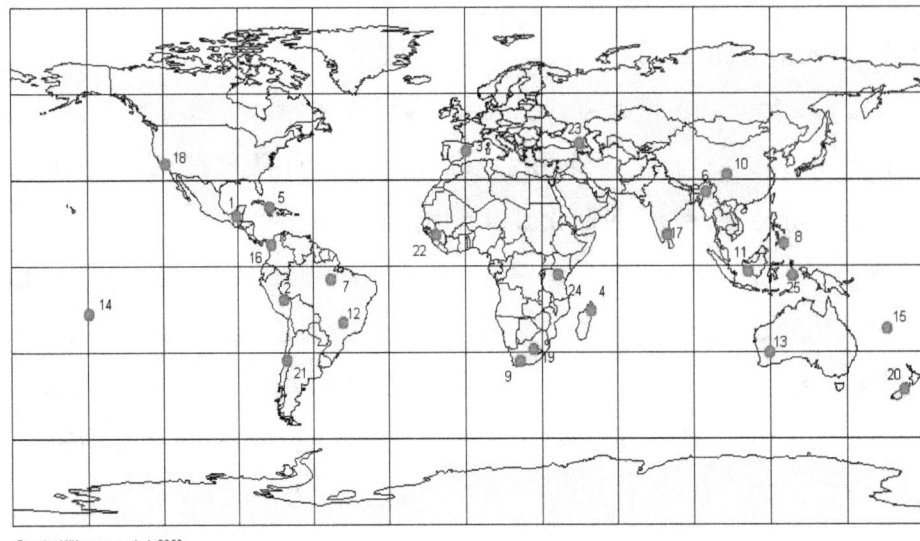

Fig. 110.- Puntos calientes de la diversidad global (Según MITTERMEIER *et al.* 2000). Los hotspots o puntos calientes se establecen simultaeando criterios de amenaza y endemismo. Como se puede apreciar América Central está considerada como un "hot spot" en el nivel mundial.

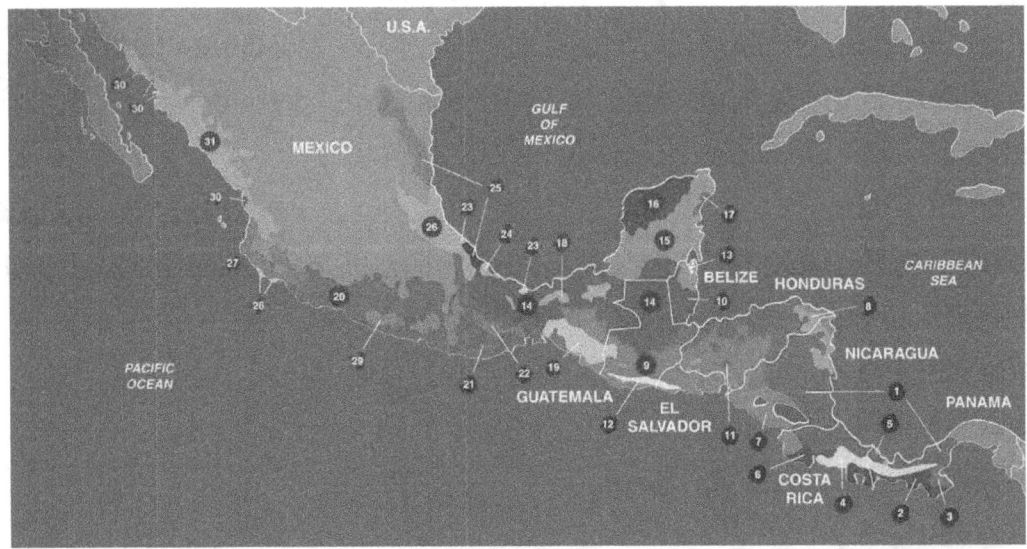

Fig. 111.- Puntos calientes de la diversidad en Mesoamerica. Según MITTERMEIER *et al.* (2000).

**Fragmentación de ecosistemas.**

La importancia de la fragmentación y del efecto borde en el hábitat, como una forma de conocer los diferentes tipos de problemas del ecosistema intervenido por factores humanos y naturales, lleva a estudios que demuestran que los factores ya mencionados son importantes a discutir para llegar a soluciones que puedan conllevar una buena relación entre el desarrollo humano y el ecosistema.

Los diferentes niveles de fragmentación demuestran que a nivel nacional y mundial no se ha considerado una mediación entre intervención y el efecto de éstas. Por ello la conservación de los recursos naturales postula a desarrollar técnicas o formulas de resolver la situación actual.

La creciente intervención humana sobre los paisajes naturales ha ido fragmentando el hábitat de diferentes especies, lo que puede derivar en pérdida de biodiversidad. Actualmente la fragmentación de los bosques nativos representa, tal vez, uno de lo ejemplos más preocupantes. Frente a proyectos de inversión que impliquen la fragmentación de bosques, se han sugerido diversos diseños ecológicos, tales como zonas de amortiguamiento o corredores biológicos, con el fin de minimizar o bien revertir este impacto negativo.

**Conceptos de ecología del paisaje (Según BARNES, en línea).**
**Paisaje:**

Un paisaje es un área heterogénea compuesta por un agrupamiento de ecosistemas que interactúan los cuáles están repetidos en varios tamaños, formas y relaciones espaciales a través del pasaije. Los paisajes tienen diferentes formas de tierra, tipos de vegetación y usos de suelo. Otra forma se mirar al paisaje es como a un mosaico de parches de hábitat a través del cual los organismos se mueven, se establecen, se reproducen y eventualmente mueren y retornan al suelo.

La mejor manera de ver un paisaje es mirar a la tierra desde una perspectiva aérea o examinar fotografías aéreas para examinar cómo una pieza particular de tierra encaja en el panorama mayor.

## Ecología de paisaje:

La ecología del paisaje es el estudio de la estructura, función y cambio en un área de tierra heterogénea compuesta por ecosistemas que interactúan. Es una ciencia interdisciplinaria que se ocupa de las relaciones entre la sociedad humana y nuestro espacio vital. La ecología del paisaje es una ciencia relativamente nueva, aunque los europeos han estado utilizando sus principios desde mucho antes que los norteamericanos y latinoamericanos. Podemos aprender mucho examinando cómo los europeos han tomado un paisaje casi completamente dominado por el ser humano e intentado restaurar las funciones ecológicas de sus ecosistemas.

## Principios de ecología del paisaje:

Para entender la ecología del paisaje tenemos que enfocarnos en algunos de sus principios importantes: composición del paisaje, estructura, función y cambio.

- La composición comprende la composición genética de las poblaciones, la identidad y la abundancia de las especies en el ecosistema, así como los diferentes tipos de comunidades presentes.
- La estructura comprende la variedad de parches de hábitat o ecosistemas y sus patrones -el tamaño y arreglo de parches, y ecosistemas- incluyendo la secuencia de pilas en una corriente, tocones y troncos caídos en un bosque, así como estratos verticales de la vegetación.
- La función comprende los procesos climáticos, geológicos, hidrológicos, ecológicos, y evolucionarios, como la dispersión de semillas y el flujo de genes.
- El cambio comprende el continuo estado de flujo presente en un ecosistema.

Un paisaje consiste de tres componentes principlaes: una matriz, parches y corredores. Si comprendemos estos componentes y sus interrelaciones, podemos hacer mejores decisiones de manejo en el nivel de paisajes.

## Matriz:

La matriz es el componente dominante del paiaje, es el componente más extensivo y conectado del paisaje, por eso es que juega el papel dominante en el funcionamiento del paisaje. Si tratamos de manejar un hábitat sin considerar la matriz, posiblemente vamos a fallar en proveer lo que necesita la vida silvestre esa zona.

Por ejemplo, si nuestra meta es aumentar el número de especies diferentes en un parche de bosque de 40 acres rodeado de campos de Soya, no se crearán aberuras para vida silvestre en ese bosque. Lo que quiere decir que no queremos crear más bordes, porque en una matriz agrícola cualquier tipo de apertura creará parches de bosque más pequeños en esa área, reduciendo así la cantidad de hábitat interior disponible para la vida silvestre que esta necesita.

**Parches:**

Los parches son áreas de superficie no lineales que difieren en vegetación y paisaje con sus entornos. Son unidades de tierra o hábitat que son heterogéneos cuando se comparan con el total. Estos comprenden cuatro tipos de hábitat diferentes: perturbados, remanentes, recursos ambientales, e introducidos.

Los parches de hábitats perturbados pueden ser naturales o artificiales. Ellos se producen por varias actividades que incluyen agricultura, forestería, urbanización, y tiempo (ej. tornados, huracanes, tormentas de hielo, etc). Si no se interviene, un parche perturbado va a cambiar eventualmente y a combinanrse con la matriz.

Los parches remanentes se originan cuando los humanos alteran un área del paisaje y de esa manera dejan parcelas de hábitat original detrás. Los parches remanentes son generalmente más estables desde el punto de vista ecológico y duran más tiempo que los parches perturbados.

Los parches de recursos ambientales se presentan debido a condiciones ambientales tales como un humedal o un acantilado.

Los parches introducidos son aquellos en los cuáles la gente ha introducido especies de platas o animales no nativos. Los animales moviéndose de un área a la otra pueden también traer consigo elementos no nativos.

**Parches como islas:**

Muchos aspectos de los parches son importantes desde una perspectiva ecológica y afectan las decisiones de manejo del paisaje. La aproximación utilizada con mayor frecuencia cuando se analizan parches de hábitat es pensar en ellos como islas. Mucho del pensamiento actual acerca del manejo de parches en el paisaje tiene sus raíces en la teoría de biogeografía de islas. Esta teoría fue desarrollada en 1967 por MacArthur y Wilson para explicar los patrones de la diversidad de especies en islas oceánicas. Esta también ha provado su utilidad y aplicabilidad a una variedad de situaciones ecológicas porque una isla es simplemente definida como un parche o parcela de hábitat favorable rodeada de hábitat no favorable.

Justo como la vida silvestre se dispersa hacia islas oceánicas, la vida silvestre terrestre y las plentas se mueven entre islas de hábitat. La teoría de MacArthur y Wilson sugiere que varios eventos de dispersión pueden ser predichos de esto modo.

**Tamaño del parche y efecto de borde:**

Un concepto que está teniendo una consideración más cercana en estos días es la relación entre el temaño del parche y el efecto de borde. En 1933, en Manejo del Juego, Aldo leopold escribió que creado bordes y maximizando el monto del contacto o yuxtaposición de hábitats era beneficioso para la vida silvestre. Considerado como un dogma por los biólogos de la vida silvestre hasta hace poco, esta filosofía es desafortunadamente el concepto más sobreutilizado que Leopold discutió. El planteó que aumentado el borde aumentaría el número de especies de vida silvestre en un área.

Aunque el efecto de borde es bueno para ciertas especies, particularmente especies generalistas, este favorece a estas especies sobre las especies del interior, mayormente especies especialistas, que suelen requerir tipos de hábitas más específicos.

Desafortunadamente, los hábitas fragmentados con un elevado porcentaje de borde se pueden volver una trampa ecológica. Estas islas de hábitat pueden parecer buenas para algunas especies de aves para construir sus nidos, pero también atraen un sinnúmero de depredadores de nidos como, mapache, zorros, zorros cola-pelada y serpientes ratoneras. Estos animales disminuyen el éxito de anidamiento de cualquier ave en esa área. Por ejemplo, en un estudio reciente los científicos compararon el éxito de anidamiento de una especie de aves en hábitats de Cercas vivas versus hábitats boscosos más continuos. En Cercas vivas el éxito de anidamiento disminuyó de tal forma que casi no pudieron tener el reclutamiento necesario para mantener la población viable debido a la depredación de nidos.

**Conceptos acerca de la fragmentación.**

La fragmentación del bosque es el reemplazo de grandes áreas del bosque nativo por otros ecosistemas, dejando parches (o islas) separados de bosque, con consecuencias deletéreas para la biota nativa (MURCIA, 1995). Esta fragmentación tiene dos componentes principales:

- Reducción y pérdida de la cantidad total del tipo de hábitat, o quizá de todo hábitat natural en un paisaje.
- Separación del hábitat remanente en parches más pequeños y aislados;

Contribuyendo ambos, a la disminución progresiva de la diversidad biológica (SAUNDERS *et al.* 1991). Wilcox & Murphy (1985) señalan que a medida que la fragmentación del bosque procede, el tamaño de los fragmentos disminuye, y el aislamiento aumenta, conformándose los llamados "hábitat-isla". Esto, facilitaría la extinción o la exterminación total de una o mas especies y la preservación diferenciada de otras, tal como lo predijo el fitogeógrafo Suizo Alphonse de Candolle en 1855 (Harris, 1984).

Los efectos biológicos de la fragmentación de bosques se enfatizan en efectos sobre las condiciones microclimáticas de los fragmentos, efectos sobre la abundancia de algunas especies y efectos sobre las interacciones biológicas, los que afectarán en ultima instancia la biodiversidad existente en los bosques (BUSTAMANTE & GREZ, 1995).

Harris (1984) cita que el efecto de la fragmentación puede ser visto en varios niveles de organización biológica, desde cambios en la frecuencia genética dentro de poblaciones hasta cambios sobre el continente (población arbórea remanente, no fragmentada), en la distribución de especies y ecosistemas.

A nivel de especies, estas tienen necesariamente tres opciones para persistir bajo un paisaje altamente fragmentado:

- Una especie puede prosperar en una matriz de uso humano.
- Una especie puede sobrevivir dentro de un paisaje fragmentado manteniendo viable la población dentro del hábitat fragmentado; esta opción es solo para especies con un rango bajo de hogar o con modestos requerimientos de área, muchas de estas especies pueden enfrentarse toda su vida a estos requerimientos dentro de los bordes de un hábitat fragmentado, esperando una mejor condición ambiental.
- Algunas especies pueden sobrevivir en paisajes altamente fragmentados, por tener estas una alta movilidad, pueden integrar un número de hábitat parche, tanto dentro de los rangos individuales de su nicho como dentro de poblaciones interelacionadas, jugando un importantísimo papel la zona limítrofe de los paisajes fragmentados conocida como bordes (en ingles Boundary o Edge). Cabe destacar que una especie que no pueda adoptar alguna o más de estas tres opciones está destinada a su eventual extinción dentro del fragmento.

Por otro lado, el número de especies, plántulas, cobertura de arbustos e invasión de especies más típicas de hábitats abiertos es mayor en los bordes que en la zona interior de las comunidades. Wiens *et al.* (1985) esquematiza una analogía del borde de una isla o fragmento, o entre elementos del paisaje a membranas en organismos o sistemas físicos. Tal como ellas, los bordes varían en su permeabilidad o resistencia a flujos. Esta es una consecuencia de las características propias del borde (ejemplo: el grado en que están separados los diferentes parches) y los diferentes materiales, organismos o factores abióticos al borde.

Los bordes pueden ser impermeables a algunas transferencias y permeables a algunos materiales u otros flujos, pudiéndose evaluar una dinámica particular entre los componentes del paisaje, bajo la perspectiva de la ecología del paisaje (WILLIAMS, 1991).

### La pérdida de hábitat y su fragmentación:

La pérdida de hábitat es la razón más importante de la extinción de especies en los últimos tiempos, al disminuir el hábitat, se ve afectada su distribución del hábitat restante por una falta de continuidad. Esto puede ser para áreas agrícolas, construcciones, represas, caminos, tendidos eléctricos, etc. Lo que produce finalmente la fragmentación del hábitat original, que ahora existe como parches fragmentados. Lo que significa que una población que vive en un hábitat original se ve reducido a un tamaño total más pequeño, esto quiere decir que son divididos en poblaciones múltiples.

Más allá del reconocimiento de la deforestación como proceso indicativo del deterioro de los bosques, desde hace algunos años se ha venido reconociendo el hecho de que incluso la división en "parches" de las áreas forestales son también, no sólo un indicador general del estado del ecosistema, sino también una forma de conocer los límites de deterioro a los que puede someterse un área arbolada para que mantenga relaciones con las zonas aún compactas

Si se produce una fragmentación adicional también se disminuye la tamaño medio de los parches del hábitat y los aisla.

Otro efecto de la fragmentación es el aumento del efecto borde. Al disminuir los parches del hábitat, aumenta la vulnerabilidad de las especies a las condiciones ambientales adversas, que son frecuentes en los bordes de los parches de lo hábitat, pero no en su interior.

La fragmentación se puede definir entonces como la transformación de un bosque continuo en muchas unidades más pequeñas y aisladas entre sí, cuya extensión agregada de superficie resulta ser mucho menor que la del bosque original (BUSTAMANTE Y GREZ, 1995).

**Estado actual de fragmentación:**

Existen varias causas que determinan la fragmentación del hábitat, y entre las más importantes tenemos:

1. Introducción de especies.

La introducción de especies provoca muchas de las extinciones de especies registradas, especialmente en las islas. En esos ecosistemas aislados, un nuevo depredador competidor, o agente patógeno, puede poner en peligro rápidamente a especies que no pueden desarrollarse conjuntamente con los intrusos. En Hawaii, unas 86 especies de plantas introducidas amenazan la biodiversidad nativa; una especie de árbol introducida ha desplazado a más de 30,000 acres de bosques nativos.

2. Explotación excesiva de especies de arbóreas y animales.

Numerosos bosques, peces y recursos de vida silvestre han sido explotados en exceso, en algunos casos hasta que se han extinguido. Históricamente el gran auk y la paloma pasajera han sucumbido a esa presión, y el cedro del Líbano que abarcaba en cierta época 50,000 hectáreas, sólo se encuentra en unos pocos restos aislados de bosques. La explotación excesiva de la anchoa peruana entre 1958 y 1970 redujo extraordinariamente las dimensiones de la población respectiva y la captura. Actualmente, el rinoceronte de Sumatra y Java ha sido cazado hasta quedar al borde de la extinción, ocurriendo lo mismo con muchos otros vertebrados. En muchos casos la extinción se ha debido al interés humano en obtener alimentos, pero la búsqueda de bienes preciados como el marfil, han afectado gravemente a algunas poblaciones y aniquilado a otras.

3. Contaminación de suelo, el agua y la atmósfera.

Los productos contaminantes deterioran los ecosistemas y pueden reducir o eliminar la población de especies sensibles. En algunos casos la contaminación reverbera a lo largo de la cadena alimenticia. En el Reino Unido, la población de las lechuzas de los graneros se redujo en un 10% desde la introducción de los venenos para roedores, y los plaguicidas ilegales utilizados para controlar la langosta de río en los límites del parque nacional Cota Doñana de España, en 1985, mataron a 30,000 aves. Se perdieron unas 43 especies en el parque nacional Ojcow de Polonia, lo que se debió en parte a la grave contaminación del aire.

Los microbios del suelo también han sido afectados por la contaminación debido a los depósitos industriales de metales pesados y a la agricultura de riego, que provocan salinización. La lluvia ácida ha vuelto prácticamente inadecuados para la vida a miles de lagos y estanques de Escandinavia y América del Norte, y, en conjunción con otros tipos de contaminación del aire, ha dañado bosques en toda Europa. La contaminación marítima, especialmente de fuentes no puntuales, ha afectado al Mediterráneo y a muchos estuarios y aguas marítimas costeras en todo el mundo.

4. Modificación del clima mundial.

En las próximas décadas un subefecto de la contaminación del aire - el recalentamiento mundial de la atmósfera - podría causar estragos en los organismos vivientes del mundo. El incremento causado por el hombre de los gases que causan el efecto invernadero en la atmósfera determinará probablemente un incremento de la temperatura del planeta entre 1 y 3° Celsius en la próxima década, con lo cual el nivel del mar aumentaría de uno a dos metros. Cada incremento de 1°C de la temperatura desplazará los límites de tolerancia de las especies terrestres unos 125 km hacia los polos, o verticalmente determinará un ascenso de 150 m en las montañas. Muchas especies no estarán en condiciones de redistribuirse con suficiente rapidez como para adaptarse a los cambios previstos, y es probable que se produzcan considerables alteraciones de la estructura y el funcionamiento de los ecosistemas. En Estados Unidos, el continuo aumento del nivel del mar, en las próximas décadas, puede afectar a la totalidad del hábitat de por lo menos 50 especies que ya corren peligro de extinción. Muchas de las islas del mundo quedarían completamente sumergidas si se cumplen las proyecciones más extremas sobre aumento del nivel del mar, produciéndose de ese modo la destrucción total de su fauna y su flora.

5. Agroindustrias y forestación.

Hasta nuestros días, los agricultores y ganaderos criaban y mantenían una enorme diversidad de variedades de cultivos y animales de cría en todo el mundo.

Pero la diversidad se está reduciendo rápidamente en los establecimientos productivos debido a los modernos planes de hibridación de plantas y al consiguiente aumento de la productividad que surge de plantar un número relativamente menor de cultivos que reaccionan mejor ante el riego, los fertilizantes y los plaguicidas. Tendencias similares están transformando los ecosistemas forestales diversos, en plantaciones de monocultivos de árboles de alto rendimiento, como lo que ha ocurrido en nuestro país con la sustitución del bosque nativo por especies introducidas como el pino y el eucalyptus.

**Efecto de Borde.**

WILLIAMS (1991) indica que la extensión de los bordes ha aumentado sustancialmente, pudiéndose definir al borde como las zonas de contacto entre dos comunidades estructuralmente diferentes, las que pueden ser un bosque y un campo de trigo, un bosque y una plantación, etc. El límite del bosque (o borde), se ha reconocido empíricamente como el lugar donde comienzan los árboles, sin embargo para los ecólogos la percepción del borde ha dependido del concepto mismo de comunidad vegetal.

El aumento mundial de la extensión de los bordes es motivo de preocupación por parte de los investigadores y ecólogos del mundo entero, sin embargo, los resultados de muchos estudios relacionados con los efectos que pueden tener los bordes sobre la ecología han sido todavía incapaces de dibujar patrones claramente generales y aplicables en todo el mundo (MURCIA, 1994).

El borde se lo ha concebido como un hábitat distinto, como una "membrana semipermeable" o "piel" entre dos áreas que concentran recursos diferentes, como una zona de amortiguamiento contra la propagación de una perturbación (WILLIAMS, 1991). Los bordes son ambientes distintos en el sentido que la estructura de vegetación y su biota difieren en ambas comunidades contiguas. Por otro lado, el conjunto de los efectos de la matriz sobre el fragmento se conoce como "efecto borde", el cual se puede manifestar en cambios al interior del fragmento, principalmente en su perímetro.

Se han definido bordes de tipo naturales, originados por perturbaciones físicas como fuegos, tormentas, derrumbes, viento o perturbaciones bióticas como depredación o forrajeo; y los generados por actividades humanas que conforman la mayoría de los bordes existentes en el mundo.

La fragmentación reduce el área cubierta por el bosque, exponiendo a los organismos que permanecen en el fragmento a condiciones diferentes a su ecosistema y consecuentemente a lo que ha sido definido como "efecto borde" (MURCIA, 1995). Claramente los bordes separan elementos del paisaje teniendo importante influencia sobre las propiedades del sistema, tanto dentro de parches homogéneos como entre los componentes del paisaje (Wiens *et al.* 1985).

El contraste estructural entre una isla y la matriz que los rodea es un indicador no solo de la insolación que entre ellos se da, sino también del efecto borde.

Harris (1984) señala que el límite de un fragmento no es una línea, sino que es una zona de influencia que varía dependiendo de los parámetros con los cuales ésta es medida. La radiación solar y el viento golpean al fragmento en su borde provocando una alteración de tipo microclimática.

**Consecuencias ecológicas de los bordes:**

MURCIA (1995) señala que hay tres tipos de efecto del borde sobre los fragmentos:

Efecto abiótico, involucrando cambios en las condiciones medioambientales que resultan desde la proximidad a una matriz estructuralmente distinta

Los cambios microclimáticos son los efectos más evidentes de la fragmentación de bosques. Las características microclimáticas contratantes produce un gradiente ambiental desde le borde hacia el interior del fragmento. Generalmente la luminosidad, la evapotranspiracion, la temperatura, la velocidad del viento disminuyen, mientras la humedad del suelo aumenta hacia el interior del fragmento. Este efecto borde puede en algunos casos penetrar varias decenas de metros hacia el interior del fragmento y su importancia relativa dependerá del tamaño del fragmento. Por ejemplo, en un fragmento pequeño el efecto borde es comparativamente más importante que en un fragmento más grande, pudiendo en este caso llegar a abarcar la totalidad del fragmento.

Efectos biológicos directos, los cuales involucran cambios en la abundancia y distribución de especies, causadas directamente por el cambio en las condiciones físicas cercanas al borde y determinado por la tolerancia fisiológica de las especies que se encuentren en dicho sector.

Efectos biológicos indirectos, los cuales involucran cambios en la interacción de las especies, tal como el aumento en la predación, parasitismo, competencia, herbivoría, polinización y dispersión de semillas.

**Efectos abióticos del borde:**

Los bordes se han dado en la naturaleza desde siempre, ya que dentro del patrón de la dinámica natural de las comunidades se produce una yuxtaposición de tipos de bosques al irse generando manchones del mismo, dentro de la misma comunidad, en un proceso conocido como Dinámica de parches. Dentro de este contexto se tiene entonces que se dan naturalmente bordes entre comunidades de similares características ecológicas pero en distinto estado de desarrollo, siendo un ejemplo de ello los bordes de huecos producidos por la caída de una cantidad significativa de árboles o bordes entre un bosque adulto y un renoval de roble. En los bosques intervenidos, los fragmentos usualmente están rodeados por una matriz de biomasa estructuralmente distinta como praderas, cultivos o renovales secundarios jóvenes. Harris (1984) y MURCIA (1995) citan que estas diferencias en complejidad estructural y biomasa resultan en diferencias microclimáticas. Campos, praderas, cultivos reciben más radiación solar la que alcanza al suelo durante el día y dan una mayor reradiación a la atmósfera por la noche, causando cambios sustanciales tanto en los procesos ecológicos como sobre las comunidades biológicas (MURCIA, 1995).

**Estudio caso sobre efecto de borde:**

Evaluación preliminar del efecto de borde entre un Bosque Tropical Lluvioso y un cultivar de Cacao en la diversidad de las comunidades de moluscos gastrópodos terrestres.

**Introduccion.**

De acuerdo a Odum (1986) las comunidades ecotónicas desarrolladas pueden contener organismos específicos de cada una de las adyacentes además de especies propias, lo que aumenta allí el total de especies.

No obstante, tal incremento de la diversidad está lejos de ser un fenómeno universal; el exceso de borde (muchos bloques pequeños de hábitat) puede provocar una disminución en esta. Thomas *et al.* (1979) plantearon que, en teoría, la máxima diversidad de especies se produce cuando los bloques de hábitat son grandes o suficientemente grandes y el borde total de la región también es considerable.

En el presente trabajo se realizó una evaluación preliminar del efecto del borde entre un Bosque Tropical Lluvioso no antropizado y un Cacaotal Abandonado en la diversidad de las comunidades de moluscos gasterópodos terrestres.

## Material y metodos.

**Localidad de estudio:** El muestreo se llevó a cabo en la Estación Biológica de La Selva (10° 26' N, 86° 00' W) (medias anuales: 24° C y 4,000 mm de lluvia), Sarapiquí, Heredia, Costa Rica; del 21 al 23 de febrero de 1993.

**Metodología:** Para el estudio se realizaron cinco parcelas de 1x1 m en el borde Bosque Tropical Lluvioso-Cultivar de Cacao y otras cinco dentro del Bosque Tropical. Las parcelas se distribuyeron al azar dentro de ambas áreas.

En cuatro de las cinco parcelas se siguió el método de conteo directo sobre el sustrato (Santos & Hairston, 1956) y en una parcela de cada área se recogió la capa superficial del suelo, la cual se guardó en bolsas de plástico y se llevó al laboratorio donde fue analizada bajo el microscopio estereoscópico.

Este último método es muy recomendado por Santos y Hairston (1956), Newell (1967) y Coney et al. (1983), sobre todo cuando se tiene interés en contabilizar grupos de tamaño muy pequeño. El trabajo estuvo dirigido a estudiar la fauna del suelo, aunque en una de las muestras apareció la concha de un ejemplar arborícola, la cual también fue contabilizada para el análisis.

**Análisis de los datos:** Para el análisis de los datos se usó el índice biogeográfico de Fontenla (En prensa) que está dado por la expresión:

$$IB = \sum_{i=1}^{n} \text{Valor biogeográfico del taxon}/n$$

donde:

n : número de táxones en la comunidad de estudio.

Este índice supone la asignación de una escala de valores a las especies en relación con su distribución, p. ej:

1. Especies Cosmopolitas.
2. Especies Autóctonas.

3. Especies Endémicas.

Para la comparación entre las comunidades se aplicó el índice de Czekanowski que viene dado por la expresión:

$$IC = \frac{2C}{a+b} \times 100 \quad \text{donde:}$$

a: número de especies de la comunidad A

b: número de especies de la comunidad B

c: número de especies comunes entre ambas comunidades

También se usó el índice S de riqueza de especies que es el índice de diversidad más sencillo. En el texto se usan las siguientes abreviaturas: B-BTLI-CA: Borde Bosque Tropical Lluvioso-Cacaotal Abandonado, BTLI: Bosque Tropical Lluvioso, C: Cacaotal Abandonado

## Resultados y discusion.

Se colectaron un total de diez formas, distribuídas en diez géneros y seis familias (Listado debajo), en los dos biotopos estudiados. Este valor corresponde a una comunidad con una riqueza de especies más bien alta, ya que de acuerdo a Solem y Climo (1985) las comunidades de gasterópodos terrestres están compuestas generalmente por núcleos de entre cinco y 12 especies.

Del total de formas colectadas nueve fueron encontradas en el B-BTLI-CA y tres en el BTLI, lo que evidencia un marcado efecto de borde. Dada la característica del CA, el cual se dispone paralelamente al bosque y es más o menos estrecho no se realizó muestreos exclusivos en esta área.

Listado sistemático de las especies colectadas en el Bosque Tropical Lluvioso (B), en el Cacaotal (b) y en ambos biotopos (Bb).

---

Clase Gastropoda Cuvier, 1795

Subclase Prosobranchiata Milne-Edwards, 1848

Familia Helicinidae

*Helicina funcki* Pfeiffer, 1848; b-2

Familia Poteriidae

*Neocyclotus irregularis* (Pfeiffer, 1855); Bb-3

Subclase Pulmonata Cuvier, 1817

Familia Carychiidae

*Carychium exiguum* (Say, 1822); b-1

Familia Subulinidae

*Subulina octona* (Bruguiére, 1792); b-1

*Beckianum beckianum* (Pfeiffer, 1846); Bb-1

*Leptinaria lamellata* (Potiez & Michaud, 1838); b-1

*Opeas* sp.; b-(?)

Familia Zonitidae

*Glyphyalinia* sp.; b-3

Familia Orthalicidae

*Orthalicus princeps* (Broderip in Sowerby, 1833); B-2

*Bulimulus corneus* (Sowerby, 1833); b-1

------------------------------------------------------------------

El número indica el valor biogeográfico de la especie. Otra explicación para esta notable variación de riqueza de especies entre el BTLI y el B-BTLI-CA, podría ser la naturaleza del suelo, la cual es más bien ácida en el BTLI y con ph básicos en el B-BTLI-CA (D. Clark, Com. Per.).

Aunque no se hicieron estimaciones de la abundancia, la especie con valores de frecuencia más altos fue *Beckianum beckianum* (Pfeiffer), el resto de las especies colectadas exhibió valores iguales, es decir, se presentó una vez en una de las cinco parcelas muestreadas en uno o los dos biotopos estudiados.

Haciendo una comparación entre el valor biogeográfico de ambas comunidades, la del B-BTLI-CA muestra valores de IB = 1.6, que son valores entre medios y bajos (1 < IB < 3) lo que ocurre porque existen elementos de un alto valor biogeográfico como *Glyphyalinia* sp. y *Neocyclotus* irregularis, el primero de los cuales probablemente constituye un nuevo táxon para la ciencia y el segundo es una especie endémica de Costa Rica, coexistiendo con especies de muy amplia distribución como *Beckianum beckianum* y *Bulimulus corneus*. *Opeas* sp., no fue incluida en el análisis porque la concha recolectada no estaba en condiciones idóneas para la identificación.

La comunidad del BTLI presentó un valor de IB = 2, que sugiere que existe un equilibrio entre las formas de amplia y estrecha distribución en la comunidad, pero hay que destacar que este valor de IB en una comunidad tan pequeña (S= 3) no puede ser analizado de modo global, ya que se encuentra fuertemente disminuído por la presencia de *B. beckianum*. Las otras dos especies presentes son formas con ámbitos mucho más estrechos.

La similitud entre ambas comunidades según el índice de Czekanowski es de un 36 %, lo que evidencia una disimilitud marcada, aunque esta se explica más bien por la ausencia de especies en BTLI, que por la no existencia de formas comunes entre las malacocenosis de ambos biotopos.

Como conclusión del trabajo se puede plantear que se obtuvo un aumento en la riqueza de especies del borde BTLI-CC en relación con el BTLI, aspecto que se esperaba teniendo en cuenta la bibliografía consultada. Otros ejemplos notables de efecto de borde habían sido observado previamente por el autor en bordes de Bosque Semideciduo-Vegetación Ruderal en los grupos insulares del noreste de la Isla de Cuba (Pérez, 1990) y en otras localidades de la Isla (A.M. Pérez, Obs. Per.).

**Referencias.**

Coney, C.C., W.A. Tarpley & R. Bohannan. 1981. A method of collecting minute land snails. *The Nautilus*, 95:43-44.

Fontenla, J.L. 1993. Composición y estructura de las comunidades de hormigas en un sistema de formaciones vegetales costeras. *Poeyana*,

Newell, P.F. 1967. Mollusca. *En*: Burges, A. y F. Raw (eds.). Soil Biology. Academic Press, London, New York. 532 p. [pp. 413-433].

Odum, E.P. 1986. *Fundamentos de Ecología*. Nueva Editorial Interamericana. México, D.F. México. 422 p.

Pérez, A.M. 1990. Moluscos. *En:* ICGC (ed.) Estudios integrales de los grupos insulares del nordeste de Cuba. Editorial Instituto de Geodesia y Cartografía. La Habana. 188 p.

Santos, B. & N.G. Hairston. 1956. *Quarterly and annual field reports of the Philipinne schistosomiasis project*, Palo Leyte. (Mimeographed document).

Solem, A. & F. Climo. 1985. Structure and habitat correlations of sympatric New Zealand land snail species. *Malacologia,* 26:1-30.

Thomas, J.W., H. Black, Jr., J. Scherzinger & R.J. Pedersen 1979a. Deer and Elk. *En:* J.W. Thomas (ed.). Wildlife habitats in managed forests- the blue Mountains of Oregon and Washington. USDA For. Ser. Agric. Handb. No. 553., 512 p. [pp. 104-127].

**Ejemplos de hábitat fragmentados a nivel mundial.**

La superficie de los ecosistemas relativamente no perturbados se redujo extraordinariamente en las últimas décadas a medida que aumentaba la población y el consumo de los recursos. Como ejemplo se puede mencionar que el 98% de los bosques tropicales secos de la costa del Pacífico centroamericana han desaparecido.

Tailandia perdió el 32% de sus manglares entre 1961 y 1985, y prácticamente ninguna parte del resto está exenta de perturbaciones. En los ecosistemas de agua dulce, las represas han destruido grandes sectores del hábitat de los ríos y arroyos. En los ecosistemas marítimos, el desarrollo costero ha eliminado comunidades de los arrecifes y comunidades próximas a las costas. En los bosques tropicales, una de las principales causas de deterioro de los mismos es la expansión de la agricultura marginal, aunque en determinadas regiones la producción comercial de madera puede causar un problema todavía mayor.

Desde hace unos 20 años algunos biólogos conservacionistas han visto en la teoría biogeográfica de las islas, el medio para comprender y predecir el fenómeno de la extinción, ya que los refugios de hábitats naturales rodeados por un mar de ambientes humanos alterados se comportan como islas para las especies.

Si tenemos en cuenta las densidades conocidas de ciertas especies de mamíferos y aves, tenemos por ejemplo que, en el caso del puerco del monte (*Tayassu pecari*), cuya densidad es de 2 individuos por $km^2$, para mantener una población viable a corto plazo se necesitarían 25 km² o 2,500 ha; en el caso del Águila Arpía cuya densidad es de 0.008 individuos por km², se necesitarían 625,000 ha.

**Principales amenazas de la biodiversidad en Nicaragua.**

Según PÉREZ (2008), en Nicaragua las principales amenazas se pueden dividir en políticas y biológicas. Las mimas son las siguientes.

**Políticas:**

- Falta de programas de investigación y monitoreo de la biodiversidad.
- Falta de fondos.
- Falta de investigadores.
- Falta de un instituto que reúna a los expertos en el tema.
- Falta de publicaciones especializadas para la publicación de los resultados.

**Biológicas:**

- Presencia de un número importante de especies invasoras.
- Alto número de especies amenazadas.

**Esfuerzos para la conservación de la biodiversidad.**

Las áreas protegidas son el mecanismo más emblemático y reconocido de conservación de la biodiversidad. Existen varios tipos y, dentro de las áreas protegidas en sentido estricto existen varias categorías de manejo que se explican posteriormente.

**Tipos de áreas protegidas:**
- Áreas protegidas del estado.
- Reservas silvestres privadas.
- Parques ecológicos municipales.

**Las áreas protegidas de Nicaragua:**

A los efectos de la Convención de Diversidad Biológica (CDB) (BOE, 1994), por ÁREA PROTEGIDA se entiende "un área definida geográficamente que haya sido designada o regulada y administrada a fin de alcanzar objetivos específicos de conservación".

Según la UICN (1994), un ÁREA PROTEGIDA se entiende como "un área de tierra y/o de mar dedicada especialmente a la protección y mantenimiento de la diversidad biológica, y de recursos naturales y culturales asociados, manejados mediante medios legales u otros que sean efectivos"

De acuerdo con el REGLAMENTO DE ÁREAS PROTEGIDAS DE NICARAGUA y la LEY 217, Ley General del Medio Ambiente, son Áreas Protegidas "las que tienen por objeto la conservación, el manejo racional y la restauración de la flora, fauna silvestre y otras formas de vida, así como la biodiversidad y la biosfera, se pretende con ello restaurar y conservar fenómenos geomorfológicos, sitios de importancia histórica, arqueológica, cultural, escénicos o recreativos".

Las categorías de manejo nacionales y de la UICN se presentan en el Cuadro 12 y la figura 112. Se incluye también un análisis que permite destacar las diferencias existentes entre estas categorías de cara a su mejor y más correcta aplicación.

Por consiguiente, al margen de los criterios utilizados para la selección de nuestras áreas protegidas, las mismas deben contener un importante porcentaje de la biodiversidad nacional, y actualmente las áreas protegidas representan el 17 % del territorio nacional (Fig. 113), lo que constituye un área relativamente significativa del mismo.

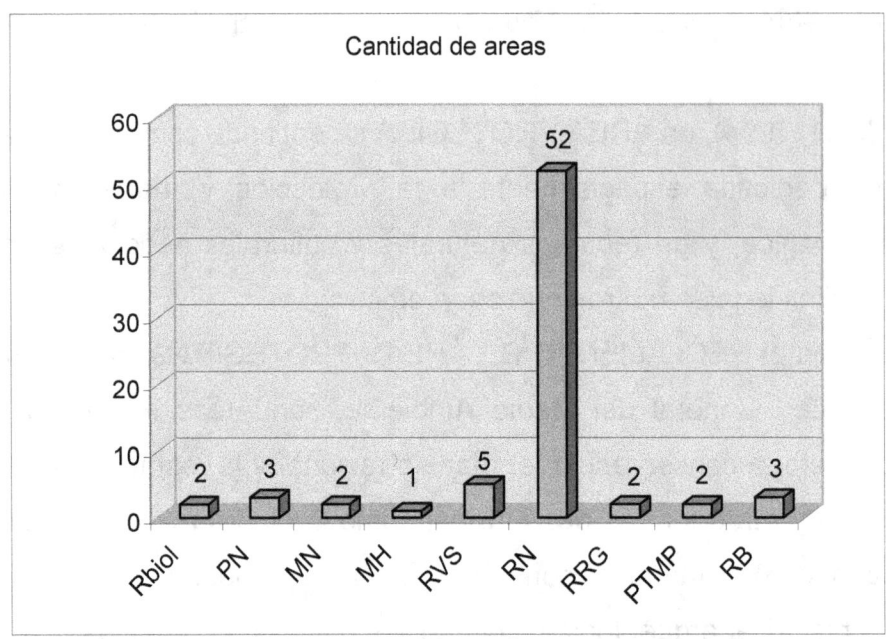

Fig. 112.- Áreas protegidas de Nicaragua por categoría.

Cuadro 12.- Categorías de maneo de Áreas Protegidas del Estado en Nicaragua.

| Categoría | Concepto | Gradualidad de Opciones de Uso Principales | Permite intervención | Cantidad De áreas |
|---|---|---|---|---|
| Reserva Biológica | Superficies que poseen eco regiones y ecosistemas representativos inalterados, valores étnicos y especies de importancia, destinadas principalmente a actividades de investigación científica y/o monitoreo ecológico | Protección integral con fines científicos | NO | 2 |
| Parque Nacional | Superficie terrestre y/o acuática, poco intervenida e idónea para proteger la integridad ecológica de uno o más ecosistemas y hábitat singulares y representativos, sitios y rasgos de interés histórico cultural. | Conservación de ecosistemas y turismo | NO | 3 |
| Monumento natural | Superficie que contiene rasgos naturales e históricos culturales de | Conservación de | NO | 2 |

| Categoría | Concepto | Gradualidad de Opciones de Uso Principales | Permite intervención | Cantidad De áreas |
|---|---|---|---|---|
| (Monumento Nacional) | valor destacado o excepcional por sus calidades representativas o estéticas | características naturales específicas | | |
| Monumento natural (Monumento Histórico) | Territorio que contiene uno o varios rasgos culturales, históricos o arqueológicos de importancia nacional o internacional asociadas a áreas naturales. | Conservación de características naturales específicas | NO | 1 |
| Refugio de Vida Silvestre | Superficie terrestre y/o acuática sujeta a intervención activa para garantizar el mantenimiento del hábitat y/o para satisfacer las necesidades de determinadas especies o comunidades animales residentes o migratorias de importancia nacional o internacional, únicas, amenazadas y/o en peligro de extinción. | Conservación a través de manejo con intervención a nivel de gestión | SI | 5 |
| Reserva Natural | Superficie de tierra y/o superficies costeras marinas o lacustre conservadas o intervenida que contengan especies de interés de fauna y/o flora que generen beneficios ambientales de interés nacional y/o regional. Las denominadas Reservas Forestales, se entenderán como Reservas Naturales. | Conservación a través de manejo con intervención a nivel de gestión | SI | 52 |
| Reserva de recursos | Superficie terrestre y/o acuática que protege algunas especies de la vida | Conservación a través de | (SI) | 2 |

| Categoría | Concepto | Gradualidad de Opciones de Uso Principales | Permite intervención | Cantidad De áreas |
|---|---|---|---|---|
| genéticos | silvestre por la calidad de sus recursos genéticos, los que son de interés nacional y que pueden ser utilizados para los programas de mejoramiento genético de especies de flora o fauna de interés económico o alimenticio. | manejo con intervención a nivel de gestión | SOLO PARA LOS FINES DE MANEJO | |
| Paisaje terrestre y marino protegido | Superficie de tierra, costas y/o mares, según el caso, en la cual las interacciones del ser humano y la naturaleza a lo largo de los años ha producido una zona de carácter definido por las prácticas culturales, con importantes valores estéticos, ecológicos y/o culturales y que a menudo alberga una rica diversidad biológica y cuya protección, mantenimiento y evolución requiere de salvaguardar la integridad de esta interacción tradicional. | Conservación de paisajes terrestres y marinos | SI | 2 |
| Reserva de Biosfera | Áreas que integran diferentes Categorías de manejo y administradas integralmente logran un desarrollo sostenible. | | (DEPENDE DE CADA UNA DE LAS CATEGORIAS QUE LO INTEGRAN) | 2 |
| TOTAL | | | | 72 |

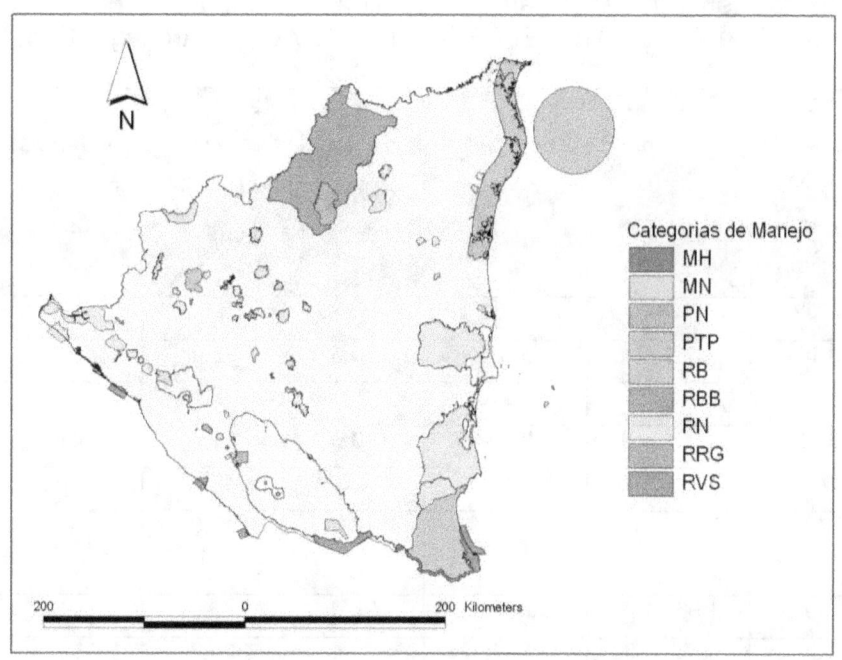

Fig. 113.- Mapa de las áreas protegidas de Nicaragua. Mapa de Antonio Mijail Pérez con info de MARENA (2010).

**Centroamérica:** Los datos de áreas protegidas de América Central se presentan la Figs. 114, 115 y el Cuadro 13.

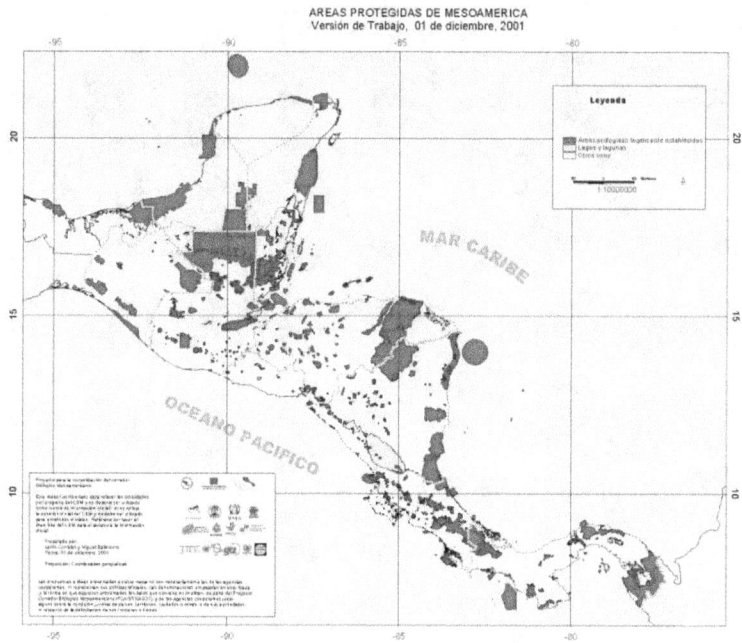

Fig. 114.- Áreas protegidas de América Central. Mapa de CBM-MARENA (2001).

Cuadro. 13.- Datos generales sobre áreas protegidas de América Central. Según CBM-MARENA (2001), MARENA (2010), ELBERGS (2011) y Víctor Archaga (Com. Per.).

| Países | Área protegidas declaradas | | Áreas declaradas superficie total (ha) | | Porcentaje de superficie nacional / regional | | Áreas declaradas superficie total | Áreas declaradas (Cantidad) | Porcentaje de superficie nacional / regional |
|---|---|---|---|---|---|---|---|---|---|
| | 1998 | 2002 | 1998 | 2002 | 1998 | 2002 | 2011 | 2011 | 2011 |
| Costa Rica | 126 | 155 | 1,558,671 | 1,288,565 | 30.5 | 25.2 | 168 | 1,355,922 | 26.5 |
| El Salvador | 3 | 3 | 9,102 | 7,110 | 0.4 | 0.3 | 59 | 35,045 | 1.7 |
| Guatemala | 48 | 120 | 2,061,481 | 3,192,997 | 19.0 | 29.4 | 88 | 3,103,549 | 28.5 |
| Honduras | 42 | 76 | 1,070,376 | 2,220,111 | 9.6 | 19.7 | 67 | 3,231,606 | 28 |
| Nicaragua | 75 | 76 | 2,160,514 | 2,242,193 | 18.2 | 17.0 | 71 | 2,208,957.03 | 17.0 |
| Panamá | 42 | 50 | 1,966,448 | 2,941,386 | 26.0 | 26.0 | 53 | 2,215,869 | 29,3 |
| Total | 390 | 554 | 10,793,628 | 12,964,026 | 21.4 | 24.8 | 506 | 12,150,948 | 20.34 |

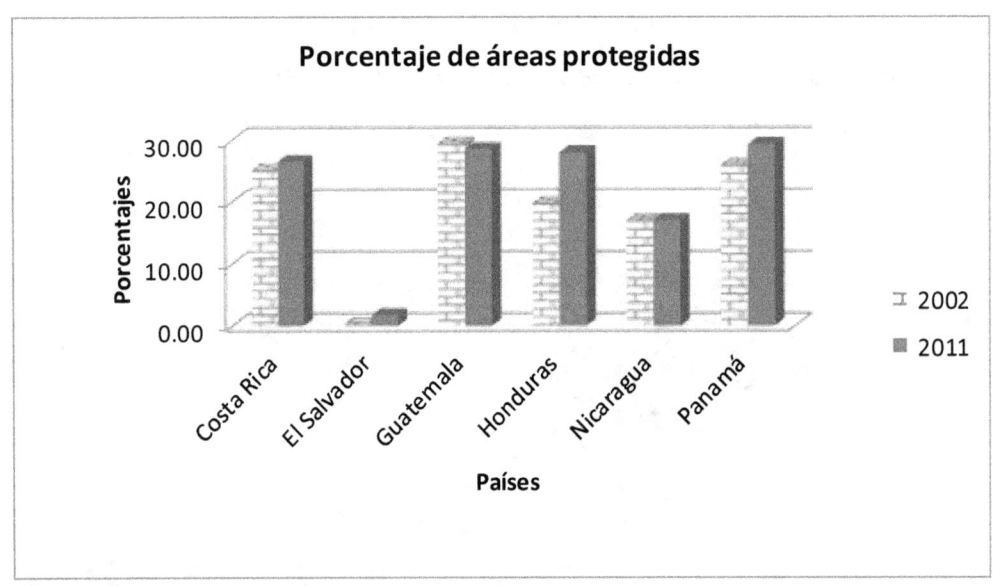

Fig. 115.- Porcentaje del territorio nacional dedicado a Áreas Protegidas, 2002 y 2011. Figura del Autor. Según CBM-MARENA (2001), MARENA (2010), ELBERGS (2011) y Víctor Archaga (Com. Per.).

**Conservación fuera de las áreas protegidas.**

Uno de los escenarios más importantes para la conservación de la biodiversidad fuera de áreas protegidas son los sistemas silvo-pastoriles son una modalidad de los sistemas agroforestales, donde se desarrollan árboles y pasturas manejados en forma conjunta, cuyo objetivo es incrementar la productividad en forma sostenible, supliendo además otros beneficios (RADULOVICH, 1994).

Según PÉREZ *et al.* (2006) en el proyecto desarrollado por su equipo de investigación se seleccionaron 12 usos de suelo en 41 fincas, 28 en Bulbul y 13 en Paiwas (Fig. 116). Para el monitoreo de la vegetación y las aves se realizaron 10 parcelas en cada uso de suelo siempre que fue posible. Para el estudio de las aves se ubicaron los puntos de conteo en el centro de las parcelas de vegetación. Para el estudio de los moluscos se muestreó en el 50 % de las parcelas de vegetación y aves.

Se realizaron tres campañas de muestreo para el estudio de las aves, dos para el estudio de los moluscos y una para el estudio de la vegetación. Como resultado se han identificado un total de 170 especies de plantas, 180 especies de aves y 56 especies de moluscos.

Los valores más altos de riqueza de especies en plantas, se encontraron en el Bosque Primario del Cerro Quirragua (S=46) y en los Bosques Riparios (S=43); en aves se encontraron en los Bosques Riparios (S=74) y en Bosques Secundarios Intervenidos (S=72); y en moluscos en Bosques Primarios (S= 35), seguidos por los Tacotales (S= 28). En cuanto a la diversidad, los valores más altos para plantas se encontraron en el Bosque Primario de Quirragua (H´=3,34) y en los Bosques Riparios (H´=3,12); para aves se encontraron en Bosques Riparios (H´= 3,92) y Bosques Secundarios Intervenidos (H´=3,86); y en moluscos los Bosques Primarios (H' = 2,93) y los Bosques Riparios (H'= 2,46).

Como se puede observar, la biodiversidad que puede ser conservada en sistemas productivos puede ser muy alta lo cual es notablemente interesante si se tiene en cuenta que Nicaragua tiene un 37.49 % del territorio nacional (48,875.00 km$^2$ de los 130,373.47 km$^2$ de área terrestre del país) de tierras de vocación agropecuaria (MARENA, 2004).

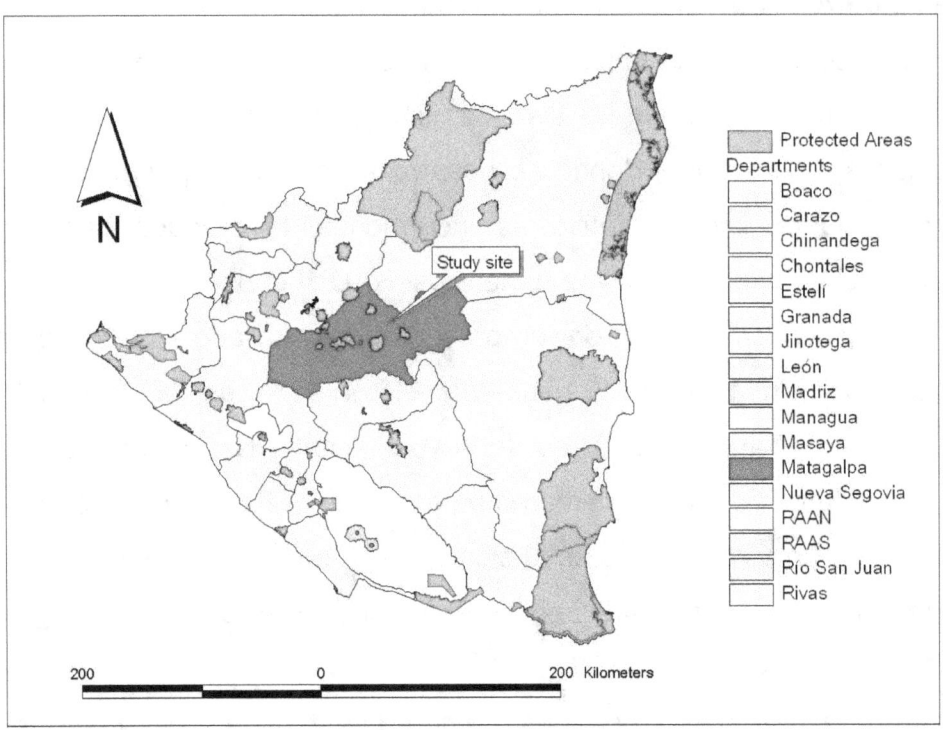

Fig. 116.- El área de estudio comprendida dentro del triángulo compuesto por las Reservas Naturales, Sierra Quirragua, Cerro Musún y Fila Masigüe al sur. Información del MARENA y Mapa del Autor.

**Corredores biológicos: el Corredor Biológico Mesoamericano.**

El corredor Biológico Mesoamericano (CBM) constituye la visión de desarrollo para Mesoamérica e inspira una iniciativa regional multilateral que aglutina y promueve la integración entre ocho países vecinos, que tienen una geografía común y una historia compartida. Esa historia les ha hecho evolucionar hasta mostrar características diferenciadas que hoy día, en el contexto de una globalización llena de conflictos y tensiones, les ofrece desafíos y oportunidades complementarias, que podrían ser enfrentados y aprovechadas conjuntamente como peldaños para posicionarse en el escenario mundial como una región pequeña pero pujante e innovativa.

La iniciativa CBM en su intento de abordaje creativo de los problemas y desafíos ambientales y sociales es un ejemplo que se constituye en un laboratorio, en ensayo de interés global, ya que las naciones centroamericanas se encuentran entre los mas pobres del planeta y, al mismo tiempo, son el receptáculo de tesoros biológicos y culturales sin parangón a nivel mundial. Asimismo, ha sido una región de conflictos en la que los esfuerzos de dialogo y pacificación han logrado reconstruir un entorno de armonía, paz y cooperación, con el cercano acompañamiento de la comunidad internacional.

El CBM contiene en su concepción y operacionalidad varias características únicas. Desde el punto de vista político e institucional es relevante destacar que el CBM:

- Se propone incidir en materia de políticas publicas de desarrollo económico, propulsando una efectiva transversalizacion del tema de desarrollo sostenible y de la construcción del CBM al ayudar a que otros sectores del Estado y la Economía (como agricultura, forestal, pesca, turismo, energía, comercio, infraestructura, etc.), aporte y asuman una contribución y una responsabilidad en este proceso de consolidación.

Desde la dimensión biológica y científico-técnica, el CBM:

- Combina los esfuerzos de conservación *in situ* establecidos y experimentales, como las áreas protegidas y los corredores biológicos, con las técnicas de valoración de los bienes y servicios ambientales de los ecosistemas, y la aplicación de los mecanismos de mercado para incentivar la creación de sistemas productivos más amigables con la biodiversidad.

- Procura incrementar y restaurar la conectividad ecológica como función del ecosistema y el paisaje, especialmente mitigando los impactos del uso insostenible de recursos y de grandes infraestructuras, reduciendo al mismo tiempo la vulnerabilidad social y ambiental ante amenazas naturales. En el caso de Nicaragua el mapa de áreas protegidas y conectividad propuestos por el MARENA (2002, 2010) se presenta en las figs. 117 y 118. Los corredores para Centroamerica se presentan en la fig. 119.

# Biogeografía aplicada

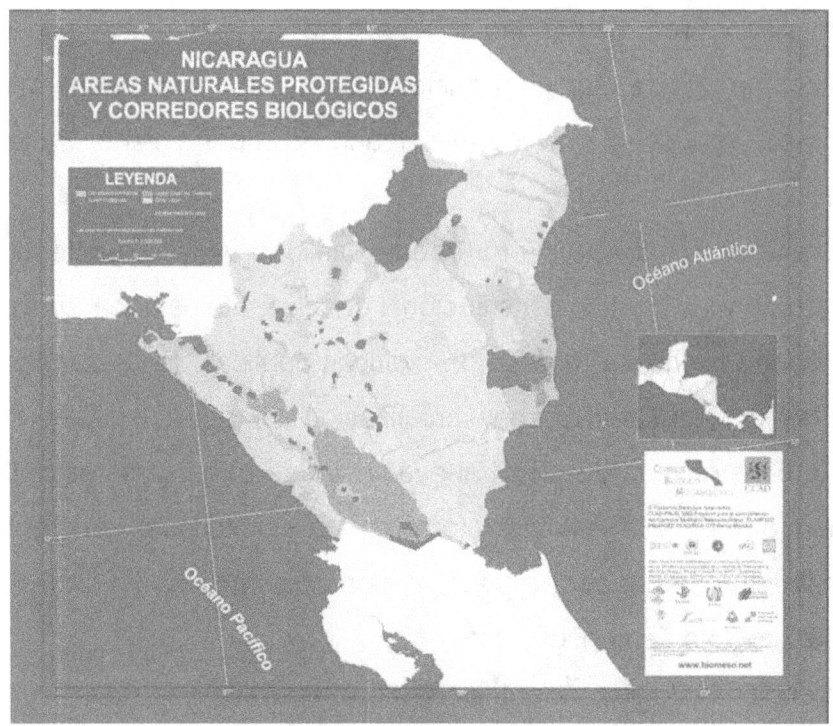

Fig. 117.- Mapa de corredores de Nicaragua (MARENA, 2002).

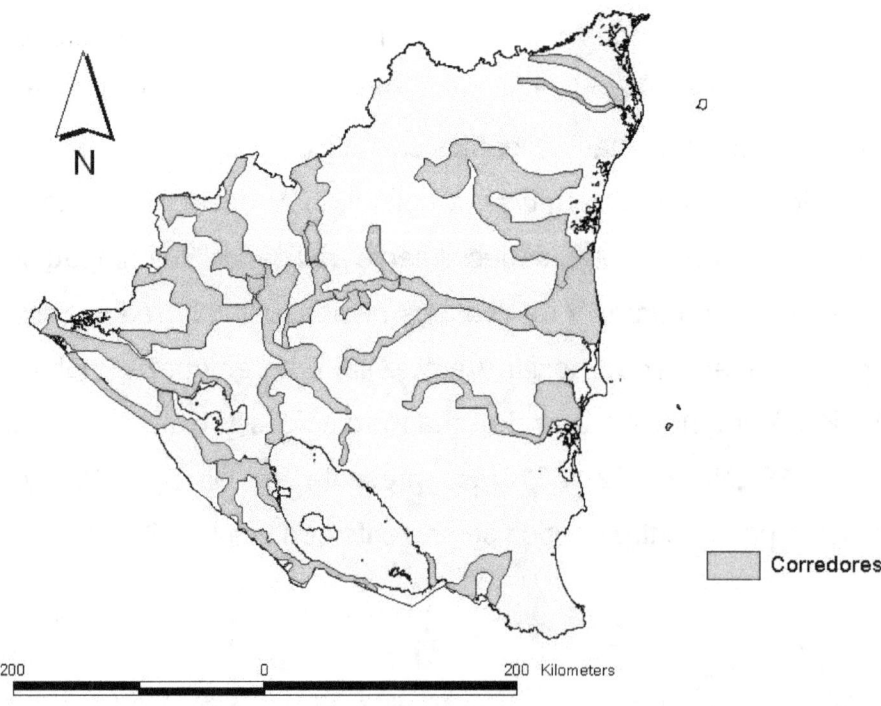

Fig. 118.- Mapa de corredores de Nicaragua (MARENA, 2010).

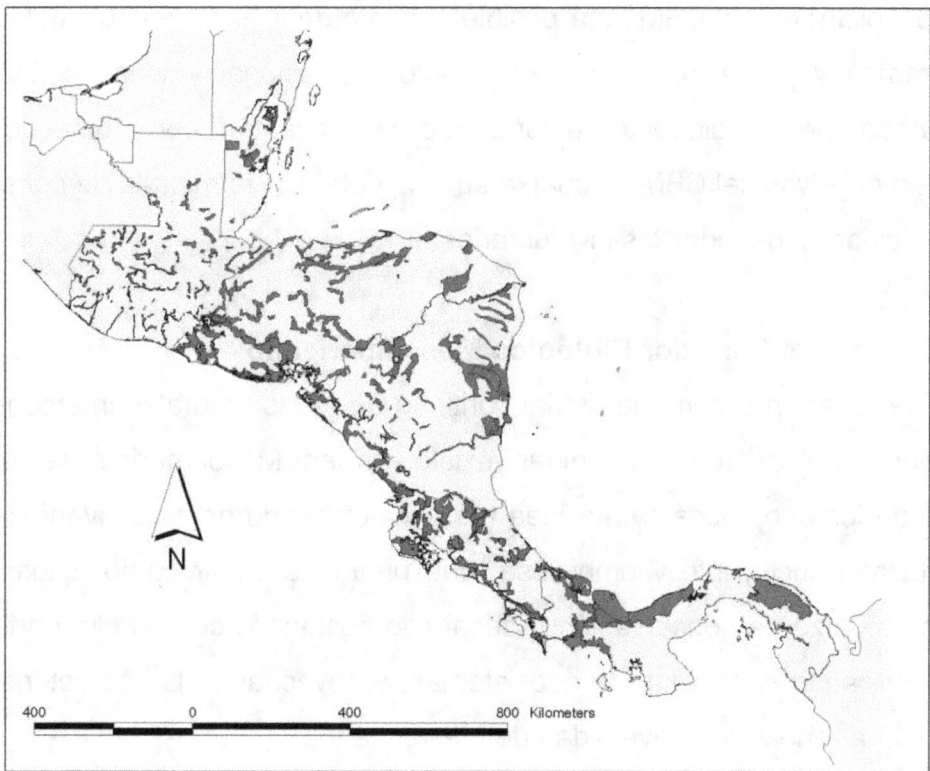

Fig. 119.- Areas protegidas y corredores en América Central (Información de la CCAD, En línea. Mapa del autor).

> Promueve patrones de uso de la tierra que son favorables a la conectividad como son las reservas o parcelas con cobertura vegetal densa y permanente, la conservación de las corrientes, arroyos y otros sistemas hídricos, bosque en manejo, plantaciones y bosques secundarios, corredores de polinización, entre otros.

Desde el punto de vista socio-económico, el CBM:

> Está diseñado para contribuir a generar empleo, incrementar el ingreso familiar y reducir la pobreza rural por medio de la introducción y soporte inicial de nuevas opciones productivas, en el contexto de un mercado globalizado que contiene nichos para productos sostenibles y amigables para la biodiversidad.

> Se fundamenta en la participación social informada y efectiva a escala nacional y local, promoviendo la actuación organizada de pequeños y medianos productores, empresarios, comunidades rurales e indígenas, campesinos, jóvenes y mujeres.

La consolidación del CBM será posible con la organización e implementación de programas y proyectos de carácter regional, nacional y local, concebidos y ejecutados por los diferentes actores que se encuentran comprometidos con la imagen objetivos del CBM, la cual, a su vez, debe ser terminada de construir con la participación de todos los involucrados.

**Antecedentes del Corredor Biológico Mesoamericano:**

La idea de crear un sistema territorial continuo de áreas naturales interconectadas, fundamentando las áreas protegidas existentes en Mesoamérica, se origino a mediado de los años ochenta. La idea fue evolucionando hasta convertirse en una propuesta más incluyente y ambiciosa, que pretendía servir como aglutinante de diferente esfuerzo de conservación y desarrollo sostenible con amplia participación social y aplicando el enfoque de ecosistemas, aprovechando las características de puente natural y de alta biodiversidad de Mesoamérica.

Durante la XIX Cumbre de Presidentes Centroamericano, realizada en Panamá en 1997, se aprobó formalmente la iniciativa para el establecimiento del Corredor biológico Mesoamericano (CMB), y definió el CBM como: "...un sistema de ordenamiento territorial, compuesto por la interconexión del Sistema Centroamericano de Áreas Protegidas, con (sus) zonas aledañas de amortiguamiento y uso múltiple, que brinda un conjunto de bienes y servicios ambientales a la sociedad centroamericana y mundial, y promueve la inversión en la conservación y el uso sostenible de los recursos naturales; todo a través de una amplia concertación social, con el fin de contribuir a mejorar la calidad de vida de los habitantes de la región".

Para apoyar la constitución de las bases institucionales y programáticas del CBM, se formulo e implemento el proyecto "establecimiento de un programa para la consolidación del CBM", ejecutado por la CCAD y con el funcionamiento del GEF y el Gobierno de Alemania, con el mandato de contribuir a integrar y fortalecer un conjunto de esfuerzo locales, nacionales y regionales dedicados a la construcción del CBM, en el marco de las prioridades del desarrollo económico sostenible y social de la región. Junto con este proyecto, otras instituciones multilaterales, agencias de cooperación bilateral e importantes organizaciones internacionales, iniciaron la implementación de una gama de programas y proyectos complementarios con el mismo objetivo de operativizar y consolidar el CBM.

**Contexto socioeconómico:**

La población de los países centroamericanos crece a una tasa superior al 2% anual, llegando actualmente a unos 38 millones de habitantes. De estos un 50% habita en zonas rurales, y un 24% es considerado indígena. El crecimiento poblacional es una de las principales fuerzas que en el largo plazo puede significar un desafío mayor para los esfuerzos de conservación y uso sostenible de la biodiversidad de la región.

Cuadro 14.- Proyecciones de incremento de población en Centroamérica. Tomado de CBM-MARENA (2001),

| PAIS | AÑOS | | | | | |
|---|---|---|---|---|---|---|
| | 1980 | 1990 | 2000 | 2010 | 2020 | 2030 |
| Belice | 144 | 186 | 240 | 291 | 337 | 373 |
| Costa Rica | 2347 | 3076 | 3925 | 4695 | 5328 | 5809 |
| El Salvador | 4586 | 5110 | 6276 | 7441 | 8534 | 9554 |
| Guatemala | 7013 | 5908 | 11225 | 14362 | 18055 | 21804 |
| Honduras | 3569 | 4879 | 6485 | 8203 | 9865 | 11392 |
| Nicaragua | 3067 | 3960 | 4957 | 6050 | 7228 | 8358 |
| Panamá | 1949 | 2411 | 2948 | 3504 | 4011 | 4447 |
| Centroamérica | 22675 | 25530 | 36056 | 44546 | 53358 | 61737 |

Aun es notable la desigualdad en la distribución de ingreso. El 40% de la población pobre percibe menos del 15% del ingreso total, mientras que el 10% más rico recibe entre el 35 y 45%, como tendencia regional. Una mayor equidad en la distribución del ingreso dependerá del aumento del empleo, especialmente en le área rural. Pero a pesar de tener ingresos mas reducidos, las familias rurales encuentran alternativas de sobrevivencia basadas en el aprovechamiento de recursos naturales de acceso común, lo cual incrementa la presión sobre los recursos ambientales. Se estima que más del 40% de los centroamericanos que viven bajo la línea de la pobreza dependen de bienes y servicios ambientales como el agua, la leña, alimento y medicinas silvestre.

A pesar de los avances en materia de estabilidad y crecimiento económico, el desarrollo de la región aun padece las consecuencias de un uso no sostenible de sus recursos naturales, donde a menudo las inversiones públicas y privadas no consideran de forma suficiente el impacto ambiental. Lo anterior, sumado a una creciente densidad poblacional, requiere de una autentica transversalización del tema ambiental donde todos los sectores de la economía y la sociedad asuman sus roles y responsabilidad en esta materia.

Con este fin, es necesario que los bienes y servicios ambientales que generan los ecosistemas y procesos ecológicos sean adecuadamente internalizados en los análisis económicos que guían las decisiones sobre política macroeconómica y de inversión social. La biodiversidad es una parte importante del capital patrimonial de los países, y su aporte neto agregado no ha sido adecuadamente incorporado en las cuentas nacionales. Ciertas condiciones del entorno consideradas usualmente como inherentes e inmutables tales como la habitabilidad del territorio, la disponibilidad de agua usables para los diferentes fines humanos y la seguridad ambiental ante desastres naturales son algunas formas en las que el medio natural contribuye y sustenta el progreso social y el bienestar económico.

Adicionalmente, hoy en día es generalmente aceptado que una adecuada gestión de los recursos biológicos terrestres, acuáticos y marinos contribuye directamente a mejorar el nivel de vida de la población rural y urbana, especialmente de aquellos con menores niveles de ingreso. Por ejemplo, los ecosistemas marinos y marino-costeros proveen bienes y alimentos para el consumo humano, proveen servicios como el almacenamiento y reciclaje de nutrientes, la protección contra erosión por acción de tormentas y olas, la regulación del agua y la filtración de contaminantes. Esto refuerza la afirmación de que la conservación y el uso sostenible de la biodiversidad contribuyen directamente a los esfuerzos por lograr un bienestar humano equitativo para todos.

**Contexto político:**

El mundo atraviesa una etapa de transición hacia un nuevo orden internacional. En esta las relaciones internacionales aun no encuentran el balance y la equidad necesarios para lograr la estabilidad y el crecimiento global a largo plazo. Los estados nacionales y sus sociedades tanto pobres como ricos, están tratado de adaptarse a los cambios actuales, intentando, en la mayoría de los casos, fortalecer los valores de la convivencia pacifica, la democracia, el combate a la pobreza y la inseguridad; procurando fomentar una agenda global de desarrollo humano integral, que incluya, entre otras prioridades, la sostenibilidad ambiental.

Es importante destacar que los países de la región son partes contratantes de la mayoría de los principales convenios internacionales en materia de medio ambiente, tales como el Convenio Marco de las Naciones Unidas sobre el Cambio Climático (CMNUCC), Convenio sobre Diversidad Biológica (CDB), la convención sobre el Comercio Internacional de Especies Amenazadas de Fauna y Flora Silvestre (CITES), la Convención para la protección del patrimonio Mundial Cultural y Natural, la convención Relativa a los Humedales de Importancia Internacional Especialmente como Hábitat de Aves Acuáticas (Ramsar), la convención de las Naciones Unidas de Lucha contra la Desertificación en los Países Afectados por Sequía Grave o Desertificación, en particular en África, Convenio para la Protección y el Desarrollo del Medio Marino en la Región del Mar Caribe (Convención de Cartagena), Convención de Derechos del Mar, entre otros, y ha creado su propio tejido legal regional en este tema. El CBM propicia un marco de actuación que a través de las sinergias y la articulación sistemática entre políticas, planes, programas y proyectos, pueden elevar las capacidades de cumplimiento de todos estos compromisos internacionales.

**Contexto institucional:**

La comisión centroamericana de Ambiente y Desarrollo (CCAD) ha fortalecido la integración regional en el aspecto ambiental y ha trabajado en articular una agenda enfocada a acuerdos ambientales de carácter cooperativo con otros estados, organizaciones y agencias de cooperación internacional. La CCAD esta presidida por los ministros del ambiente y recursos naturales de Centroamérica, en la cual México participa como observador. La CCAD tiene una secretaria Ejecutiva y otros órganos auxiliares, como sus comisiones técnicas. Además, cuenta con instancias consultivas como el Foro de la Sociedad Civil y el Foro de Donantes.

**Marco legal de la conservación.**

El marco nacional está conformado por políticas y leyes nacionales, que son las siguientes.

**Política ambiental y plan de acción (PNIC 2001-2005):** Los Recursos Naturales y la Biodiversidad son patrimonio común de la sociedad y por tanto el Estado y todos los habitantes tienen el derecho y el deber de asegurar su uso sostenible, su accesibilidad y su calidad. Se considera el ambiente como la riqueza más importante del país, por ser el determinante crítico de la cantidad, calidad y sustentabilidad de las actividades humanas y de la ida en general. El uso sostenible de los Recursos Naturales y la Biodiversidad contribuye a mejorar la calidad de vida reduciendo la brecha de pobreza y la vulnerabilidad ambiental. Las políticas y principios de equidad social y de género enmarcan la gestión ambiental o el criterio de prevención prevalece sobre cualquier otro en la gestión ambiental. La gestión ambiental es global y transectorial compartidas por las distintas instituciones del gobierno, incluyendo a los gobiernos Regionales y Municipales y la sociedad civil. La participación ciudadana constituye el eje fundamental en el diseño e implementación de la gestión ambiental.

**Política forestal:** Sus principios son los mismos que aquellos de la política ambiental.

**Política recursos hídricos:** Agua recurso natural finito y vulnerable, con valor económico, social, y ambiental. Agua patrimonio nacional denominado público, indispensable para satisfacer las necesidades básicas de la población. Cuenca es unidad de gestión territorial para administración y manejo integrado de los recursos hídricos. Desarrollo y gestión del agua se basa en un enfoque participativo, involucrando a los usuarios, planificadores y tomadores de decisión a todos los niveles.

**Leyes nacionales:**

- Ley Orgánica del Instituto de Aguas y Alcantarillados (Ley 275) promulgada en 1979.

La Ley No. 275 reforma a la ley orgánica del Instituto Nicaragüense de Acueductos y Alcantarillados (INAA), tiene como objetivos regular, fiscalizar, y normar a nivel nacional el sector agua potable y alcantarillado sanitario. Velar por los derechos de los consumidores y usuarios del servicio de alcantarillado sanitario. Decreto 31-95, 26.06.1995. Disposiciones para la fijación de las tarifas en el sector de agua potable y alcantarillado sanitario. Establecer un sistema tarifa al usuario, accesible para todos, utilizando el criterio de costo marginal de largo plazo, Decreto 32-95, 26.06.1995. Ley sobre plataforma continental y Mar Adyacente. Decreto-ley 205.

- La ley de protección de suelos y control de erosión (S/N), promulgada en 1983.

La ley de suelos tiene como objetivos proteger, preservar y controlar el efecto de la erosión en los suelos del territorio nacional, a fin de favorecer a la protección de cuencas hidrográficas y el desarrollo sostenible acorde con el medio ambiente. Decreto 1308, 31.08.1983.

- Ley de Municipios (Ley 40) promulgada en 1988.

Según BRAVO (Com. Pers.) el papel del municipio con respecto a la normación y control de los recursos naturales, que se encuentran en su circunscripción es muy reducido. Una gran cantidad de cargas adicionales se establecen para el Municipio, pero ningún nivel decisorio.

- Ley General del Medio Ambiente (Ley 217) promulgada en 1996.

La ley 217, establece la evaluación de impacto ambiental, áreas protegidas, normas y procedimientos para la exportación, importación y reexportación de flora y fauna.

- Ley de conservación, fomento y desarrollo sostenible del sector forestal (Ley 462) promulgada en 2003.

La Ley 462 tiene como objetivo establecer el marco legal para la conservación, fomento y desarrollo sostenible del sector forestal tomando como base fundamentalmente el manejo forestal del bosque natural, el fomento de las plantaciones, la protección, conservación y la restauración de áreas forestales. Decreto 462 (2003).

- Reglamento Ley 462.

Ley de veda para el corte, aprovechamiento y comercialización del recurso forestal (Ley 585), promulgada en 2006.

## Extinciones conocidas, especies amenazadas y en peligro de extinción

En el trabajo de CCAD (1999) se listan los diferentes taxa que se encuentran en alguna categoría de amenaza en nuestra área geográfica y México, los mismos han sido ampliados en el caso de los moluscos por el autor. Estos datos se pueden sintetizar de la manera siguiente, pero previamente es necesario definir cada una de las categorías de amenaza, tomadas de UICN (1994):

EX: Extinto, EW: Extinto en estado silvestre, CR: En peligro crítico, EN: En Peligro, VU: Vulnerable, LR: Menor riesgo, DD: Datos insuficientes, NE: No evaluado.

Los resultados obtenidos para Nicaragua por taxón, son los siguientes:

Cuadro 15.- Especies amenazadas de Nicaragua. Según CCAD (1999).

| Taxa | EX | EW | CR | EN | VU | LR | DD | NE | Total |
|---|---|---|---|---|---|---|---|---|---|
| Mamíferos | -- | -- | -- | -- | 6 | 18 | 3 | -- | 27 |
| Aves | -- | -- | -- | 1 | 2 | 11 | -- | -- | 14 |
| Reptiles | -- | -- | 1 | 4 | 2 | 3 | -- | -- | 10 |
| Peces | -- | -- | -- | 1 | -- | -- | -- | -- | 1 |
| Moluscos | -- | -- | -- | 13 | 11 | 3 | 5 | -- | 32 |
| Total | -- | -- | 1 | 19 | 21 | 35 | 8 | -- | 84 |

### Especies invasoras.

Según NOAA (2003) una especie invasora es aquella que no es nativa de un ecosistema y puede dañar el ecosistema si es introducida. En este sentido la UICN llamó la atención internacional de las amenazas devastadoras de las especie invasoras el Día de la Biodiversidad en Mayo del 2001, dando al asunto un lugar más prominente en el pensamiento de los conservacionistas, políticos y ciudadanos en general. De tal suerte, jugó un papel de gran importancia en convertir el problema de las especies invasoras una prioridad global en el marco de la Convención de la Diversidad Biológica.

Las especies invasoras publicadas por la ISSG (2000) se listan a continuación. Se realzan en negrita las especies citadas para Nicaragua.

**Micro-organismos:**

**Avian malaria** (*Plasmodium relictum*)

**Plantas acuáticas:**

- **Caulerpa seaweed** (*Caulerpa taxifolia*)
- **Jacinto de agua** (*Eichornia crassipes*).

**Plantas terrestres:**

- **Llamarada del bosque o Tulipán africano** (*Spathodea campanulata*).
- **Leucaena** (*Leucaena leucocephala*). Foto del Autor.

**Guarumo** (*Cecropia peltata*).

**Invertebrados terrestres:**

- **Big-headed ant** (*Pheidole megacephala*).
- **Mosquito de la malaria** (*Anopheles quadrimaculatus*). (Tomado de
- **Pequeña hormiga de fuego** (*Wasmannia auropunctata*).
- **Hormiga de fuego roja** (*Solenopsis invicta*).

**Peces:**

- **Tilapia de Mozambique** (*Oreochromis mossambicus*).
- **Perca del nilo** (*Lates niloticus*).
- **Pez mosquito** (*Gambusia affinis*).

**Reptiles:**

- **Tortuga Ñoca** (*Trachemys scripta*). Foto del Autor.

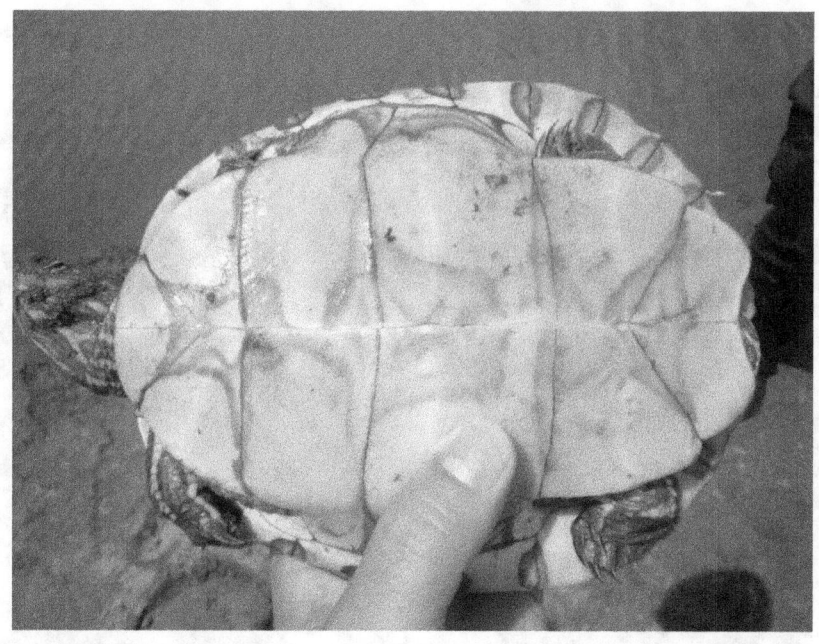

**Mamíferos:**

- **Gato doméstico** (*Felis catus*).

Tomado de Miguel S. Pérez. Foto de Marina Cadreche.

- **Ratón** (*Mus musculus*).
- **Rata** (*Rattus rattus*).

- **Cerdo** (*Sus scrofa*). Foto del Autor.

**Bibliografía.**

BOLETIN OFICIAL DEL ESTADO (ESPAÑA). 1994. Instrumento de ratificación del Convenio sobre la Diversidad Biológica, hecho en Río de Janeiro el 5 de Junio de 1992. Núm. 27, pp. 3113-3125.

BARNES, T.G. En línea. *Landscape Ecology and Ecosystems Management.* Cooperative extension service, University of Kentucky. 8 p. file:///G|/Fragmentación II/Info webs/FOR-76 Landscape Ecology and Ecosystems Management.htm

BUSTAMANTE, R. Y GREZ, A. 1995. "Consecuencias ecológicas de la fragmentación de los bosques nativos". Ciencia y ambiente, 11(2): 58-63.

CARRILLO, E., G. WONG & J. SÁENZ. 1999. *Mamíferos de Costa Rica.* INBIO, Santo Domingo de Heredia. 248 p.

CASTAÑEDA, E. 2003. Biodiversidad y producción en sistemas silvopastoriles de América Central. *Cuadernos de Investigación*, UCA. 77 p.

CBM-MARENA. 2001. *Información CBM Nicaragua.* MARENA-SICA/CCAD-PNUD/GEF-GTZ-PNUMA-BANCO MUNDIAL. Managua. En soporte CD.

CCAD. 2003. *Estado del sistema centroamericano de áreas protegidas. Informe de síntesis regional.* CCAD, Managua. 37 p (Edición bilingüe).

ISSG. 2000. *100 of the world s worst invasive alien species. A selection from the global invasive species database.* FONDATION D´ ENTREPRISE TOTAL-UICN-SPECIES SURVIVAL COMISSION, Auckland. 11 p.

MARENA. 2001. *Informe del ambiente en Nicaragua 2003. II informe GEO.* Impresión Comercial La Prensa, Managua. 177 p.

MARENA. 2002. Informe Nacional de Areas Protegidas. PANIF-MARENA, Managua. 84 p.

MARENA. 2003. *Estado actual del ambiente en Nicaragua 2003. II Informe Geo.* Impresión comercial La Prensa, Managua. 177 p.

MITTERMEIER, R., N. MYERS & C. MITTERMEIER. 2000. *Hotspots: Earth´s biologically richest and most endangered terrestrial ecoregions.* Conservation International. 432 p.

MORALES, D., M. CHAVES & L. ROCHA. 2002. *Análisis del cambio de cobertura arbórea en una microcuenca del Río Bulbul, Matiguás, Nicaragua, para los años 1954, 1968, 1981 y 1987*. Informe inédito, Turrialba, Costa Rica. 26 p.

NOAA (National Oceanic and Atmospheric Administration). 2003. Página principal. En línea. http://www.noaa.gov/. Revisada Febrero 2005.

PEREZ, A.M. 2008. Biodiversidad en Nicaragua. Contexto y estado actual. *Encuentro,* 79:96-104.

PÉREZ, A.M., G. BORNEMANN, L. CAMPO, M. SOTELO, I. ARANA, F. RAMÍREZ & SANCHEZ, D., M. LÓPEZ, A. MEDINA, R. GÓMEZ, C. HARVEY, S. VÍLCHEZ, B. HERNÁNDEZ, F. LÓPEZ, M. JOYA, F.L. SINCLAIR y S. KUNTH. 2004. Importancia ecológica y socioeconómica de la cobertura arbórea en un paisaje fragmentado de bosque seco de Belén, Rivas, Nicaragua. *Encuentro,* 68:7-23.

SAUNDERS, D.A., R.J. HOBBS & C.R. MARGULES. 1991. Biological consequences of ecological fragmentation. *Conservation Biology,* 5(1):18-32.

MURCIA, C. 1995. Edge effects in fragmented forest: implications for conervation. *Tree,* 10(2) 58-62.

WILLIAMS, G. 1991. Los bordes de selvas y bosques. *Ciencia y desarrollo,* 17(97): 65-71.

UICN. 1994. *Categorías de las listas rojas.* Gland, Suiza. 22 p.

ZUNIGA, T. 1999. Diversidad de especies: fauna. *En*: Biodiversidad en Nicaragua. Un estudio de país. MARENA-PANIF, Managua. pp. 237-276.

## SOBRE EL AUTOR

**Antonio Mijail Pérez**, es cubano-nicaragüense, Biólogo de la Universidad de la Habana (1987), con una Especialidad en Biología de la Conservación de la Academia de Ciencias de Cuba (1990) y Doctor en Biología por la Universidad del País Vasco, en España (1999). Ha publicado más de 60 artículos científicos y varios libros sobre biodiversidad y análisis cuantitativo. Actualmente vive en Miami, Florida, donde se desempeña como Consultor para temas ambientales y Profesor de Biología en el Miami Dade College.